REALSCHULE HEITERSHEIM

INVENTAR NR.:

Name des Schülers	Klasse	Erhalten am	zurück am
Sabrina Matthies	10a	13.9	
Yannick Strahberger	10a	12.9.05	
Miriam Vöckler	10a	31.7.06	

Mathematik heute 10

Realschule Baden-Württemberg

Herausgegeben von
Heinz Griesel, Helmut Postel, Rudolf vom Hofe

Schroedel

Mathematik heute 10

Realschule Baden-Württemberg

Herausgegeben und bearbeitet von

Professor Dr. Heinz Griesel
Professor Helmut Postel
Professor Dr. Rudolf vom Hofe

Heiko Cassens, Dirk Kehrig, Wolfgang Krippner, Manfred Popken

An dieser Ausgabe für Baden-Württemberg wirkten mit:
Hans-Dieter Horlacher, Lothar Wallmann, Michael Wohland

Zum Schülerband erscheint:
Lösungen
Best.-Nr. 83842

ISBN 3-507-**83836**-2

© 2003 Schroedel Verlag
im Bildungshaus Schroedel Diesterweg Bildungsmedien GmbH & Co. KG, Hannover

Alle Rechte vorbehalten. Dieses Werk sowie einzelne Teile desselben sind urheberrechtlich geschützt. Jede Verwertung in anderen als den gesetzlich zugelassenen Fällen ist ohne vorherige schriftliche Zustimmung des Verlages nicht zulässig.

Druck A [54321] / Jahr 07 06 05 04 03

Alle Drucke der Serie A sind im Unterricht parallel verwendbar. Die letzte Zahl bezeichnet das Jahr dieses Druckes.

Titel- und Innenlayout: Helke Brandt
Illustrationen: Dietmar Griese; Zeichnungen: Günter Schlierf, Peter Langner
Satz: Konrad Triltsch, Print und digitale Medien GmbH, 97199 Ochsenfurt
Druck und Bindung: Westermann Braunschweig

Inhaltsverzeichnis

5   Zum Aufbau des Buches

Kapitel 1

6   **Quadratische Funktionen – Quadratische Gleichungen**
7   Lineare Funktionen und lineare Gleichungssysteme
12 Die quadratische Funktion mit der Gleichung $y = x^2 + px + q$
21 Begriff der quadratischen Gleichung – grafisches Lösen
25 Rechnerisches Lösen einer quadratischen Gleichung
34 Nullstellen von quadratischen und linearen Funktionen
36 Bruchgleichungen, die auf quadratische Gleichungen führen
38 Anwenden von quadratischen Gleichungen
40 Vermischte Übungen
42 Bist du fit?
44 Im Blickpunkt: Länger als man denkt: Der Anhalteweg

Kapitel 2

46 **Trigonometrie – Trigonometrische Funktionen**
47 Einführung von Sinus, Kosinus und Tangens für spitze Winkel
55 Bestimmung von Werten für Sinus, Kosinus und Tangens
59 Berechnungen im rechtwinkligen Dreieck
65 Berechnungen im gleichschenkligen Dreieck
70 Berechnungen in beliebigen Dreiecken
78 Berechnungen in Vierecken und Vielecken
81 Vermischte Übungen zur Trigonometrie
84 Trigonometrische Funktionen und ihre Schaubilder
94 Die Funktion mit $y = a \cdot \sin \alpha$
96 Bogenmaß einer Winkelgröße
99 Bist du fit?
100 Im Blickpunkt: Wie hoch ist eigentlich ...

Kapitel 3

102 **Körper und Körperberechnungen**
103 Pyramide und Kegel – Flächenberechnungen
111 Pyramidenstumpf und Kegelstumpf – Flächenberechnungen
117 Volumen der Pyramide und des Kegels
125 Volumen des Pyramidenstumpfes und des Kegelstumpfes
129 Bist du fit?
131 Zusammengesetzte Körper
138 Vermischte Übungen
143 Bist du fit?
144 Im Blickpunkt: Sehr groß – sehr klein

Kapitel 4

- 146 **Sachrechnen**
- 147 Prozentrechnung – Wiederholung
- 158 Vermischte Übungen zur Prozentrechnung
- 161 Zinsrechnung – Wiederholung
- 165 Wachstumsraten
- 170 Bist du fit?
- 172 Im Blickpunkt: Entwicklung der Weltbevölkerung – Grenzen des Wachstums

Kapitel 5

- 174 **Aufgaben zur Vorbereitung auf die Abschlussprüfung**
- 175 Algebra
- 184 Trigonometrie
- 188 Stereometrie
- 197 Sachrechnen

Anhang

- 202 **Anhang: Formelsammlung**
- 202 Prozentrechnung, Zinsrechnung, Zinseszinsrechnung
- 203 Termumformungen und Gleichungen
- 204 Eigenschaften geometrischer Figuren
- 207 Strahlensätze – Satzgruppe des Pythagoras
- 208 Berechnungen an ebenen Figuren
- 209 Berechnungen an Körpern
- 211 Trigonometrie

- 212 Lösungen der Aufgaben zur Vorbereitung auf die Abschlussprüfung
- 221 Löungen zu „Bist du fit"
- 223 Maßeinheiten und ihre Beziehungen
- 224 Stichwortverzeichnis

Zum Aufbau des Buches

Zum methodischen Aufbau der einzelnen Lerneinheiten
Die einzelnen Lerneinheiten sind mit einer Überschrift versehen. Sie bestehen aus:

1. *Einstiegsaufgabe mit vollständiger Lösung*
   Die Einstiegsaufgabe soll beim Schüler eine Aktivität in Gang setzen, die zum Kern der Lerneinheit führt. Die Lösung sollte im Unterricht erarbeitet werden.

2. *Zum Festigen und Weiterarbeiten*
   Dieser Teil der Lerneinheit dient der ersten Festigung der neuen Inhalte sowie ihrer Durcharbeitung, indem diese Inhalte durch Variation des ursprünglichen Lösungsweges sowie Zielumkehraufgaben, benachbarte Aufgaben und Anschlussaufgaben zu den bisherigen Inhalten in Beziehung gesetzt werden. Die Lösungen sollten im Unterricht erarbeitet werden.

3. *Informationen und Ergänzungen*
   Informationen und Ergänzungen werden gegeben, wenn dies günstiger als erarbeitendes Vorgehen ist.

4. *Zusammenfassung des Gelernten*
   In einem roten Rahmen werden die Ergebnisse zusammengefasst und übersichtlich herausgestellt. Musterbeispiele als Vorbilder für Schreibweisen und Lösungswege werden in blauen Rahmen angegeben.

5. *Übungen*
   Übungen sind als Abschluss jeder Lerneinheit zusammengefasst.
   Aufgaben mit Lernkontrollen sind an geeigneten Stellen eingefügt.
   Spielerische Übungen bieten Möglichkeiten für alternative Sozial- und Arbeitsformen.
   Grundsätzlich lassen sich viele Übungsaufgaben auch im Team bearbeiten. In einigen besonderen Fällen werden Anregungen zur *Teamarbeit* gegeben.
   Die methodische Freiheit des Lehrers wird dadurch gewahrt, dass die große Zahl der Aufgaben auch eigene Wege gestattet.

6. *Vermischte Übungen*
   In fast allen Kapiteln findet sich am Ende ein Abschnitt mit der Überschrift *Vermischte Übungen*, in welchem die erworbenen Qualifikationen in vermischter Form angewandt werden müssen. Weitere vermischte Übungen sind auch in die übrigen Abschnitte eingestreut.

7. *Bist du fit?*
   Am Ende eines jeden Kapitels gibt es einen Abschnitt mit der Überschrift: *Bist du fit?* Hier werden in besonderer Weise Grundqualifikationen, die im Kapitel erworben worden sind, abgetestet. Die Lösungen dieser Aufgaben sind auf den Seiten 220 bis 222 abgedruckt.

8. *Im Blickpunkt*
   Unter dieser Überschrift werden Sachverhalte, bei denen das systematische Lernen zugunsten einer komplexeren Gesamtsicht oder einer Gesamtaktivität der Klasse zurücktritt, behandelt.

Zur Differenzierung
Der Aufbau und insbesondere das Übungsmaterial sind dem Schwierigkeitsgrad nach gestuft. Dem Lehrer sei daher empfohlen, bei den schwierigeren Aufgaben zu überprüfen, welche für seine Schüler noch angemessen sind. Eine weitere Hilfe für die individuelle Förderung der einzelnen Schüler geben die folgenden Zeichen:
Etwas anspruchsvollere Aufgaben sind mit roten Aufgabenziffern versehen.
Zusatzstoffe sind durch △ und ▲ gekennzeichnet.

Quadratische **Funktionen** – quadratische **Gleichungen**

Richtiges Fahrverhalten im Straßenverkehr will gelernt sein. Man muss darauf achten, dass die Geschwindigkeit der jeweiligen Situation angemessen ist. Man muss ferner die Fähigkeit besitzen, auf auftauchende Gefahren gekonnt zu reagieren.

- Der Fahrer eines Pkw, der mit einer Geschwindigkeit von $130 \frac{km}{h}$ fährt, macht plötzlich eine Vollbremsung. Wie lang ist der Bremsweg? Schätzt zuerst.

- Ein Mofa darf nur $25 \frac{km}{h}$ schnell fahren. Wie lang schätzt ihr hier den Bremsweg?

In der Fahrschule kann die Länge des Bremsweges eines Fahrzeugs nach folgender Faustformel abgeschätzt werden:

$$\text{Länge des Bremsweges (in m)} = \left(\frac{\text{Geschwindigkeit }\left(\text{in }\frac{km}{h}\right)}{10} \right)^2$$

- Vergleicht eure geschätzten Bremsweglängen mit denen, die sich nach der Faustformel ergeben.

- Mit der Faustformel könnt ihr schnell begründen, dass die doppelte Geschwindigkeit einen viermal so langen Bremsweg bedeutet.

Die Zuordnung
Geschwindigkeit (in $\frac{km}{h}$) $\longrightarrow$ Bremsweglänge (in m)
ist ein Beispiel für eine *quadratische Funktion*.

In diesem Kapitel lernt ihr mehr über die Darstellung und die Eigenschaften von quadratischen Funktionen.

Lineare Funktionen und lineare Gleichungssysteme

Aufgabe

1. Ein Energieversorgungsunternehmen bietet seinen Kunden zwei Tarife an. Der Gaspreis setzt sich aus den Teilen *Grundpreis* und *Arbeitspreis* für das verbrauchte Gas zusammen.

Tarif	basis	spezial
Monatlicher Grundpreis	5,00 €	10,00 €
Preis je m³	0,45 €	0,25 €

Gaszähler

a. Lege für beide Tarife eine Wertetabelle der Funktion *Volumen des verbrauchten Gases (in m³)* $\longrightarrow$ *Gaspreis y (in €)* an.

b. Zeichne die beiden Schaubilder in ein Koordinatensystem und erstelle die beiden Funktionsgleichungen.

c. Bis zu welchem Gasverbrauch ist Tarif *basis* günstiger als Tarif *spezial*?

Lösung

a.

Gasvolumen x (in m³)	0	10	20	30	40	50	60	70	80
Preis y Tarif *basis* (in €)	5,00	9,50	14,00	18,50	23,00	27,50	32,00	36,50	41,00
Preis y Tarif *spezial* (in €)	10,00	12,50	15,00	17,50	20,50	22,50	25,00	27,50	30,00

b. Tarif *basis*: $y = 0{,}45 \cdot x + 5$
   Tarif *spezial*: $y = 0{,}25 \cdot x + 10$

c. Aus der Tabelle entnehmen wir, dass bis zu einem Gasverbrauch zwischen 20 m³ und 30 m³ der Tarif *basis* günstiger ist als der Tarif *spezial*. Aus dem Schaubild lesen wir genauer ab: Bis zu etwa 25 m³ ist der Tarif *basis* günstiger.

Den Gasverbrauch, bis zu dem der Tarif *basis* günstiger ist, können wir auch rechnerisch ermitteln. Dieser Verbrauch (in m³) muss *sowohl* die Gleichung $y = 0{,}45 \cdot x + 5$ *als auch* die Gleichung $y = 0{,}25 \cdot x + 10$ erfüllen.

Dazu lösen wir das Gleichungssystem

$$\left| \begin{array}{l} y = 0{,}45 \cdot x + 5 \\ y = 0{,}25 \cdot x + 10 \end{array} \right|$$

mithilfe des Gleichsetzungsverfahren:

$$\begin{aligned} 0{,}45 \cdot x + 5 &= 0{,}25 \cdot x + 10 \quad | -5 \\ 0{,}2 \cdot x &= 5 \quad | :0{,}2 \\ x &= 25 \end{aligned}$$

Ergebnis: Bis zu einem Gasverbrauch von 25 m³ ist der Tarif *basis* günstiger.

Wiederholung

(1) Lineare Funktion

Die in Aufgabe 1 aufgestellten Gleichungen $y = 0{,}45 \cdot x + 5$ und $y = 0{,}25 \cdot x + 10$ gehören zu *linearen Funktionen*.

Kapitel 1

Eine Funktion mit der Funktionsgleichung $y = mx + b$ heißt **lineare Funktion.** Ihr Schaubild ist eine *Gerade*. Sie schneidet die y-Achse im Punkt $P(0|b)$. b nennt man den *y-Achsenabschnitt*. Der Faktor m ist die *Steigung* der Geraden.
Durch die Angabe des Punktes P und der Steigung m kann die Gerade auch *ohne* Wertetabelle gezeichnet werden (*Punkt-Steigungs-Verfahren*).
Für $b = 0$ verläuft die Gerade durch den Nullpunkt, sie ist also Schaubild einer proportionalen Funktion. Sie gehört demnach zu den linearen Funktionen.

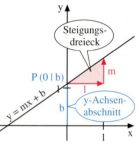

Beispiele: (1) $y = \frac{1}{2}x + 1$ (2) $y = -\frac{3}{4}x + 2$

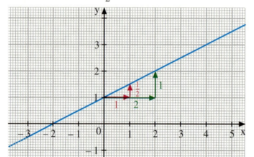
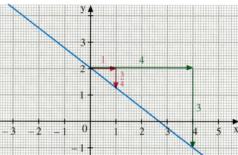

Gehe von $P(0|1)$ aus, gehe dann um 1 nach rechts und um $\frac{1}{2}$ nach oben oder z.B. um 2 nach rechts und um 1 nach oben.

Gehe von $P(0|2)$ aus, gehe dann um 1 nach rechts und um $\frac{3}{4}$ nach unten oder z.B. um 4 nach rechts und um 3 nach unten.

(2) Lineare Gleichungssysteme

In Aufgabe 1 haben wir ein lineares Gleichungssystem mithilfe des Gleichsetzungsverfahren gelöst. Wir kennen weitere Verfahren: Einsetzungsverfahren, Additionsverfahren.

Gleichsetzungsverfahren:
$$\begin{vmatrix} y = -2x + 4 \\ y = x + 1 \end{vmatrix}$$
Gleichsetzen:
$-2x + 4 = x + 1$
$x = 1$

Einsetzen von $x = 1$ in $y = -2x + 4$:
$y = 2$
$L = \{(1|2)\}$
Probe:
$2 = -2 \cdot 1 + 4$ (w)
$2 = 1 + 1$ (w)

Einsetzungsverfahren:
$$\begin{vmatrix} 4x + 3y = 6 \\ y = 2x - 8 \end{vmatrix}$$
Einsetzen von $2x - 8$ in die 1. Gleichung an die Stelle von y:
$4x + 3 \cdot (2x - 8) = 6$
$x = 3$

Einsetzen von $x = 3$ in die 2. Gleichung:
$y = -2$
$L = \{(3|-2)\}$
Probe:
$4 \cdot 3 + 3 \cdot (-2) = 6$ (w)
$-2 = 2 \cdot 3 - 8$ (w)

Additionsverfahren:
$$\begin{vmatrix} 2x + 5y = 1 & \cdot 4 \\ 3x - 4y = 13 & \cdot 5 \end{vmatrix}$$
Umformen, sodass bei *Addition der Gleichungen* eine Variable wegfällt.
$\left.\begin{matrix} 8x + 20y = 4 \\ 15x - 20y = 65 \end{matrix}\right\} +$
$23x \quad\quad = 69$
$x = 3$

Einsetzen von $x = 3$ in die 1. Gleichung:
$y = -1$
$L = \{(3|-1)\}$
Probe:
$2 \cdot 3 + 5 \cdot (-1) = 1$ (w)
$3 \cdot 3 - 4 \cdot (-1) = 13$ (w)

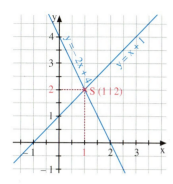

Jede Gleichung des Systems kann man im Koordinatensystem durch eine Gerade darstellen.

Mögliche Fälle	Anzahl der Lösungen
Die beiden Geraden schneiden sich.	genau eine
Die beiden verschiedenen Geraden sind zueinander parallel.	keine
Die beiden Geraden fallen zusammen.	unendlich viele

Zum Festigen und Weiterarbeiten

2. Der Stromverbrauch (genauer die elektrische Energie) wird in Kilowattstunden (kWh) gemessen. Ein Energieversorgungsunternehmen bietet seinen Kunden zwei Tarife an.
Bei welchem Stromverbrauch ist der Tarif H1 günstiger als der Tarif H2?

Tarif	H1	H2
Monatlicher Grundpreis	2,00 €	3,50 €
Arbeitspreis je kWh	0,25 €	0,10 €

3. Zeichne das Schaubild ohne Wertetabelle mithilfe von Steigung und y-Achsenabschnitt.
   a. $y = -2x - 4$ **b.** $y = \frac{2}{3}x + 1$ **c.** $y = 3x - 1$ **d.** $y = -\frac{1}{5}x + 2$
   Bestimme auch die Schnittpunkte des Schaubildes mit den Koordinatenachsen.

4. Zeichne die beiden Geraden, die durch das Gleichungssystem gegeben sind.
   Bestimme zeichnerisch und rechnerisch die Lösungsmenge des Systems.
   a. $\begin{vmatrix} y = \frac{1}{4}x + \frac{1}{2} \\ y = -\frac{1}{2}x + 2 \end{vmatrix}$ **b.** $\begin{vmatrix} 3x + 5y = 38 \\ y = 6x + 1 \end{vmatrix}$ **c.** $\begin{vmatrix} 3x + 2y = 12 \\ 5x + 4y = 22 \end{vmatrix}$

Lineare Funktionen **Übungen**

5. Zeichne das Schaubild der Funktion mithilfe von Steigung und y-Achsenabschnitt.
   a. $y = 3x - 2$ **c.** $y = 2x - 3$ **e.** $y = \frac{3}{4}x - 3$ **g.** $y = \frac{3}{5}x + \frac{3}{2}$
   b. $y = -2x + 1$ **d.** $y = -x - 2$ **f.** $y = -\frac{2}{3}x + 1$ **h.** $y = -\frac{4}{3}x - 1$

6. Zeichne das Schaubild der Funktion ohne Wertetabelle.
   a. $y = -1,5x + 2\frac{1}{2}$ **b.** $-3x + 4y + 2 = 0$ **c.** $y = 3,5$ **d.** $x = \frac{1}{4}y - \frac{1}{4}$

7. Lies die Funktionsgleichung ab.

a. 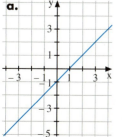 b. 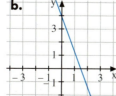 c. 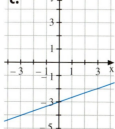 d.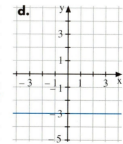

8. Die Taxiunternehmer in einer Kurstadt haben für Fahrten, die die Stadtgrenze überschreiten, folgende Kostenvereinbarung festgelegt:
Die Fahrt innerhalb der Stadtgrenze kostet einheitlich 2 €. Für jeden Kilometer außerhalb der Stadtgrenze sind dann 1,50 € zu zahlen.

a. Stelle für Fahrten nach außerhalb der Stadt eine Wertetabelle auf für die Funktion
Länge der Strecke (in km) ⟶ Preis (in €).

b. Zeichne das Schaubild der Funktion aus Teilaufgabe a und notiere die Funktionsgleichung. Lies am Schaubild ab: Wie viel kostet eine 5 km [3,5 km] lange Taxifahrt. Kontrolliere das Ergebnis rechnerisch.

9. In einer Flussniederung wird Kies ausgebaggert. Ein anfangs 800 m³ großer Teich vergrößert sich durch die Baggerarbeiten jede Woche um 550 m².

a. Stelle für die Funktion
Anzahl x der Wochen ⟶ Größe y der Wasserfläche des Baggersees eine Funktionsgleichung auf und zeichne das zugehörige Schaubild.

b. Lies am Schaubild ab.
(1) Wie groß ist der Baggersee nach 4 Wochen?
(2) Nach wie vielen Wochen ist der Baggersee 6 850 m² groß?
Kontrolliere das Ergebnis rechnerisch.

10. Welche der Punkte $P_1(-8|3)$, $P_2(2|-2)$, $P_3(-1|-4)$, $P_4(-4|-7)$, $P_5(-4|4)$, $P_6(1|5)$, $P_7(0,8|-2,2)$ gehören zum Schaubild der linearen Funktion mit:

a. $y = x - 3$ **b.** $y = -3x + 2$ **c.** $y = 2,4x + 2,6$ **d.** $y = \frac{x}{4} + 5$ **e.** $y = -\frac{1}{2}x - 1$

11. Die Punkte P_1 und P_2 liegen auf dem Schaubild der linearen Funktion. Ergänze die fehlenden Koordinaten.

a. $y = 2x - 1$, $P_1(-3|\square)$, $P_2(\square|4)$ **c.** $y = \frac{2}{3}x - 3$, $P_1(\square|-1)$, $P_2(6|\square)$

b. $y = -3x + 2$, $P_1(\square|11)$, $P_2(-2|\square)$ **d.** $y = -\frac{3}{4}x + 1$, $P_1(6|\square)$, $P_2(\square|\frac{1}{2})$

12. Das Schaubild einer Funktion mit der Gleichung $y = mx + b$ schneidet die y-Achse im Punkt P und geht außerdem durch den Punkt Q. Wie lautet die Funktionsgleichung?

a. $P(0|-3)$, $Q(-1|1)$ **c.** $P(0|-\frac{1}{3})$, $Q(2|1)$

b. $P(0|2)$, $Q(-2|-8)$ **d.** $P(0|\frac{3}{5})$, $Q(1|-\frac{1}{5})$

13. Das Schaubild einer linearen Funktion besitzt die Steigung m und geht durch den Punkt A. Wie lautet die Funktionsgleichung?

a. $m = -\frac{5}{4}$, $A(6|-\frac{5}{2})$ **c.** $m = \frac{3}{2}$, $A(5|1)$

b. $m = \frac{4}{3}$, $A(-3|-1)$ **d.** $m = -\frac{1}{2}$, $A(5|-3)$

14. g ist das Schaubild der linearen Funktion mit $y = 3x - 4$. Gib eine Gleichung für eine Funktion an, deren Schaubild h folgende Bedingungen erfüllt:
  a. h verläuft parallel zu g
  b. h verläuft parallel zu g durch den Punkt $A(0|4)$
  c. h und g haben denselben Schnittpunkt mit der y-Achse
  d. h und g haben denselben Schnittpunkt mit der y-Achse, aber h ist fallend.

Lineare Gleichungssysteme

Löse das Gleichungssystem. Wähle ein geeignetes Verfahren.

15. **a.** $\begin{vmatrix} y = \frac{1}{2}x \\ y = \frac{1}{2}x + 2 \end{vmatrix}$ **c.** $\begin{vmatrix} y = -\frac{1}{2}x \\ y = 2x \end{vmatrix}$ **e.** $\begin{vmatrix} y - 2x = -1 \\ 2y - 2x = 4 \end{vmatrix}$ **g.** $\begin{vmatrix} 3x - 4y = 24 \\ 5x + 2y = 14 \end{vmatrix}$

b. $\begin{vmatrix} y = -x + 3 \\ y = 2 \end{vmatrix}$ **d.** $\begin{vmatrix} y = 2x + 7 \\ y = 3 \end{vmatrix}$ **f.** $\begin{vmatrix} x + 3y - 6 = 0 \\ 2x + 6y + 9 = 0 \end{vmatrix}$ **h.** $\begin{vmatrix} 3y - 3x = -6 \\ y + x = 6 \end{vmatrix}$

16. **a.** $\begin{vmatrix} y = 3x - 4 \\ y = 2x + 2 \end{vmatrix}$ **c.** $\begin{vmatrix} y = x - 4 \\ y = 0{,}2x + 2 \end{vmatrix}$ **e.** $\begin{vmatrix} y - x = 2 \\ -3y + 3x = -6 \end{vmatrix}$ **g.** $\begin{vmatrix} 9y = 6x + 30 \\ 3y = 2x + 10 \end{vmatrix}$

b. $\begin{vmatrix} y = \frac{1}{2}x + 3 \\ y = 2x - 3 \end{vmatrix}$ **d.** $\begin{vmatrix} y = -3x \\ y = 2x - 6 \end{vmatrix}$ **f.** $\begin{vmatrix} 2x + 3y = 5 \\ -2x + 4y = 16 \end{vmatrix}$ **h.** $\begin{vmatrix} x + 3y - 8 = 0 \\ x - 3y - 8 = 0 \end{vmatrix}$

17. **a.** $\begin{vmatrix} 5x - y = 4 \\ y = 2x + 8 \end{vmatrix}$ **c.** $\begin{vmatrix} 3y - 8x = -14 \\ x = y + \frac{1}{2} \end{vmatrix}$ **e.** $\begin{vmatrix} 7x + y = 10 \\ 3x + y = 6 \end{vmatrix}$ **g.** $\begin{vmatrix} x - 5y = 17 \\ 2x + 3y = -5 \end{vmatrix}$

b. $\begin{vmatrix} 4y = 2x + 10 \\ x = \frac{1}{2}y + 2 \end{vmatrix}$ **d.** $\begin{vmatrix} x + y = 15 \\ x - y = 13 \end{vmatrix}$ **f.** $\begin{vmatrix} 3x - 2y = 5 \\ 2x - 3y = 0 \end{vmatrix}$ **h.** $\begin{vmatrix} 2x + 3y = 41 \\ 3x + 2y = 39 \end{vmatrix}$

18. **a.** $\begin{vmatrix} 8x - 15y = -30 \\ 2x + 3y = 15 \end{vmatrix}$ **d.** $\begin{vmatrix} \frac{1}{2}x - \frac{1}{3}y = 1 \\ -\frac{1}{4}x + \frac{4}{3}y = 10 \end{vmatrix}$ **g.** $\begin{vmatrix} 4y = 3x - 4 \\ 2x = 4y + 6 \end{vmatrix}$

b. $\begin{vmatrix} x = 3y - 19 \\ y = 3x - 23 \end{vmatrix}$ **e.** $\begin{vmatrix} 2\frac{1}{3}x + 1\frac{2}{9}y = 18 \\ -1\frac{1}{9}x + 2\frac{2}{3}y = 20\frac{2}{3} \end{vmatrix}$ **h.** $\begin{vmatrix} \frac{1}{5}y = \frac{1}{17}x - \frac{1}{85} \\ 5x = 1 + 17y \end{vmatrix}$

c. $\begin{vmatrix} 21x + 8y = -66 \\ -23y + 28x = 13 \end{vmatrix}$ **f.** $\begin{vmatrix} 3y = 2x + 2 \\ x = 1{,}5y - 2 \end{vmatrix}$ **i.** $\begin{vmatrix} 3x + 3y = 7 \\ y = \frac{4}{3} - x \end{vmatrix}$

19. Frau Wolf möchte einen Fotokopierer leihen. Sie vergleicht:
  Angebot A: Jährliche Leihgebühr 875 € und 2,5 Cent pro Kopie
  Angebot B: Jährliche Leihgebühr 1 250 € und 6,4 Cent pro Kopie
  a. Gib zu beiden Angeboten jeweils eine Funktionsgleichung an.
  b. Wie teuer würden 80 000 Kopien bei Angebot A?
  c. Wie viele Kopien könnte sie bei Angebot B für 2 100 € machen?
  d. Ab welcher Kopienzahl ist Angebot B günstiger als Angebot A?

20. Das Schaubild einer linearen Funktion geht durch die Punkte A und B. Wie lautet die Funktionsgleichung?
  a. $A(3|1), B(5|5)$ **c.** $A(1|-2), B(3|1)$
  b. $A(2|7), B(5|1)$ **d.** $A(-2|-1), B(1|-7)$

Die quadratische Funktion mit der Gleichung $y = x^2 + px + q$

Quadratische Funktionen mit der Gleichung $y = x^2 + e$

Aufgabe

1. Zeichne die Parabel (das Schaubild) zu der Funktion mit der Gleichung:

(1) $y = x^2 + 1$ (2) $y = x^2 - 2$

Zeichne in dasselbe Koordinatensystem die Normalparabel mit $y = x^2$.
Beschreibe, wie die Parabel zu (1) bzw. (2) aus der Normalparabel hervorgeht.
Gib auch die Eigenschaften der Parabel an.

Lösung

(1) $y = x^2 + 1$

x	-3	-2	-1	0	1	2	3	x
x²	9	4	1	0	1	4	9	x²
y	10	5	2	1	2	5	10	x²+1

$\Big) +1$

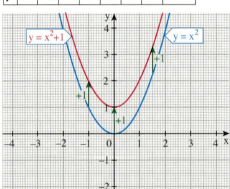

(2) $y = x^2 - 2$

x	-3	-2	-1	0	1	2	3	x
x²	9	4	1	0	1	4	9	x²
y	7	2	-1	-2	-1	2	7	x²-2

$\Big) -2$

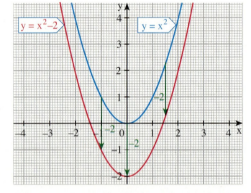

Die rote Parabel erhält man durch Verschieben der Normalparabel in Richtung der y-Achse um 1 Einheit nach oben.

Symmetrieachse: y-Achse (x = 0)
Scheitelpunkt: S(0|1)

Das Schaubild fällt bis zum Scheitelpunkt S(0|1) und steigt dann; der Scheitelpunkt ist der tiefste Punkt.

Die rote Parabel erhält man durch Verschieben der Normalparabel in Richtung der y-Achse um 2 Einheiten nach unten.

Symmetrieachse: y-Achse (x = 0)
Scheitelpunkt: S(0|-2)

Das Schaubild fällt bis zum Scheitelpunkt S(0|-2) und steigt dann; der Scheitelpunkt ist der tiefste Punkt.

Zum Festigen und Weiterarbeiten

2. Zeichne möglichst einfach das Schaubild der Funktion mit:

a. $y = x^2 + 2$ **b.** $y = x^2 - 9$ **c.** $y = x^2 + 3{,}5$ **d.** $y = x^2 - 2{,}5$

Überlege zunächst, wie das Schaubild aus der Normalparabel entsteht.
Gib die Koordinaten des Scheitelpunktes an. Notiere weitere Eigenschaften.

3. Die Normalparabel ist

a. um 4 Einheiten nach unten;   **b.** um 2,5 Einheiten nach oben   verschoben.

Welche Funktionsgleichung gehört zu dem neuen Schaubild? Gib auch die Eigenschaften an. Notiere die Koordinaten des gemeinsamen Punktes von Schaubild und y-Achse.

Das Schaubild einer **quadratischen Funktion der Form** $y = x^2 + e$ kann man mithilfe einer Schablone für die Normalparabel zeichnen.

Man verschiebt die Normalparabel um e Einheiten in Richtung der y-Achse, und zwar
- nach oben, falls $e > 0$;
- nach unten, falls $e < 0$.

Eigenschaften:

(1) Der Scheitelpunkt S hat dann die Koordinaten (0; e).
(2) Die Symmetrieachse der Parabel fällt mit der y-Achse zusammen.
(3) Bis zum Scheitelpunkt fällt die Parabel und steigt dann.
    Der Scheitelpunkt ist der tiefste Punkt der Parabel.

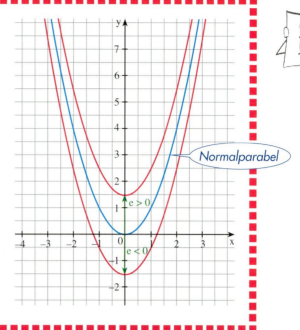

Anmerkung: Quadratische Funktionen mit $y = x^2 + e$ sind ein Sonderfall zu $y = x^2 + px + q$. Setze $p = 0$ und $q = e$.

Übungen

4. Zeichne mithilfe einer Parabelschablone das Schaubild der Funktion mit:

a. $y = x^2 - 6$ c. $y = x^2 + 3{,}5$ e. $y = x^2 - \frac{1}{4}$ g. $y = x^2 - \sqrt{2}$
b. $y = x^2 + 1{,}2$ d. $y = x^2 - 8{,}25$ f. $y = x^2 + \frac{3}{4}$ h. $y = x^2 - \pi$

Gib die Eigenschaften an. Orientiere dich am obigen Kasten.

5. Die Normalparabel ist verschoben

a. um 3 Einheiten nach unten;
b. um 5 Einheiten nach oben;
c. um 2,5 Einheiten nach oben;
d. um 4,75 Einheiten nach unten;
e. um 3 Einheiten nach oben;
f. um 5 Einheiten nach unten;
g. um 2,5 Einheiten nach unten;
h. um 4,75 Einheiten nach oben.

Welche Funktionsgleichung gehört zu dieser Parabel? Notiere auch Eigenschaften.

6. Verschiebe die Normalparabel so in Richtung der y-Achse, dass sie den angegebenen Scheitelpunkt besitzt. Gib die Funktionsgleichung an.
a. S(0|3,5) b. S(0|−2,3) c. S(0|1,75) d. S(0|−0,8) e. S(0|$\sqrt{2}$) f. S(0|π)

7. Betrachte die quadratische Funktion $y = x^2 + e$. Gib eine Zahl für e an, sodass der Scheitelpunkt der zugehörigen Parabel
(1) oberhalb der x-Achse, (2) unterhalb der x-Achse, (3) auf der x-Achse liegt.

8. Das Schaubild einer quadratischen Funktion mit der Gleichung $y = x^2 - 4$ wird von der Geraden g mit $y = 2x - 4$ in den Punkten A und B geschnitten. Berechne den Flächeninhalt des Dreiecks, das von der x-Achse, der y-Achse und der Geraden g begrenzt wird.

9. Zeichne die Schaubilder der quadratischen Funktionen mit den Gleichungen (1) $y = -x^2 + 4$ und (2) $y = x^2 - 4$. Sie schneiden sich in den Punkten A und B. Berechne den Flächeninhalt des Vierecks, das die beiden Scheitelpunkte der Parabeln und die Punkte A und B als Eckpunkte besitzt.

10. Gegeben ist die quadratische Funktion mit $y = x^2 + 3$ und die lineare Funktion mit $y = 2x + 6$.

   a. Bestimme die Schnittpunkte S_1 und S_2 beider Schaubilder.

   b. Wie lang ist die Verbindungsstrecke $\overline{S_1 S_2}$?

   c. Berechne den Flächeninhalt des Dreiecks OS_1S_2, wobei O der Koordinatenursprung ist.

Quadratische Funktionen mit der Gleichung $y = (x - d)^2$

Aufgabe

1. Zeichne die Parabel zu der Funktion mit der Gleichung:

(1) $y = (x - 3)^2$ \qquad (2) $y = (x + 2)^2$

Zeichne in dasselbe Koordinatensystem die Normalparabel.
Beschreibe, wie die Parabel zu (1) bzw. (2) aus der Normalparabel hervorgeht.
Gib auch Eigenschaften der Parabel an.

Lösung

(1) $y = (x - 3)^2$

Quadriere

x	-2	-1	0	1	2	3	4	5
x-3	-5	-4	-3	-2	-1	0	1	2
y	25	16	9	4	1	0	1	4

$\big) -3$

(2) $y = (x + 2)^2$

x	-4	-3	-2	-1	0	1	2
x+2	-2	-1	0	1	2	3	4
y	4	1	0	1	4	9	16

$\big) +2$

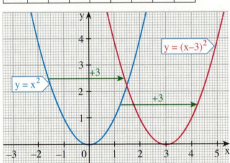
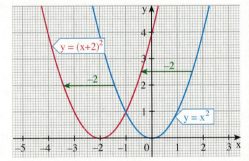

Die rote Parabel erhält man durch Verschieben der Normalparabel in Richtung der x-Achse um 3 Einheiten nach rechts.

Scheitelpunkt: $S(3|0)$
Symmetrieachse: Parallele zur y-Achse durch S $(x = 3)$

Das Schaubild fällt bis zum Scheitelpunkt $S(3|0)$ und steigt dann; der Scheitelpunkt ist der tiefste Punkt.

Löst man die Klammer auf, erhält man:
$y = x^2 - 6x + 9$

Die rote Parabel erhält man durch Verschieben der Normalparabel in Richtung der x-Achse um 2 Einheiten nach links.

Scheitelpunkt: $S(-2|0)$
Symmetrieachse: Parallele zur y-Achse durch S $(x = -2)$

Das Schaubild fällt bis zum Scheitelpunkt $S(-2|0)$ und steigt dann; der Scheitelpunkt ist der tiefste Punkt.

Löst man die Klammer auf, erhält man:
$y = x^2 + 4x + 4$

Das Schaubild einer **quadratischen Funktion der Form $y = (x - d)^2$** kann man mithilfe einer Schablone für die Normalparabel zeichnen.

Man verschiebt die Normalparabel um d Einheiten in Richtung der x-Achse, und zwar
– nach rechts, falls $d > 0$;
– nach links, falls $d < 0$.

Eigenschaften:

(1) Der Scheitelpunkt S hat dann die Koordinaten $(d \,|\, 0)$.
(2) Die Symmetrieachse ist eine Parallele zur y-Achse durch den Punkt $S(d\,|\,0)$ mit der Gleichung $x = d$.
(3) Bis zum Scheitelpunkt fällt die Parabel und steigt dann. Der Scheitelpunkt ist der tiefste Punkt der Parabel.

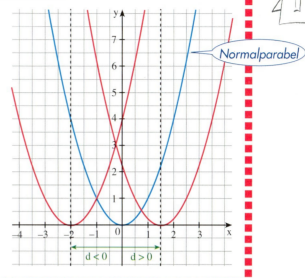

Anmerkung: Die Lösung der Aufgabe 1 zeigt auch, dass eine quadratische Funktion mit $y = (x - d)^2$ zu den quadratischen Funktionen mit $y = x^2 + px + q$ gehört.

Zum Festigen und Weiterarbeiten

2. Zeichne das Schaubild zu:
   a. $y = (x - 1)^2$ **b.** $y = (x + 1)^2$ **c.** $y = (x + 3{,}5)^2$ **d.** $y = (x + 3)^2$

Überlege zunächst, wie das Schaubild aus der Normalparabel hervorgeht.
Gib die Lage des Scheitelpunktes an. Notiere weitere Eigenschaften des Schaubildes.
Notiere auch den gemeinsamen Punkt mit der y-Achse.

3. Die Normalparabel ist
   a. um 5 Einheiten nach links verschoben;
   b. um 6 Einheiten nach rechts verschoben;
   c. um 1,5 Einheiten nach rechts verschoben;
   d. um 3,5 Einheiten nach links verschoben.

Welche Funktionsgleichung gehört zur verschobenen Parabel? Schreibe auch in der Form $y = x^2 + px + q$ an.

4. Die Parabel mit $y = (x - 3)^2$ hat ihren Scheitel an der Stelle 3. Begründe, warum der y-Wert der Funktion an dieser Stelle am kleinsten ist.

5. *Anwenden einer binomischen Formel (Wiederholung)*
   a. Löse die Klammer auf; wende dazu eine binomische Formel an.
      (1) $(x + 4)^2$ (2) $(x - 7)^2$ (3) $\left(x + \frac{5}{2}\right)^2$ (4) $\left(z - \frac{7}{4}\right)^2$ (5) $(y - 0{,}8)^2$

   b. Schreibe mithilfe der 1. oder 2. binomischen Formel als Quadrat.
      (1) $x^2 + 12x + 36$ (2) $x^2 - 5x + 6{,}25$ (3) $y^2 - 7y + 12{,}25$ (4) $z^2 - \frac{4}{5}z + \frac{4}{25}$

   c. Ergänze so, dass man eine binomische Formel anwenden kann.
      (1) $x^2 + \square + 49$ (2) $y^2 - \square + 1{,}44$ (3) $x^2 + 6x + \square$ (4) $z^2 - \frac{3}{2}z + \square$

quadratische Ergänzung

6. *Bestimmen der Verschiebung*
Gib an, um wie viele Einheiten die Normalparabel nach rechts bzw. nach links verschoben werden muss, damit die verschobene Parabel zur angegebenen Funktion gehört; nutze die binomischen Formeln.

a. $y = x^2 - 4{,}8x + 5{,}76$ **b.** $y = x^2 + \frac{4}{7}x + \frac{4}{49}$

> $y = x^2 + 7x + 12{,}25$
> $= (x + 3{,}5)^2$
>
> Die Normalparabel muss um 3,5 Einheiten nach links verschoben werden.

Übungen

7. Zeichne mithilfe einer Parabelschablone das Schaubild mit:
a. $y = (x-2)^2$ **b.** $y = (x+1{,}5)^2$ **c.** $y = (x+5)^2$ **d.** $y = x^2 - 2x + 1$
Gib die Lage des Scheitelpunktes an. Notiere weitere Eigenschaften des Schaubildes. Gib auch den gemeinsamen Punkt mit der y-Achse an.

8. a. Löse die Klammer auf.
(1) $(x-2)^2$; $(x+0{,}6)^2$; $\left(z - \frac{7}{2}\right)^2$ (2) $(x+9)^2$; $(x-1{,}2)^2$; $\left(y - \frac{8}{5}\right)^2$

b. Schreibe mithilfe der 1. und 2. binomischen Formel als Quadrat.
(1) $x^2 + 12x + 36$ (3) $x^2 - 7x + \frac{49}{4}$ (5) $x^2 - \frac{3}{2}x + \frac{9}{16}$ (7) $x^2 - 0{,}2x + 0{,}01$
(2) $x^2 - 18x + 81$ (4) $x^2 + 5x + 6{,}25$ (6) $x^2 - \frac{4}{5}x + \frac{4}{25}$ (8) $x^2 + \frac{7}{5}x + \frac{49}{100}$

c. Ergänze so, dass man eine binomische Formel anwenden kann.
(1) $x^2 + \square + \frac{16}{25}$ (2) $z^2 - \square + 1{,}69$ (3) $y^2 + 3y + \square$ (4) $x^2 - \frac{4}{3}x + \square$

9. Die Normalparabel ist verschoben
a. um 4 Einheiten nach rechts;
b. um 4 Einheiten nach links;
c. um 3 Einheiten nach links;
d. um 3 Einheiten nach rechts;
e. um 2,5 Einheiten nach links;
f. um 2,5 Einheiten nach rechts;
g. um 4,5 Einheiten nach rechts;
h. um 4,5 Einheiten nach links.
Welche Funktion gehört zu dieser Parabel?
Gib die Funktionsgleichung an, auch in der Form $y = x^2 + px + q$.

10. Verschiebe die Normalparabel so in Richtung der x-Achse, dass sie den angegebenen Scheitelpunkt besitzt.
Wie lautet die Funktionsgleichung der zugehörigen Funktion?
a. $S(1{,}8 | 0)$ **b.** $S(-2{,}4 | 0)$ **c.** $S(-0{,}9 | 0)$ **d.** $(\sqrt{3} | 0)$

11. Gib an, um wie viele Einheiten die Normalparabel nach rechts bzw. nach links verschoben werden muss, damit man die verschobene Parabel mit der folgenden Funktionsgleichung erhält. (Hier nutzen dir die binomischen Formeln.)
a. $y = x^2 - 9x + 20{,}25$ **c.** $y = x^2 - 0{,}2x + 0{,}01$ **e.** $y = x^2 + \frac{1}{3}x + \frac{1}{36}$
b. $y = x^2 + 11x + 30{,}25$ **d.** $y = x^2 - x + \frac{1}{4}$ **f.** $y = x^2 + \frac{12}{5}x + \frac{36}{25}$

12. Gegeben ist die quadratische Funktion mit $y = (x+1)^2$ und die lineare Funktion mit $y = -2x + 6$.
a. Bestimme die Koordinaten der Schnittpunkte S_1 und S_2 beider Schaubilder.
b. Gib den Abstand beider Punkte S_1 und S_2 an.
c. Gib den Abstand jedes Punktes vom Ursprung an.

13. Die Normalparabel wurde verschoben. Gib die Funktionsgleichung an.

a. b. c. d.

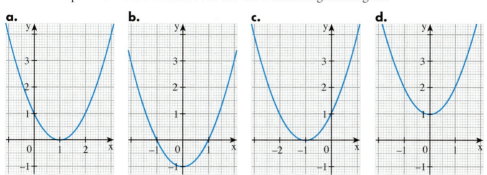

Quadratische Funktionen mit der Gleichung y = (x – d)² + e

1. Verschiebe die Normalparabel zunächst um 2 Einheiten nach rechts und dann um 1 Einheit nach oben.
Wie lautet die Funktionsgleichung der zugehörigen Funktion?
Gib auch die Koordinaten des Scheitelpunktes S der verschobenen Parabel an.
Gib weitere Eigenschaften an.

Aufgabe

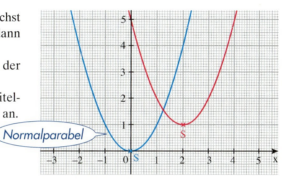

Lösung

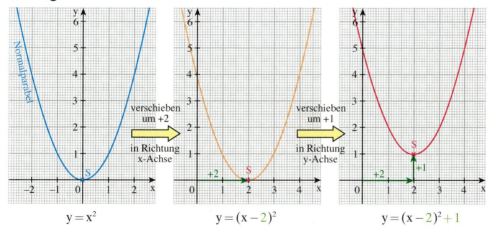

$y = x^2$ → verschieben um +2 in Richtung x-Achse → $y = (x-2)^2$ → verschieben um +1 in Richtung y-Achse → $y = (x-2)^2 + 1$

Verschiebt man die Normalparabel um 2 Einheiten nach rechts und dann um 1 Einheit nach oben, so lautet die Funktionsgleichung der zugehörigen Funktion:
$y = (x-2)^2 + 1$

Scheitelpunkt: $S(2|1)$
Symmetrieachse: Parallele zur y-Achse durch S ($x = 2$)

Das Schaubild fällt bis zum Scheitelpunkt $S(2|1)$ und steigt dann; der Scheitelpunkt ist der tiefste Punkt.
Nach Auflösen der Klammer in der Funktionsgleichung erhält man: $y = x^2 - 4x + 5$

Das Schaubild einer **quadratischen Funktion der Form** $y = (x - d)^2 + e$ kann man mithilfe einer Schablone für die Normalparabel zeichnen. Dazu verschiebt man die Normalparabel um d in Richtung der x-Achse und um e in Richtung der y-Achse.

Eigenschaften:

(1) Der Scheitelpunkt S hat dann die Koordinaten (d|e).
Da man aus der Gleichung $y = (x - d)^2 + e$ die Koordinaten des Scheitelpunktes ablesen kann, nennt man sie die **Scheitelpunktform.**
Die Gleichung $y = x^2 + px + q$ nennt man die *Normalform*.

(2) Die Symmetrieachse ist eine Parallele zur y-Achse durch den Scheitelpunkt S(d|e) mit der Gleichung $x = d$.

(3) Bis zum Scheitelpunkt fällt die Parabel und steigt dann.
Der Scheitelpunkt ist der tiefste Punkt der Parabel.

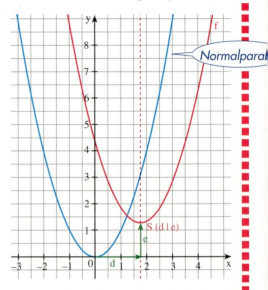

Zum Festigen und Weiterarbeiten

2. Zeichne das Schaubild. Überlege zunächst, wie das Schaubild aus der Normalparabel entsteht. Gib die Lage des Scheitelpunktes und die Gleichung der Symmetrieachse an. Notiere weitere Eigenschaften sowie den gemeinsamen Punkt mit der y-Achse.

a. $y = (x - 2)^2 + 3$ **b.** $y = (x + 4)^2 - 1$ **c.** $y = (x + 1)^2 - 4$ **d.** $y = x^2 + 4x$

3. Die Normalparabel ist verschoben

a. um 3 nach links und um 1 nach unten;

b. um 2 nach rechts und um 3 nach unten;

c. um 1,5 nach rechts und um 2,5 nach oben;

d. um 2,5 nach links und um 1,5 nach unten.

Welche Funktion gehört zu dieser Parabel? Gib die Funktionsgleichung an, auch in der Form $y = x^2 + px + q$.

Teamarbeit

4. Die Lage des Scheitelpunktes S einer Parabel hinsichtlich der Quadranten hängt von d und e ab. Wählt verschiedene Zahlen für d und e; denkt dabei an positive und negative Werte sowie an Null. Zeichnet jeweils das Schaubild. Wo liegt der Scheitelpunkt S? Ergänzt die Tabelle.

	e > 0	e = 0	e < 0
d < 0	S liegt im 2. Quadranten.	S liegt ...	S liegt ...
d = 0			
d > 0			

Berechnen der Scheitelpunktkoordinaten einer Funktion mit der Gleichung y = x² + p x + q

Information

(1) Gegeben ist die quadratische Funktion mit $y = x^2 - 4x + 3$. Wie lauten die Koordinaten des Scheitelpunktes der zugehörigen Parabel?

Um diese Fragen zu beantworten, bringen wir die gegebene Gleichung auf die Scheitelpunktform $y = (x - d)^2 + e$:

$y = x^2 - 4x \qquad\qquad + 3$
$y = x^2 - 4x + \left(\frac{4}{2}\right)^2 - \left(\frac{4}{2}\right)^2 + 3$
$y = (x - 2)^2 \qquad - 4 + 3$
$y = (x - 2)^2 - 1$,
also $S(2 \mid -1)$

(2) Eine beliebige Gleichung $y = x^2 + p x + q$ (Normalform) einer quadratischen Funktion lässt sich entsprechend in die Scheitelpunktform umformen.

$y = x^2 + p x \qquad\qquad + q$
$y = x^2 + p x + \left(\frac{p}{2}\right)^2 - \left(\frac{p}{2}\right)^2 + q$
$y = \left[x + \left(\frac{p}{2}\right)\right]^2 - \left(\frac{p}{2}\right)^2 \qquad + q$
Wir lesen ab: $d = -\frac{p}{2}$;
$e = -\left(\frac{p}{2}\right)^2 + q \quad$ bzw. $\quad e = -\left[\left(\frac{p}{2}\right)^2 - q\right]$

> Das Schaubild einer quadratischen Funktion mit der Gleichung $y = x^2 + p x + q$ besitzt den Scheitelpunkt $S\left(-\frac{p}{2} \mid -\left(\frac{p}{2}\right)^2 + q\right)$.

Übungen

5. Zeichne mithilfe einer Parabelschablone das Schaubild der Funktion zu:

   a. $y = (x - 3)^2 + 4$ **c.** $y = (x + 2{,}5)^2 - 4$ **e.** $y = \left(x - \frac{1}{2}\right)^2 - 3$ **g.** $y = \left(x - \frac{3}{5}\right)^2 - 2{,}4$

   b. $y = (x + 2)^2 - 1$ **d.** $y = (x + 1)^2 + 1$ **f.** $y = (x - 2{,}5)^2 + \frac{5}{2}$ **h.** $y = \left(x + \frac{11}{2}\right)^2 + \frac{1}{2}$

Gib auch den Scheitelpunkt der Parabel an. Gib weitere Eigenschaften an.
Wie lauten die Koordinaten des gemeinsamen Punktes mit der y-Achse?

6. Verschiebe die Normalparabel (mithilfe einer Schablone)

   a. um 4 Einheiten nach rechts und um 3 Einheiten nach oben;
   b. um 4 Einheiten nach rechts und um 3 Einheiten nach unten;
   c. um 4 Einheiten nach links und um 3 Einheiten nach oben;
   d. um 4 Einheiten nach links und um 3 Einheiten nach unten;
   e. um 2,5 Einheiten nach rechts und um 1 Einheit nach unten;
   f. um $\frac{4}{5}$ Einheiten nach links und um 4,5 Einheiten nach oben.

Welche Funktion gehört zu dieser verschobenen Parabel?
Notiere die Funktionsgleichung auch in der Form $y = x^2 + p x + q$.
Notiere die Koordinaten des Scheitelpunktes.
Wie lauten die Koordinaten des gemeinsamen Punktes mit der y-Achse?

7. Die Normalparabel wurde verschoben

   a. um 2 Einheiten nach rechts und um 1,4 Einheiten nach unten;
   b. um 3 Einheiten nach links und um 3,6 Einheiten nach oben.

(1) Gib eine Funktionsgleichung an.
(2) Prüfe, welche der folgenden Punkte auf der verschobenen Parabel liegen:
    $P_1(1 \mid 19{,}6)$; $P_2(4 \mid 2{,}6)$; $P_3(-2 \mid 4{,}6)$; $P_4(-3 \mid 23{,}6)$; $P_5(-1 \mid 7{,}6)$

8. Von einer verschobenen Normalparabel ist bekannt:
  a. S(−2|−1) ist der Scheitelpunkt.
  b. S(3,5|0) ist der Scheitelpunkt.
  c. Die Parabel geht durch den Ursprung und hat die Gerade x = 2 als Symmetrieachse.
  d. Der Scheitelpunkt hat −4 als y-Koordinate. Der Koordinatenursprung ist ein Punkt der Parabel (zwei Möglichkeiten).
  e. Die Parabel geht durch P(5|1), die Symmetrieachse hat die Gleichung x = 3.
  f. Die Parabel geht durch die Punkte $P_1(-1|7)$ und $P_2(3|7)$.
  Zeichne die Parabel. Notiere die Gleichung der zugehörigen Funktion.

9. Gib an, wie man das Schaubild der Funktion durch Verschieben aus der Normalparabel erhalten kann. Notiere die Koordinaten des Scheitelpunktes.
In welchem Bereich fällt das Schaubild, in welchem steigt es?
  a. $y = x^2 - 4x - 5$
  b. $y = x^2 + 6x + 5$
  c. $y = x^2 - 5x + 5$
  d. $y = x^2 + 8x + 7$
  e. $y = x^2 - 2x$
  f. $y = x^2 + 3x + 4$
  g. $y = x^2 - x - \frac{1}{2}$
  h. $y = x^2 - \frac{4}{3}x - \frac{5}{9}$

10. Gib die Funktionsgleichung in der Normalform $y = x^2 + px + q$ an.

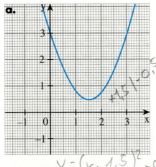
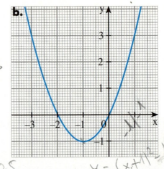
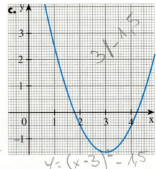

11. Eine Parabel mit der Gleichung $y = x^2 + px + q$ hat den Scheitel S(2|−1,5).
Bestimme die Werte für p und q.

12. Das Schaubild einer quadratischen Funktion mit der Gleichung $y = x^2 + 4x + q$ geht durch den Punkt A(1|4). Bestimme rechnerisch die Koordinaten des Scheitelpunkts.

13. Das Schaubild einer quadratischen Funktion mit der Gleichung $y = x^2 + px + 12,5$ geht durch den Punkt B(2|0,5). Bestimme rechnerisch die Koordinaten des Scheitelpunkts.

14. Der Punkt C(2|16) liegt auf dem Schaubild einer quadratischen Funktion mit der Gleichung $y = x^2 + px + q$. Bestimme die Koordinaten des Scheitelpunkts, wenn q = 4p ist.

15. Eine quadratische Funktion besitzt die Gleichung $y = (x - 1)(x + 4)$.
Bestimme zeichnerisch die Schnittpunkte des Schaubilds mit den Koordinatenachsen.

16. Das Schaubild einer quadratischen Funktion mit der Gleichung $y = x^2 + px + 4$ verläuft durch den Punkt R(−1|−1). Die Gerade y = 2x + 4 schneidet die Parabel.
Bestimme zeichnerisch die Koordinaten der Schnittpunkte.

17. Gegeben sind zwei quadratische Funktionen mit $y = x^2 + 2x - 5$ und $y = x^2 - 5x + 9$.
Bestimme die Koordinaten der Schnittpunkte S_1 und S_2 beider Schaubilder und den Abstand der Schnittpunkte vom Koordinatenursprung.

Begriff der quadratischen Gleichung – grafisches Lösen

1. Tanja stellt ein Zahlenrätsel (siehe Bild). Wir wollen versuchen, diese Zahlen mithilfe einer Tabelle durch planmäßiges Probieren zu finden.

Aufgabe

Lösung

(1) *Aufstellen einer Gleichung*

Für die gesuchten Zahlen führen wir die Variable x ein.

Das Quadrat einer solchen Zahl: x^2
Das $1\frac{1}{2}$fache einer solchen Zahl,
vermehrt um 10: $1{,}5 \cdot x + 10$

Gleichung: $x^2 = 1{,}5x + 10$

(2) *Bestimmen der Lösungsmenge durch planmäßiges Probieren*

Es handelt sich hier um eine *quadratische Gleichung*, die wir mithilfe unserer bisherigen rechnerischen Verfahren nicht lösen können.

Wir stellen zunächst eine Tabelle für x^2 und $1{,}5x + 10$ auf. Dann suchen wir Einsetzungen für x, für die die Werte von x^2 und $1{,}5x + 10$ übereinstimmen.

x	0	1	2	3	4	5	6
x^2	0	1	4	9	16	25	36
$1{,}5x + 10$	10	11,5	13	14,5	16	17,5	19

Die Zahl 4 ist *eine* Lösung der Gleichung.

Wir wollen prüfen, ob die quadratische Gleichung $x^2 = 1{,}5x + 10$ außer der Zahl 4 noch eine weitere Lösung besitzt.

Größere Zahlen als 5 kommen nicht in Betracht, da z. B. für eine Zahl zwischen 5 und 6 gilt: $25 < x^2 < 36$, aber $17{,}5 < 1{,}5x + 10 < 19$.

Ebenso erkennen wir, dass andere Zahlen (als 4) zwischen 0 und 5 als Lösung nicht in Frage kommen.

Wir überprüfen zusätzlich den Bereich der negativen Zahlen:

x	−1	−2	−3	−4	−5	−6	−7
x^2	1	4	9	16	25	36	49
$1{,}5x + 10$	8,5	7	5,5	4	2,5	1	−0,5

Eine kleinere Zahl als −3 kommt nicht in Betracht, da $x^2 > 9$, aber $1{,}5x + 10 < 5{,}5$. Dagegen wird es noch eine Zahl zwischen −2 und −3 geben, für die die Werte von x^2 und $1{,}5x + 10$ übereinstimmen.
Probieren ergibt:
Bei der Einsetzung −2,5 für x haben x^2 und $1{,}5x + 10$ den gleichen Wert 6,25.

(3) *Ergebnis*

Tanja denkt an die Zahlen 4 und −2,5.

Kapitel 1

Information

(1) Begriff der quadratischen Gleichung

Gleichungen, die man auf die Form $x^2 + px + q = 0$ bringen kann, heißen **quadratische Gleichungen**.
Beispiele: $x^2 - 3x + 5 = 0$; $x^2 - 9x = 14$; $(x - 2)^2 = 5$; $3x^2 + 21x + 30 = 0$

(2) Zeichnerisches Bestimmen der Lösungsmenge

Beim Lösen der Gleichung $x^2 = 1{,}5x + 10$ suchen wir Zahlen für x, für welche die Werte von x^2 und von $1{,}5x + 10$ übereinstimmen.

Dazu zeichnen wir die Schaubilder der Funktionen mit

$y = x^2$ (*Normalparabel*) und

$y = 1{,}5x + 10$ (*Gerade* mit der Steigung 1,5 und dem y-Achsenabschnitt 10).

Bei den gemeinsamen Punkten von Parabel und Gerade stimmen die Werte von x^2 und von $1{,}5x + 10$ überein.

Aus dem Bild lesen wir ab:
Die beiden gemeinsamen Punkte P_1 und P_2 (Schnittpunkte) liegen an den Stellen $-2{,}5$ und 4.

Außerdem erkennen wir an der Zeichnung, dass es keine weiteren gemeinsamen Punkte von Gerade und Parabel (und damit keine weiteren Lösungen der Gleichung $x^2 = 1{,}5x + 10$) gibt.

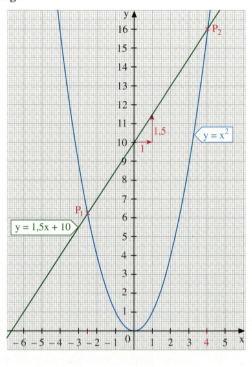

Zum Festigen und Weiterarbeiten

2. Liegt eine quadratische Gleichung vor?
(1) $x^2 = 7x$ (3) $x^2 - x = 5x^3 = 4$ (5) $9x - 7 = 2x$ (7) $z - z^2 = 5$ (9) $7y - 5 = 2y$
(2) $4 = y^2$ (4) $x - 3 = 4z^2$ (6) $16 = z^2$ (8) $8 - x^2 + 3x = 2$ (10) $(3z + 2)^2 = 49$

3. Bestimme mithilfe einer Tabelle die Lösungsmenge der quadratischen Gleichung ($G = \mathbb{Z}$). Forme die Gleichung wie im Beispiel zunächst geeignet um.

$\begin{aligned} 3x^2 + 21x + 30 &= 0 \quad |:3 \\ x^2 + 7x + 10 &= 0 \\ x^2 &= -7x - 10 \end{aligned}$

a. $x^2 - 2x - 15 = 0$ **c.** $\frac{1}{2}x^2 + x = 0$

b. $2x^2 + 16x + 32 = 0$ **d.** $\frac{1}{2}y^2 - \frac{1}{2}y - 3 = 0$

4. Bestimme mithilfe einer Zeichnung die Lösungsmenge.
a. $x^2 = 1{,}5x + 1$ **b.** $x^2 = 6x - 5$ **c.** $x^2 = -2x - 3$ **d.** $x^2 = 6{,}25$

5. Bestimme mithilfe einer Zeichnung die Lösungsmenge. Forme die Gleichung zunächst geeignet um. Denke auch an die Scheitelpunktsform quadratischer Funktionsgleichungen.
a. $x^2 - x - 2 = 0$ **b.** $x^2 - 3x + 2 = 0$ **c.** $2x^2 - x - 3 = 0$ **d.** $x - \frac{1}{2}x^2 = 0$

6. *Anzahl der Lösungen einer quadratischen Gleichung*

  a. Lies jeweils anhand des Bildes rechts die Lösungsmenge ab.

  (1) $x^2 - x - \frac{3}{4} = 0$
  $x^2 = x + \frac{3}{4}$

  (2) $x^2 - x + \frac{1}{4} = 0$
  $x^2 = x - \frac{1}{4}$

  (3) $x^2 - x + \frac{3}{4} = 0$
  $x^2 = x - \frac{3}{4}$

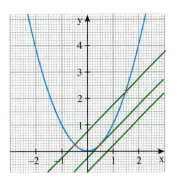

  Begründe anhand des Bildes folgenden Satz:

Anzahl der Lösungen einer quadratischen Gleichung

Eine quadratische Gleichung hat entweder *zwei* Lösungen oder *eine* Lösung oder *keine* Lösung.

(1) $x^2 - x - \frac{3}{4} = 0$
  $x^2 = x + \frac{3}{4}$

(2) $x^2 - x + \frac{1}{4} = 0$
  $x^2 = x - \frac{1}{4}$

(3) $x^2 - x + \frac{3}{4} = 0$
  $x^2 = x - \frac{3}{4}$

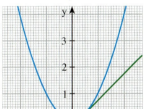

---

b. Bestimme die Lösungsmenge der vier Gleichungen mithilfe einer gemeinsamen Zeichnung wie in Teilaufgabe a.

  (1) $x^2 = 3x$ (2) $x^2 = 3x - 2{,}25$ (3) $x^2 = 3x - 4{,}5$ (4) $x^2 = 3x - 1{,}25$

Ablaufplan für das grafische Lösen einer quadratischen Gleichung

Beispiel: $x^2 + \frac{1}{2}x - 3 = 0$

(1) Löse die Gleichung nach x^2 auf:
  $x^2 = -\frac{1}{2}x + 3$

(2) Zeichne (mit einer Schablone) die Parabel zu $y = x^2$ und die Gerade zu $y = -\frac{1}{2}x + 3$.

(3) Suche die gemeinsamen Punkte von Parabel und Gerade. Lies die 1. Koordinate der gemeinsamen Punkte ab, im Beispiel -2 und $\frac{3}{2}$.

(4) Führe die Probe durch.

(5) Notiere die Lösungsmenge:
  $L = \{-2; \frac{3}{2}\}$

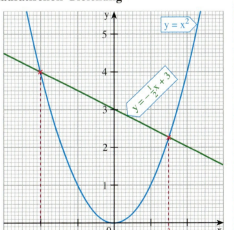

gemeinsame Punkte: Schnittpunkte, Berührungspunkte

Kapitel 1

Übungen

7. Suche mithilfe einer Tabelle ganze Zahlen,

  a. deren Quadrat genauso groß ist wie das 10fache der Zahl, vermindert um 9;
  b. deren Quadrat genauso groß ist wie das 6fache der Zahl, vermindert um 9;
  c. deren Quadrat genauso groß ist wie 3, vermindert um das Doppelte der Zahl;
  d. bei denen die Zahl vermehrt um 6 genauso groß ist wie das Quadrat der Zahl;
  e. bei denen das (-3)fache der Zahl vermindert um 2 genauso groß ist wie das Quadrat der Zahl;
  f. deren Quadrat um 15 größer ist als das Doppelte der Zahl
  g. deren Quadrat um 24 größer ist als das Doppelte der Zahl;
  h. deren Quadrat genauso groß ist wie (-3), vermindert um das 4fache der Zahl;
  i. bei denen das 4fache der Zahl vermehrt um 16 genauso groß ist wie das Doppelte des Quadrates der Zahl;
  j. bei denen das (-15)fache der Zahl vermehrt um 18 genauso groß ist wie das 3fache des Quadrates der Zahl.

  Stelle zunächst eine Gleichung auf.

8. Bestimme mithilfe einer Tabelle die Lösungsmenge der Gleichung ($G = \mathbb{Z}$).
Forme die Gleichung zunächst geeignet um.

  a. $x^2 + 6x + 8 = 0$
  b. $x^2 + x = 6$
  c. $x^2 + 6x + 9 = 0$
  d. $-4x^2 + 8x + 12 = 0$
  e. $0{,}1x^2 + x + 2{,}5 = 0$
  f. $\frac{1}{2}z^2 + 6 = 4z$

9. Bestimme mithilfe von Schaubildern die Lösungsmenge. Forme gegebenenfalls um.

  a. $x^2 = -2x$
  b. $x^2 = 2{,}25$
  c. $-x^2 = \frac{1}{2}x$
  d. $x^2 + 1{,}5x - 1 = 0$
  e. $x^2 + 1{,}5x + 3 = 0$
  f. $2x + 3 - x^2 = 0$
  g. $2x^2 = 1{,}8x - 1$
  h. $10x^2 = 9x + 36$
  i. $-4x^2 = 2x - 12$
  j. $4x^2 + 20x + 25 = 0$
  k. $0{,}2x^2 + x + 1{,}4 = 0$
  l. $3x + 6 - 3x^2 = 0$

10. Gib eine Gleichung an, deren Lösungsmenge man aus dem Bild ablesen kann.
Notiere die quadratische Gleichung in der Form $x^2 + px + q = 0$.

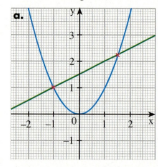
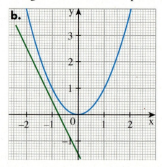
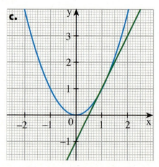

11. Bestimme mithilfe eines Schaubildes die Anzahl der Lösungen.

  a. $x^2 - 2 = 0$
  b. $x^2 + 1 = 0$
  c. $x^2 = 0$
  d. $x^2 + 2x = 0$
  e. $2x - x^2 = 0$
  f. $x^2 - 2x + 1 = 0$
  g. $x^2 - 2x + 3 = 0$
  h. $2x + 8 - x^2 = 0$

12. Bestimme anhand des Schaubildes von $y = x^2$ – falls vorhanden – Lösungen der Gleichung. Forme gegebenenfalls die Gleichung geeignet um.

  a. $x^2 = 2$
  b. $x^2 = 5$
  c. $x^2 = 5{,}3$
  d. $x^2 = -5{,}3$
  e. $x^2 - 7 = 0$
  f. $x^2 + 6 = 0$
  g. $2x^2 = 6$
  h. $\frac{1}{2}x^2 = \frac{3}{4}$

Rechnerisches Lösen einer quadratischen Gleichung

Das grafische Lösungsverfahren ist für viele Gleichungen ungeeignet; Lösungen wie 157; 2,345 oder $\sqrt{2}$ kann man nicht ablesen. Wir wollen deshalb schrittweise ein rechnerisches Lösungsverfahren entwickeln.

Wir beginnen mit zwei Sonderfällen quadratischer Gleichungen:

(1) $2x^2 + 5 = 0$, dies ist eine reinquadratische Gleichung; man kann sie auf die allgemeine Form $x^2 = r$ bringen;

(2) $(x-3)^2 = 5$, allgemein $(x-d)^2 = r$; dies ist eine Form, die man durch Anwenden einer binomischen Formel erhält.

Eine beliebige gemischtquadratische Gleichung wie $2x^2 + 3x - 7 = 0$ kann auf die Form $x^2 + px + q = 0$, diese wiederum auf die obigen Sonderfälle zurückgeführt werden.

Lösen einer reinquadratischen Gleichung der Form $x^2 = r$

1. Bestimme die Lösungsmenge der Gleichung: **Aufgabe**

   a. $9x^2 - 16 = 0$ **b.** $2x^2 + 20 = 34$ **c.** $\frac{2}{3}x^2 + 6 = 0$

Lösung

a.
$$9x^2 - 16 = 0 \mid +16$$
$$9x^2 = 16 \mid :9$$
$$x^2 = \frac{16}{9}$$
$$x = \frac{4}{3} \text{ oder } x = -\frac{4}{3}$$
$$L = \{-\tfrac{4}{3}; \tfrac{4}{3}\}$$

b.
$$2x^2 + 20 = 34 \mid -20$$
$$2x^2 = 14 \mid :2$$
$$x^2 = 7$$
$$x = \sqrt{7} \text{ oder } x = -\sqrt{7}$$
$$L = \{-\sqrt{7}; \sqrt{7}\}$$

c.
$$\tfrac{2}{3}x^2 + 6 = 0 \mid -6$$
$$\tfrac{2}{3}x^2 = -6 \mid :\tfrac{2}{3}$$
$$x^2 = -9$$

Das Quadrat einer Zahl kann nicht negativ sein, also:
$$L = \{\ \}$$

2. Gib die Lösungsmenge an.   **Zum Festigen und Weiterarbeiten**

   Beachte: Die Variable muss nicht immer x sein.

   a. $x^2 = 25$ **e.** $-4z^2 = 9$ **i.** $\frac{3}{4}(z^2 - 4) = 0$ **m.** $2y^2 - \frac{15}{2} = \frac{1}{2}$

   b. $x^2 = -4$ **f.** $\frac{1}{3}x^2 = 27$ **j.** $0 = 9x^2 - \frac{1}{4}$ **n.** $2y^2 - \frac{15}{2} = \frac{1}{2}y^2$

   c. $x^2 = 0$ **g.** $x^2 + 1 = 6$ **k.** $0 = 9(x^2 - \frac{1}{4})$ **o.** $2y^2 - \frac{15}{2}y^2 = -\frac{2}{11}$

   d. $0,16 = y^2$ **h.** $4(z^2 - 9) = 28$ **l.** $8x^2 = 6x^2$ **p.** $5,5z^2 - \frac{9}{4} = 1,5z^2$

△ **3.** *Ein weiterer Lösungsweg*

   a. Betrachte den Lösungsweg rechts.
      Welche binomische Formel wurde angewandt?
      Vervollständige den Satz
      „Ein Produkt ist genau dann Null, wenn ..."
      Führe die Lösung zu Ende.

$$9x^2 - 16 = 0$$
$$(3x+4)(3x-4) = 0$$
$$3x+4 = 0 \text{ oder } 3x-4 = 0$$
$$3x = -4 \quad \text{oder} \quad 3x = 4$$

   b. Löse entsprechend:
      (1) $25x^2 - 49 = 0$ (2) $\frac{16}{9}x^2 = 100$

Kapitel 1

Lösungsmenge bei einer reinquadratischen Gleichung der Form $x^2 = r$

Für eine reinquadratische Gleichung $x^2 = r$ gilt:
- Ist $r > 0$, dann hat sie *genau zwei* Lösungen, nämlich $\sqrt{r}$ und $-\sqrt{r}$.
- Ist $r = 0$, dann hat sie *genau eine* Lösung, nämlich 0.
- Ist $r < 0$, dann hat sie *keine* Lösung.

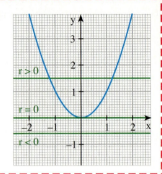

Übungen

4. Gib die Lösungsmenge an.

a. $x^2 = \frac{49}{16}$ c. $x^2 = 3$ e. $\frac{1}{2}x^2 = \frac{25}{8}$ g. $\frac{1}{4}x^2 = 25$

b. $x^2 = 0{,}36$ d. $x^2 = 1{,}44$ f. $0{,}3z^2 = 0{,}012$ h. $\frac{1}{4}y^2 = 0$

5. Löse rechnerisch.

a. $x^2 - 0{,}09 = 0$ c. $4x^2 - 9 = 0$ e. $0{,}24x^2 - 6 = 0$ g. $\frac{4}{5}x^2 - 2 = 0$

b. $x^2 + 0{,}49 = 0$ d. $4x^2 + 1 = 0$ f. $\frac{2}{3}x^2 - \frac{10}{3} = 0$ h. $\sqrt{5x^2} - \sqrt{80} = 0$

6. a. $11x^2 = 36 + 2x^2$ c. $9x^2 - 4 = 5x^2 - 4$ e. $13y^2 - 8 = 9y^2 + 1$

b. $5x^2 = 343 - 2x^2$ d. $7x^2 + 2 = 1 + 5x^2$ f. $16z^2 - 20 = 5 - 20z^2$

7. a. $(x-3)^2 = 25 - 6x$ b. $(x+1)^2 = 2x + 37$ c. $(2x+5)^2 = 146 + 20x$

8. a. $x(x-20) = 2(72 - 10x)$ e. $\frac{1}{3}(x^2+5) - \frac{1}{5}(x^2-1) = 4$

b. $9x(x+1) - 7(x-11) = 86 + 2x$ f. $(x+4)^2 + (x-4)^2 = 34$

c. $3x(x+7) + 5x(x-2) = 11x + 60{,}5$ g. $(z+5) \cdot (z-8) = -3(z+8)$

d. $14x(x-4) = 5(9-22x) + 9x(x+6)$ h. $(5x+7)^2 - (7x+5)^2 = -72$

9. Notiere zu der Lösngsmenge eine passende reinquadratische Gleichung.

a. $\{7; -7\}$ b. $\{0\}$ c. $\{\frac{3}{2}; -\frac{3}{2}\}$ d. $\{0{,}4; -0{,}4\}$ e. $\{\sqrt{8}; -\sqrt{8}\}$ f. $\{\}$

10. Bestimme die gesuchten Zahlen.

a. Multipliziert man eine Zahl mit sich selbst und addiert zum Produkt 16, so erhält man 41.

b. Multipliziert man das Quadrat einer Zahl mit 4, so erhält man dasselbe Ergebnis, als wenn man 75 zum Quadrat der Zahl addiert.

c. Multipliziert man die Hälfte einer Zahl mit dem vierten Teil derselben, so erhält man 50.

11. Die Oberfläche eines Würfels beträgt $3456\ cm^2$. Wie lang ist eine Kante?

△ **12.** Löse auf zwei Arten.

a. $4x^2 + 7x - 71 = 7(x-1)$ b. $25m^2 - 4m = 8(2 - \frac{m}{2})$

Lösen einer gemischtquadratischen Gleichung der Form $(x-d)^2 = r$

Aufgabe

1. Bestimme die Lösungsmenge der quadratischen Gleichung:
   a. $(x-2)^2 = 9$
   b. $x^2 + 6x + 9 = 25$

Lösung

a. Wir lösen die Gleichung entsprechend zur Aufgabe 1 auf Seite 25. Dabei denken wir uns nur $(x-2)$ anstelle von x:

$$(x-2)^2 = 9$$
$$x-2 = \sqrt{9} \text{ oder } x-2 = -\sqrt{9}$$
$$x-2 = 3 \text{ oder } x-2 = -3$$
$$x = 5 \text{ oder } x = -1$$
$$L = \{-1; 5\}$$

b. Auf den linken Term wenden wir zunächst die 1. binomische Formel an:

$$x^2 + 6x + 9 = 25$$
$$(x+3)^2 = 25$$
$$x+3 = \sqrt{25} \text{ oder } x+3 = -\sqrt{25}$$
$$x+3 = 5 \text{ oder } x+3 = -5$$
$$x = 2 \text{ oder } x = -8$$
$$L = \{-8; 2\}$$

Zum Festigen und Weiterarbeiten

2. Bestimme durch Rechnen die Lösungsmenge.
   a. $(x+5)^2 = 49$
   b. $(x-4)^2 = 0$
   c. $(x-1)^2 = 3$
   d. $(y+7)^2 = -4$

3. Bestimme die Lösungsmenge. Führe auch die Probe durch.
   a. $x^2 - 12x + 36 = 25$
   b. $x^2 + 9x + \frac{81}{4} = \frac{9}{4}$
   c. $y^2 - 6y + 9 = 11$

Übungen

4. Bestimme die Lösungsmenge. Mache – soweit möglich – die Probe.
   a. $(x+2)^2 = 25$
   b. $(x-3)^2 = 16$
   c. $(x+7)^2 = 36$
   d. $(x-4)^2 = 1$
   e. $(x+2)^2 = 0$
   f. $(x-5)^2 = 4$
   g. $(x-5)^2 = -49$
   h. $(x-0{,}6)^2 = 2{,}25$
   i. $(x+1{,}2)^2 = 0{,}81$
   j. $(z-2)^2 = \frac{16}{25}$
   k. $(y+3)^2 = 2$
   l. $(y-2)^2 = 12$

5. Bestimme durch Rechnen die Lösungsmenge. Führe auch die Probe durch.
   a. $x^2 - 6x + 9 = 36$
   b. $x^2 + 8x + 16 = 49$
   c. $x^2 - 8x + 16 = 0$
   d. $x^2 - 1{,}8x + 0{,}81 = 0{,}25$
   e. $x^2 + 5x + \frac{25}{4} = \frac{81}{4}$
   f. $x^2 - x + 0{,}25 = 1{,}44$
   g. $z^2 + 16z + 64 = 7$
   h. $y^2 - 3y + 2{,}25 = 5$
   i. $y^2 - 5y + 6{,}25 = 8$

△ **6.** *Zahlenrätsel*
Bestimme die gesuchten Zahlen. Wie viele Lösungen hat das Zahlenrätsel?
   a. Wenn man eine Zahl um 5 vergrößert und das Ergebnis quadriert, so erhält man 36.
   b. Wenn man eine Zahl um 2 verkleinert und das Ergebnis quadriert, so erhält man 16.
   c. Wenn man eine Zahl um $\frac{1}{2}$ vergrößert und das Ergebnis quadriert, so erhält man 0.

Lösen einer quadratischen Gleichung mithilfe der quadratischen Ergänzung

Aufgabe

1. Bestimme die Lösungsmenge der quadratischen Gleichung:

   a. $x^2 + 6x = -5$ **b.** $x^2 - 3x - 1 = 0$

   Lösung

   Wir versuchen die linke Seite der Gleichung mithilfe einer binomischen Formel in ein Quadrat zu verwandeln.
   Dazu müssen wir den Term links geeignet ergänzen. Wir addieren auf beiden Seiten das Quadrat des halben Faktors von x (*quadratische Ergänzung*, abgekürzt: qu.E.). Dann können wir wie in Aufgabe 1 auf Seite 25 weiterrechnen.

   a.
   $$x^2 + 6x = -5 \quad | + \left(\tfrac{6}{2}\right)^2 \text{ (qu.E.)}$$
   $$x^2 + 6x + 9 = -5 + 9$$
   $$x^2 + 6x + 9 = 4 \quad | \text{T}$$
   $$(x+3)^2 = 4$$
   $$x + 3 = 2 \text{ oder } x + 3 = -2$$
   $$x = -1 \text{ oder } x = -5$$
   $$L = \{-5;\ -1\}$$

   b.
   $$x^2 - 3x - 1 = 0 \quad | + 1$$
   $$x^2 - 3x = 1 \quad | + \left(\tfrac{3}{2}\right)^2 \text{ (qu.E.)}$$
   $$x^2 - 3x + \left(\tfrac{3}{2}\right)^2 = 1 + \left(\tfrac{3}{2}\right)^2 \quad | \text{T}$$
   $$\left(x - \tfrac{3}{2}\right)^2 = \tfrac{13}{4}$$
   $$x - \tfrac{3}{2} = \sqrt{\tfrac{13}{4}} \text{ oder } x - \tfrac{3}{2} = -\sqrt{\tfrac{13}{4}}$$
   $$x = \tfrac{3}{2} + \tfrac{1}{2}\sqrt{13} \text{ oder } x = \tfrac{3}{2} - \tfrac{1}{2}\sqrt{13}$$
   $$L = \{\tfrac{3}{2} + \tfrac{1}{2}\sqrt{13};\ \tfrac{3}{2} - \tfrac{1}{2}\sqrt{13}\}$$

Zum Festigen und Weiterarbeiten

2. Ergänze auf beiden Seiten der Gleichung so, dass du die linke Seite als Quadrat schreiben kannst. Bestimme dann die Lösungsmenge. Mache die Probe.

   a. $x^2 - 4x + \square = 32 + \square$ **b.** $x^2 + 10x + \square = 24 + \square$ **c.** $x^2 - 3x + \square = 6{,}75 + \square$

3. Bestimme die Lösungsmenge. Mache die Probe.

   a. $x^2 - 10x = 24$ **c.** $x^2 - 7x + 6 = 0$ **e.** $8 - 6z + z^2 = 0$ **g.** $6 + x^2 - 5x = 0$
   b. $x^2 + 2x - 8 = 0$ **d.** $8y + y^2 = 9$ **f.** $x^2 - 4x + 1 = 0$ **h.** $y^2 - 4 - 3y = 0$

4. Bestimme mithilfe der quadratischen Ergänzung die Lösungsmenge.
   Beachte: Vor dem quadratischen Ergänzen muss man die Gleichung auf die Form $x^2 + px + q = 0$ bringen.

   a. Erkläre das Beispiel rechts. Rechne weiter und bestimme die Lösungsmenge.

   $$2x^2 + 6x - 20 = 0$$
   $$x^2 + 3x - 10 = 0$$
   $$x^2 + 3x + \left(\tfrac{3}{2}\right)^2 = 10 + \left(\tfrac{3}{2}\right)^2$$

   b. Bestimme die Lösungsmenge.

   (1) $3x^2 + 24x + 21 = 0$ (4) $0{,}1y^2 + y + 2{,}4 = 0$
   (2) $2x^2 + 2x - 12 = 0$ (5) $\tfrac{1}{3}z^2 - 5z + 18 = 0$
   (3) $\tfrac{1}{4}x^2 + 3x - 7 = 0$ (6) $9y^2 - 24y + 7 = 0$

   c. Löse entsprechend.

   (1) $3x^2 + x + 7 = 4x + 2x^2 + 5$ (3) $3x(x+2) - 5x(x-3) = 52$
   (2) $5z^2 + 7z = 4z^2 - 18z - 156$ (4) $(2y-5)^2 + (3y-8)^2 = 2$

5. *Gemischtquadratische Gleichungen ohne absolutes Glied*

  a. Vergleiche die beiden Lösungswege.

```
(1)  x² − 8x        = 0    | + (8/2)² (qu.E.)
     x² − 8x + 16 = 16
     (x − 4)²      = 16
     x − 4 = 4  oder  x − 4 = −4
          x = 8  oder       x = 0
     L₁ = {0; 8}
```

```
(2)  x² − 8x = 0
     x · (x − 8) = 0
     x = 0  oder  x − 8 = 0
     x = 0  oder       x = 8
     L₂ = {0; 8}
```

  b. Bestimme möglichst einfach die Lösungsmenge.
  Klammere dazu aus; benutze dann den Satz:
  Ein Produkt ist genau dann gleich Null, wenn wenigstens ein Faktor Null ist.

  (1) $x^2 + 3x = 0$ (2) $x^2 - 0{,}9x = 0$ (3) $5x^2 - 4x = 0$ (4) $-2z^2 + 7z = 0$

  c. Tim hat die Gleichung $x^2 - 8x = 0$ wie folgt gelöst. Die Lösungsmenge ist aber falsch.
  Wo steckt der Fehler?

Übungen

6. Ergänze auf beiden Seiten der Gleichung so, dass du die linke Seite als Quadrat schreiben kannst. Bestimme dann die Lösungsmenge. Mache die Probe.

  a. $x^2 + 4x + \square = 21 + \square$ **d.** $x^2 + 14x + \square = 15 + \square$ **g.** $x^2 + 3x + \square = 33{,}75 + \square$
  b. $x^2 - 8x + \square = 33 + \square$ **e.** $x^2 - 12x + \square = 13 + \square$ **h.** $y^2 - 5y + \square = 42{,}75 + \square$
  c. $x^2 + 6x + \square = 72 + \square$ **f.** $x^2 - 11x + \square = -10 + \square$ **i.** $z^2 + 7z + \square = 3{,}75 + \square$

7. Bestimme jeweils die Lösungsmenge.

  a. $x^2 - 8 = 0$ **f.** $x^2 - 4x + 3 = 0$ **k.** $x^2 + 12x + 32 = 0$
      $x^2 - 8x = 0$ $x^2 - 3x - 4 = 0$ $x^2 - 2{,}2x + 0{,}4 = 0$

  b. $y^2 + 6y - 7 = 0$ **g.** $x^2 + 5x + 4 = 0$ **l.** $z^2 + 0{,}8z + 0{,}16 = 0$
      $x^2 + 8x - 9 = 0$ $x^2 + 4x + 5 = 0$ $x^2 + 0{,}6x + 0{,}08 = 0$

  c. $z^2 - 4z - 5 = 0$ **h.** $x^2 - 8x - 20 = 0$ **m.** $x^2 - 5x - 4 = 0$
      $x^2 - 5x + 4 = 0$ $y^2 + 6y - 16 = 0$ $y^2 + 5y - 4 = 0$

  d. $x^2 - 4x + 5 = 0$ **i.** $x^2 + 16x + 15 = 0$ **n.** $x^2 - \frac{2}{5}x - \frac{3}{5} = 0$
      $x^2 + 4x - 5 = 0$ $x^2 + 15x - 16 = 0$ $x^2 - \frac{3}{5}x - \frac{2}{5} = 0$

  e. $x^2 + 8 = 0$ **j.** $x^2 + 0{,}6x - 0{,}4 = 0$ **o.** $x^2 - 1{,}2x + 0{,}2 = 0$
      $x^2 + 8x = 0$ $x^2 - 1{,}6x - 0{,}8 = 0$ $y^2 + 1{,}2y - 2{,}2 = 0$

8. Bestimme die Lösungsmenge. Mache die Probe.

  a. $x^2 + 20x + 36 = 0$ **e.** $x^2 - 7x + 6 = 0$ **i.** $x^2 + 21x + 20 = 0$
  b. $x^2 + 20x + 100 = 0$ **f.** $x^2 - 11x + 31 = 0$ **j.** $x^2 - 3x + 0{,}25 = 0$
  c. $x^2 + 20x + 125 = 0$ **g.** $x^2 - 11x - 5{,}75 = 0$ **k.** $x^2 + 8x = 20$
  d. $x^2 + 20x - 125 = 0$ **h.** $x^2 + 12x + 33 = 0$ **l.** $2x^2 + 16x + 32 = 0$

9.
a. $\frac{1}{2}x^2 - 7x + 12 = 0$
b. $5x^2 - 20x + 15 = 0$
c. $0,2z^2 + 3z - 20 = 0$
d. $2x^2 - 28x + 80 = 0$
e. $0,1y^2 + 1,5y - 3,4 = 0$
f. $5x^2 - 8x + 3 = 0$
g. $\frac{1}{2}x^2 + 4x + 10 = 0$
h. $140z + 98 + 50z^2 = 0$
i. $36 + 15y^2 - 51y = 0$

10. Bestimme – ohne quadratisches Ergänzen – jeweils die Lösungsmenge.

a. $x^2 - 4x = 0$
$x^2 - 4 = 0$

b. $3y^2 - 12 = 0$
$-5x^2 + \frac{1}{5} = 0$

c. $y^2 + 6y + 9 = 0$
$y^2 + 9 = 0$

d. $4x^2 - 9 = 0$
$4x^2 + 9x = 0$

e. $4z^2 - 1 = 0$
$4z^2 - z = 0$

f. $50x^2 - 18 = 0$
$50 - 18x^2 = 0$

g. $x^2 - 0,09 = 0$
$x^2 + 0,9x = 0$

h. $9z^2 - 4 = 60$
$4z - 9z^2 = 0$

i. $-\frac{1}{2}x^2 + 8x = 0$
$-\frac{1}{2}x^2 + 8 = 0$

j. $-\frac{1}{8}y^2 + \frac{1}{2} = 0$
$\frac{1}{8}(y^2 - 1) = \frac{1}{2}$

k. $2,5x^2 = 10x$
$3x = -\frac{3}{5}x^2$

l. $-4z^2 = -14z$
$\frac{1}{8}y^2 = 1,3y$

Lösungsformel – Diskriminante

Aufgabe

1. a. Bestimme die Lösungsmenge der quadratischen Gleichung $x^2 + px + q = 0$ mithilfe der quadratischen Ergänzung (qu.E.) und leite so eine Lösungsformel her.
Unter welcher Bedingung für p und q besitzt eine solche quadratische Gleichung genau zwei Lösungen, genau eine Lösung, keine Lösung?

b. Bestimme mithilfe der in Teilaufgabe a entwickelten Lösungsformel die Lösungsmenge der quadratischen Gleichung $4x^2 + x - \frac{3}{2} = 0$.

c. Wie viele Lösungen hat die Gleichung $3x^2 - 18x + 20,25 = 0$?
Beantworte die Frage anhand der Lösungsformel, ohne die Lösungsmenge selbst zu bestimmen.

Lösung

a.
$$x^2 + px + q = 0 \quad | -q$$
$$x^2 + px = -q \quad | +\left(\frac{p}{2}\right)^2 \text{ (qu.E.)}$$
$$x^2 + px + \left(\frac{p}{2}\right)^2 = -q + \left(\frac{p}{2}\right)^2 \quad | \text{ T (1. bin. Formel)}$$
$$\left(x + \frac{p}{2}\right)^2 = \left(\frac{p}{2}\right)^2 - q$$

Die Anzahl der Lösungen der quadratischen Gleichung hängt von dem Term $\left(\frac{p}{2}\right)^2 - q$ ab. Dieser Term heißt *Diskriminante* D.

Wir müssen eine *Fallunterscheidung* für die Diskriminante D durchführen:

1. Fall: **D > 0**

$x + \frac{p}{2} = \sqrt{\left(\frac{p}{2}\right)^2 - q}$ *oder* $x + \frac{p}{2} = -\sqrt{\left(\frac{p}{2}\right)^2 - q}$

$x = -\frac{p}{2} + \sqrt{\left(\frac{p}{2}\right)^2 - q}$ *oder* $x = -\frac{p}{2} - \sqrt{\left(\frac{p}{2}\right)^2 - q}$

$L = \left\{ -\frac{p}{2} + \sqrt{\left(\frac{p}{2}\right)^2 - q}; \; -\frac{p}{2} - \sqrt{\left(\frac{p}{2}\right)^2 - q} \right\}$

2. Fall: **D = 0**

$\left(x + \frac{p}{2}\right)^2 = 0$

$x + \frac{p}{2} = 0$

$x = -\frac{p}{2}$

$L = \left\{ -\frac{p}{2} \right\}$

3. Fall: **D > 0**

Das Quadrat einer Zahl ist stets nicht-negativ. Also:

$L = \{ \; \}$

Lösungsformel für quadratische Gleichungen

Gegeben ist eine quadratische Gleichung in der Form: $x^2 + px + q = 0$.
Diese Form nennt man *Normalform* der quadratischen Gleichung.

Die **Diskriminante** D (der Normalform) lautet: $D = \left(\frac{p}{2}\right)^2 - q$.

Für die Lösungsmenge der Gleichung gilt dann:
– Wenn die Diskriminante D *positiv* ist, dann gibt es *genau zwei* Lösungen x_1 und x_2, nämlich:
  $x_1 = -\frac{p}{2} + \sqrt{\left(\frac{p}{2}\right)^2 - q}$ und $x_2 = -\frac{p}{2} - \sqrt{\left(\frac{p}{2}\right)^2 - q}$
– Wenn die Diskriminante D *null* ist, dann gibt es *genau eine* Lösung, nämlich $-\frac{p}{2}$.
– Wenn die Diskriminante D *negativ* ist, dann gibt es *keine* Lösung.

Anmerkung: In Formelsammlungen findet man die Lösungen x_1 und x_2 einer quadratischen Gleichung häufig auch wie folgt angegeben:

$x_{1,2} = -\frac{p}{2} \pm \sqrt{\left(\frac{p}{2}\right)^2 - q}$

b. Bevor wir die Formel anwenden können, müssen wir die gegebene Gleichung auf die Normalform bringen.

$$4x^2 + x - \frac{3}{2} = 0 \qquad | :4$$
$$x^2 + \frac{1}{4}x - \frac{3}{8} = 0 \quad \text{Normalform}$$

$p = \frac{1}{4}$, $q = -\frac{3}{8}$

$x_1 = -\frac{1}{8} + \sqrt{\left(\frac{1}{8}\right)^2 - \left(-\frac{3}{8}\right)}; \quad x_2 = -\frac{1}{8} - \sqrt{\left(\frac{1}{8}\right)^2 - \left(-\frac{3}{8}\right)}$

$x_1 = -\frac{1}{8} + \sqrt{\frac{1}{64} + \frac{24}{64}}; \quad x_2 = -\frac{1}{8} - \sqrt{\frac{1}{64} + \frac{24}{64}}$

$x_1 = -\frac{1}{8} + \frac{5}{8} = \frac{1}{2}; \quad x_2 = -\frac{1}{8} - \frac{5}{8} = -\frac{3}{4}$

$L = \left\{\frac{1}{2}; -\frac{3}{4}\right\}$

c. Die Anzahl der Lösungen hängt von der Diskriminante D ab.
Bevor wir die Diskriminante D berechnen können, müssen wir die gegebene Gleichung erst auf die Normalform bringen.

$3x^2 - 18x + 20{,}25 = 0 \quad | :3$
$x^2 - 6x + 6{,}75 = 0$

Es ist $p = -6$ und $q = 6{,}75$, und somit

$D = \left(\frac{p}{2}\right)^2 - q = \left(\frac{-6}{2}\right)^2 - 6{,}75 = 9 - 6{,}75 > 0$.

Also: Die Diskriminante D ist positiv.
Die gegebene Gleichung hat somit zwei Lösungen.

2. Bestimme die Lösungsmenge mithilfe der Lösungsformel.

a. $x^2 - 6x + 8 = 0$ **b.** $x^2 + 10x + 16 = 0$ **c.** $x^2 - 14x - 51 = 0$

Zum Festigen und Weiterarbeiten

3. Bestimme die Lösungsmenge mithilfe der Lösungsformel. Bringe die Gleichung zunächst auf die Normalform.
  a. $4x^2 - x - 7{,}5 = 0$
  b. $\frac{1}{3}x^2 - 3x + 7 = 0$
  c. $\frac{1}{2}z^2 + 3z - 3 = 0$

4. *Bestimmen der Anzahl der Lösungen mit der Diskriminante*
Berechne die Diskriminante. Wie viele Lösungen hat die Gleichung?
  a. $x^2 + 9x + 20 = 0$
  c. $4x^2 + 68x + 289 = 0$
  e. $x(x - 24) + 16(2x + 1) = 0$
  b. $x^2 - 15x + 57 = 0$
  d. $\frac{1}{7}y^2 + \frac{1}{6}y - \frac{4}{7} = 0$
  f. $0{,}25z^2 - 4 + 1{,}5z = 0$

Übungen

5. Bestimme die Lösungsmenge mithilfe der Lösungsformel.
  a. $x^2 - 6x - 187 = 0$
  g. $x^2 - 16x + 64 = 0$
  m. $3y^2 - 4{,}4y - 9{,}6 = 0$
  b. $x^2 + 9x - 52 = 0$
  h. $x^2 - 7x + 3 = 0$
  n. $3x^2 - 15x + 7 = 0$
  c. $x^2 + 10{,}8x - 63 = 0$
  i. $5x^2 + 25x + 10 = 0$
  o. $2x^2 + 14x + 25{,}5 = 0$
  d. $x^2 + 2{,}55x - 4{,}5 = 0$
  j. $2x^2 - 3x - 104 = 0$
  p. $\frac{4}{9}z^2 - 2z + \frac{5}{2} = 0$
  e. $x^2 + 13x + 42{,}5 = 0$
  k. $9x^2 + 66x + 137 = 0$
  q. $\frac{5}{6}z^2 - 4z + \frac{24}{5} = 0$
  f. $12{,}5 = 7x - x^2$
  l. $5y^2 + 14y = -9{,}8$
  r. $\frac{3}{2}x^2 + 15 = 12x$

6. Beseitige zuerst die Klammern und bestimme dann die Lösungsmenge.
  a. $(2x - 5)^2 - (x - 6)^2 = 80$
  e. $(x - 6)(x - 5) + (x - 7)(x - 4) = 10$
  b. $(x - 1)^2 = 5(x^2 - 1)$
  f. $(2x - 17)(x - 5) - (3x + 1)(x - 7) = 84$
  c. $x^2 + (8 - x)^2 = (8 - 2x)^2$
  g. $(33 + 10z)^2 + (56 + 10z)^2 = (65 + 14z)^2$
  d. $x^2 - (6 + x)^2 = (5 - x)^2$
  h. $(2z - 3)^2 - (3z - 2)^2 = 7{,}52$

7. Bestimme die Diskriminante. Wie viele Lösungen hat die Gleichung?
  a. $x^2 - 14x + 53 = 0$
  d. $x^2 - 1{,}2x - 0{,}64 = 0$
  g. $\frac{1}{3}x + 3x + \frac{27}{4} = 0$
  b. $x^2 - 17x + 70 = 0$
  e. $10x^2 - 4x + 3 = 0$
  h. $4y^2 + 12y + 8 = 0$
  c. $x^2 + 1{,}6x + 0{,}64 = 0$
  f. $-5z^2 + 30z = 0$
  i. $6(y^2 - 1) = 5y$

8. Wie viele Lösungen hat die Gleichung? Sofern Lösungen vorliegen, bestimme diese.
  a. $x^2 - 7x - 60 = 0$
  e. $x^2 - 21x = 0$
  i. $z^2 + 2{,}5z - 51 = 0$
  b. $x^2 - 5x - 126 = 0$
  f. $y^2 - 1{,}4y - 18 = 0$
  j. $0{,}4y^2 + 6y + 25 = 0$
  c. $y^2 + 28y + 200 = 0$
  g. $z^2 - 3{,}8z + 3{,}61 = 0$
  k. $3x^2 - 1{,}6x - 0{,}75 = 0$
  d. $x^2 + 11x + 32{,}5 = 0$
  h. $\frac{20}{3}x^2 - 2x + \frac{3}{20} = 0$
  l. $10y^2 - 67y - 60 = 0$

9. Bestimme die Lösungsmenge. Überlege zunächst, wie du vorgehst. Manchmal ist die quadratische Ergänzung bzw. die Lösungsformel umständlich.
  a. $12x^2 - 3 = 0$
  e. $x^2 + 6x + 10 = 65$
  i. $8 - 9x + x^2 = 0$
  b. $9x^2 + 16x = 0$
  f. $10x^2 - 24x + 18 = 0$
  j. $3 - 14{,}8x = 5x^2$
  c. $x^2 - 17x + 30 = 0$
  g. $x^2 - 18x = 40$
  k. $12x = 5x^2$
  d. $2x^2 + 15x + 28 = 0$
  h. $-3x^2 + 12 = 0$
  l. $11x + x^2 = -30{,}5$

Vermischte Übungen

1. Bestimme die Lösungsmenge. Mache die Probe.
- **a.** $x^2 + 2x - 35 = 0$
- **b.** $y^2 + 15y + 44 = 0$
- **c.** $z^2 - 7z - 60 = 0$
- **d.** $x^2 + 8{,}3x + 6 = 0$
- **e.** $2z^2 - 1{,}7z - 1 = 0$
- **f.** $y^2 - 0{,}5y + 1{,}5 = 0$
- **g.** $8x^2 + 24x + 13{,}5 = 0$
- **h.** $4y^2 - 1{,}6y + 7 = 0$
- **i.** $6z^2 + 23z - 18 = 0$

2. Bringe die Gleichung auf die Form $x^2 + px = 0$. Gib dann die Lösungsmenge an.
- **a.** $(x-5)(x-10) = 50$
- **b.** $(2x+18) \cdot x = 0$
- **c.** $(5x-2)(2x-5) = 10$
- **d.** $(4x-6)(x+8) = -48$
- **e.** $(3x+5)^2 = (2x+1) 4x + 25$
- **f.** $(2x+1)^2 = (3x+5)x + 1$
- **g.** $9(x-1) = (4x-3)(4x+3)$
- **h.** $7(5x-2) = (2x+7)(3x-2)$
- **i.** $(4x+3)^2 + (2x-5)^2 = 2(17-3x)$
- **j.** $(3x+5)^2 - (2x-7)^2 = 24(2x-1)$

3. Bringe die Gleichung zunächst auf die Normalform $x^2 + px + q = 0$.
Bestimme dann die Lösungsmenge. Finde das Lösungswort.
- **a.** $(x-5)(x+7) = 45$
- **b.** $(x-8)(x+8) = 80$
- **c.** $(x-8)(x-3) = 1{,}4x$
- **d.** $(x+2)(x-9) = -5{,}6x$
- **e.** $(2z-3)(3z-2) = 5(z^2-6)$
- **f.** $(5y+2)(8-3y) = 4y(11-4y)$

A	E
{2,4; 10}	{−10; 8}

E	D
{2; 8}	{4; 9}

R	G
{−12; 12}	{−3,6; 5}

4. Bestimme die Lösungsmenge. Überlege, wann ein Produkt Null ist.
- **a.** $(2x^2 - x - 10)(2x-5) = 0$
- **b.** $(10x+4)(25x^2 + 20x + 4) = 0$
- **c.** $(y^2 + 4y + 9)(4y+9) = 0$
- **d.** $(4x^2 - 28x + 49)(7x+2) = 0$
- **e.** $(x^2 + 2x - 63)(x^2 + 6x - 91) = 0$
- **f.** $(x^2 - 40x + 111)(x^2 + 2x - 1) = 0$
- **g.** $(x^2 - 7x - 30)(x^2 + 2x - 15) = 0$
- **h.** $(z^2 - \frac{1}{2}z - \frac{1}{2})(z^2 - \frac{3}{4}z + \frac{1}{8}) = 0$

5.
- **a.** $(x-6)(x-5) + (x+7)(x-4) = 10$
- **b.** $(2x-17)(x-5) - (3x+1)(x-7) = 84$
- **c.** $(2z-5)^2 - (z-6)^2 = 80$
- **d.** $(x+1)(2x+3) = 4x^2 - 22$

6. Bestimme die Lösungsmenge. Mache die Probe.
- **a.** $2(2y-7)^2 + (3y+2)^2 - (4y-3)^2 + 3 = 0$
- **b.** $(3x+8)^2 - 2(2x+7)(2x-7) - 27 = 0$
- **c.** $(3y+5)(7y-4) - (8-4y)(11-5y) = 0$
- **d.** $(x+1)(x-2)(x+3) - x^2(x+1) + 6 = 0$
- **e.** $(x-2)^2 + (x+3)^2 = (x-1)^2 - 4x$
- **f.** $(x-4)^2 + (x-3)^2 = (8-2x)^2 - \frac{1}{2}x$
- **g.** $(5x-7)(x+3) = (1-2x)(9-x)$
- **h.** $(2x+3)(x-4) = (3x-8)(x-3)$

7.
- **a.** $(y^2 - 2y + 3)(4y-5) + (2+3y-4y^2)(5+y) - 4 = 0$
- **b.** $(2z+3)(3z-4)(4z+5) - (4z-3)(3z-2)(2z+1) + z^2 + 47 = 0$
- **c.** $(2x-3)(2x+3) - 2(x+4)^2 - (3x-13)^2 + 15x = 0$
- **d.** $(2x+3)(30-5x) - (3x-8)^2 + 9x^2 + 7(x+12) = 0$
- **e.** $(25-2y)(3y-40) + (20-y)^2 - (y+4)(y-4) + 150 = 0$
- **f.** $(5z+3)^2 + (10z+3)(10z-3) - (4-15z)^2 = 0$

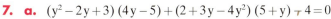

{0,3; 1} {−1; 11} {5; 6}

$\{\frac{3}{4} - \frac{1}{20}\sqrt{161};\ \frac{3}{4} + \frac{1}{20}\sqrt{161}\}$

$\{-\frac{1}{3};\ 1\}$ $\{\frac{31}{6};\ 14\}$

8. Hat die Gerade mit der Gleichung $y = -7{,}3x - 12$ [$y = 8x - 17$] gemeinsame Punkte mit der Normalparabel? Wenn ja, an welchen Stellen?

Nullstellen von quadratischen und linearen Funktionen

Aufgabe

1. Gegeben ist die quadratische Funktion mit $y = x^2 - 4x + 3$.

   a. Zeichne das Schaubild der Funktion.

   b. Bestimme zeichnerisch und rechnerisch die Koordinaten der gemeinsamen Punkte (Schnittpunkte; Berührungspunkte) von Schaubild und x-Achse.

   Lösung

   a. Um das Schaubild mit einer Schablone zu zeichnen, bringen wir die Gleichung auf Scheitelpunktform:
   $y = x^2 - 4x + 3$
   $y = x^2 - 4x + 2^2 - 2^2 + 3$
   $y = (x - 2)^2 - 1$
   $S(2|-1)$ ist Scheitelpunkt der Parabel.

   b. Am Schaubild lesen wir die Koordinaten der Schnittpunkte mit der x-Achse ab:
   $N_1(1|0)$ und $N_2(3|0)$.
   Wir bestimmen sie nun auch rechnerisch. An den Stellen, an denen die Parabel und die x-Achse gemeinsame Punkte haben, besitzt die Funktion den Funktionswert 0. Wir suchen also die Stellen x, für die y null ist ($y = 0$).
   $x^2 - 4x + 3 = 0$
   $x = 3$ oder $x = 1$
   $L = \{1; 3\}$

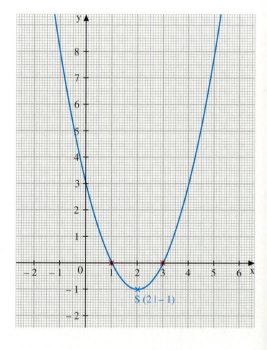

   An den Stellen 1 und 3 nimmt die Funktion den Wert 0 an. Solche Stellen heißen *Nullstellen* der Funktion.

Eine Stelle x, an der eine Funktion den Wert 0 annimmt, heißt **Nullstelle** der Funktion.
An den Nullstellen der Funktion schneidet und berührt ihr Schaubild die x-Achse.
Die Nullstellen der quadratischen Funktion mit $y = x^2 + px + q$ sind die Lösungen der quadratischen Gleichung $x^2 + px + q = 0$.

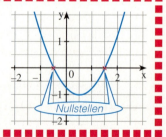

Zum Festigen und Weiterarbeiten

2. Bestimme die Nullstellen der quadratischen Funktion.

   a. $y = x^2 + 4x - 1$
   b. $y = x^2 + 6x + 9$
   c. $y = x^2 - 2x + 3$

   Gib auch die Koordinaten der gemeinsamen Punkte von Schaubild und y-Achse an.

3. Zeichne das Schaubild der linearen Funktion. Lies die Stelle ab, an der das Schaubild die x-Achse schneidet. Berechne diese Stelle auch mithilfe der Funktionsgleichung.

Beispiel: 0 für y eingesetzt in $y = 2x - 3$:
$0 = 2x - 3 \quad | +3$
$3 = 2x \quad\quad | :2$
$1{,}5 = x$
Ergebnis: Die Gerade schneidet die x-Achse an der Stelle 1,5.

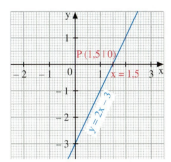

- **a.** $y = 5 - 2x$
- **b.** $y = -6x + 10$
- **c.** $y = \frac{2}{3}x - 6$
- **d.** $y = 0{,}8x - 4$
- **e.** $y = -1{,}5x - 1$
- **f.** $4y - 3x = 1$
- **g.** $4x - 5y = 3$
- **h.** $3y - 3 = 2x$

Die Nullstelle einer linearen Funktion mit der Gleichung $y = mx + b$ ist die Lösung der linearen Gleichung $mx + b = 0$.
An dieser Stelle hat die Gerade einen Schnittpunkt mit der x-Achse.

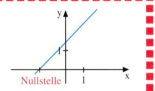

---

4. Zeichne das Schaubild der quadratischen Funktion. Bestimme die Schnittpunkte des Schaubildes mit der x-Achse.   **Übungen**

- **a.** $y = x^2 - 4$
- **b.** $y = x^2 + 1$
- **c.** $y = -x^2 + 2$
- **d.** $y = x^2 - 4x$
- **e.** $y = x^2 + 2x$
- **f.** $y = -x^2 + 3x$
- **g.** $y = x^2 - 2x$
- **h.** $y = x^2 + 6x + 6$
- **i.** $y = -x^2 + 4x - 1$

5. Bestimme zunächst durch Rechnung die Nullstellen der quadratischen Funktion.

- **a.** $y = x^2 - 10x + 9$
- **b.** $y = x^2 + 6x + 9$
- **c.** $y = x^2 - 5x + 5$
- **d.** $y = -2x^2 + 6x - 2{,}5$
- **e.** $y = x^2 + 3{,}2x - 1{,}44$
- **f.** $y = x^2 - 2{,}4x - 0{,}81$
- **g.** $y = -\frac{3}{5}x^2 + 3x - 3$
- **h.** $y = -\frac{2}{3}x^2 + 6x + 16$
- **i.** $y = \frac{3}{4}x^2 + 6x + 9$

Beantworte dann mithilfe der Nullstellen folgende Fragen.
(1) Welche Symmetrieachse besitzt die Parabel?
(2) Welcher Punkt ist Scheitelpunkt der Parabel?
(3) Ist der Scheitelpunkt ein Hochpunkt oder ein Tiefpunkt?
(4) Welchen Punkt Q_1 hat die Parabel mit der y-Achse gemeinsam?
  Welcher Parabelpunkt Q_2 hat die gleiche 2. Koordinate wie Q_1?

6. Errechne die Nullstelle der linearen Funktion.

- **a.** $y = \frac{2}{7}x - 1$
- **b.** $y = -\frac{3}{4}x + 5$
- **c.** $2y + 2{,}6x = 9{,}1$
- **d.** $x = 2y - 5$

7. Eine verschobene Normalparabel hat den Scheitelpunkt

- **a.** $S(-3|4)$;
- **b.** $S(2|0)$;
- **c.** $S(4|-1)$;
- **d.** $S(1|3)$.

Wie lautet die Funktionsgleichung? Ermittle die Nullstellen.

Bruchgleichungen, die auf quadratische Gleichungen führen

Aufgabe

1. Bestimme die Lösungsmenge der Bruchgleichung $\frac{10}{x} - \frac{3}{x-2} = 1$. Gib zunächst die Definitionsmenge der Bruchgleichung an.

Lösung

Da durch 0 nicht dividiert werden kann, darf in dem Term $\frac{10}{x}$ nicht 0 für x und in dem Term $\frac{3}{x-2}$ nicht 2 für x eingesetzt werden. Die Definitionsmenge ist also $D = \mathbb{R}\setminus\{0; 2\}$.
Zur Bestimmung der Lösungsmenge beachten wir, dass die Zahlen 0 und 2 daher von vornherein als mögliche Lösungen ausscheiden.
Wir führen daher die Umformung unter der Annahme $x \neq 0$ und $x \neq 2$ durch.

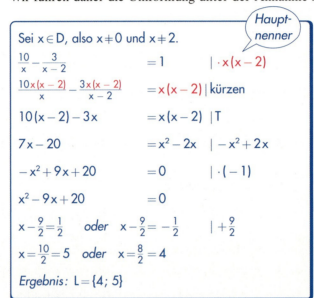

Zum Festigen und Weiterarbeiten

2. Bestimme die Lösungsmenge der Bruchgleichung. Gib zunächst die Definitionsmenge an.

   a. $\frac{9}{x} = 4x$ b. $3x + \frac{15}{x} = \frac{3}{x}$ c. $\frac{2}{x-1} = x$ d. $\frac{10}{y} = y - 2$ e. $\frac{8}{z-3} = z + 7$

3. a. $\frac{2}{x-2} + \frac{4}{x+2} = 1$ b. $\frac{40}{x+3} - \frac{6}{x-3} = 2$ c. $\frac{2}{x+1} + \frac{3}{5-x} = 2$ d. $\frac{7}{x+3} + \frac{1}{13-x} = 1$

4. **a.** Erkläre die folgenden Umformungen der Bruchgleichung. Führe die Umformungen fort und bestimme die Lösungsmenge. Gib auch die Definitionsmenge an.

   $\frac{1}{2x} + \frac{3}{4x-6} = \frac{x}{2x-3}$ Nenner: $2x$
   $\frac{1}{2x} + \frac{3}{2(2x-3)} = \frac{x}{2x-3}$ $|\cdot 2x(2x-3)$ $2x-3$
   $\frac{2x(2x-3)}{2x} + \frac{3 \cdot 2x(2x-3)}{2(2x-3)} = \frac{x \cdot 2x(2x-3)}{2x-3}$ $2(2x-3)$
   Hauptnenner: $2x(2x-3)$

   b. Bestimme die Lösungsmenge; gib zunächst die Definitionsmenge an.

   (1) $\frac{x^2+5}{3x} - \frac{2x-1}{x} = \frac{7x-1}{3x}$ (2) $\frac{3}{2x+2} - \frac{x-1}{x+1} = \frac{x^2-3}{2x+2}$ (3) $\frac{1}{1-x} - \frac{1}{1+x} = \frac{x^2-3}{1-x^2}$

Übungen

5. Bestimme die Lösungsmenge; gib die Definitionsmenge an.

a. $\frac{75}{x}=3x$ b. $\frac{64}{x}=49x$ c. $\frac{14}{x}=2x$ d. $4y-\frac{20}{y}=\frac{4}{y}$ e. $\frac{2z}{21}-\frac{9}{z}=\frac{5}{z}$

6. Löse die Gleichung. Gib auch die Definitionsmenge an.

a. $\frac{8}{x+3}=x$ c. $2x+1=\frac{4x-1}{15x}$ e. $\frac{4x-3}{x-4}=x+12$ g. $4y-\frac{12-y}{y-3}=22$

b. $\frac{3}{x}=x+2$ d. $\frac{9}{x+1}=8-x$ f. $4x-\frac{14-x}{x+1}=14$ h. $3z-\frac{169-3z}{z}=29$

7. Gib die Definitionsmenge und die Lösungen an.

a. $\frac{4-x}{x}=\frac{5x+3}{x+1}$ b. $\frac{x+1}{3x-7}=\frac{2x+5}{x}$ c. $\frac{6}{x}=\frac{5x+3}{5x-4}$ d. $\frac{3y}{2y-5}=\frac{12}{y}$

8. Berechne die Lösungen; notiere auch die Definitionsmenge.

a. $\frac{2x}{x+8}=\frac{2x+6}{2x+1}$ b. $\frac{1}{2x-7}=\frac{2x-7}{x-3}$ c. $\frac{16}{x-5}=\frac{5x-4}{x-4}$ d. $\frac{13-3z}{z-3}=\frac{3}{z-1}$

9. Wie heißen die Lösungen? Notiere auch die Definitionsmenge.

a. $\frac{5}{x}+\frac{8}{x-6}=-1$ c. $\frac{9}{x+1}-\frac{8}{x}=-1$ e. $\frac{5x}{3x+7}+\frac{2}{3+x}=1$

b. $\frac{8}{x-3}-\frac{7}{x}=1$ d. $\frac{3x}{2x-5}-\frac{12}{x}=1$ f. $\frac{3}{7+5y}+\frac{3y}{y+3}-1=0$

10. Bestimme die Definitionsmenge und die Lösungsmenge.

a. $\frac{16}{x+3}-\frac{8}{1-3x}=2$ d. $\frac{5}{1-3x}-\frac{6}{10x+2}=2$ g. $\frac{7}{5x-4}+\frac{14}{4x+1}=1$

b. $\frac{3}{1-2x}-\frac{10}{12x-1}=1$ e. $\frac{5}{2-4x}-\frac{11}{x+1}=2$ h. $\frac{x-4}{2x-1}+\frac{2x+1}{x+4}=\frac{4}{3}$

c. $\frac{10}{4-x}-\frac{15}{7-x}=2$ f. $\frac{7}{y+2}-\frac{18}{3y-6}=-1$ i. $\frac{2x-3}{x+5}-\frac{3x-2}{x-5}=\frac{1}{12}$

11. Löse die Gleichung; gib die Definitionsmenge an.

a. $\frac{x+5}{x-3}-\frac{x}{x-4}=\frac{2}{x-4}$ c. $\frac{x+8}{x+5}-\frac{13}{x-5}=\frac{x}{x-5}$

b. $\frac{x+1}{x-3}-\frac{1}{x+3}=\frac{x}{x+3}$ d. $\frac{4x-1}{6x+4}-\frac{2x}{3x+5}=\frac{1}{3x+5}$

12. Wie heißen die Lösungen? Bestimme zunächst die Definitionsmenge. Zerlege den Nenner in Faktoren. Denke auch an die binomischen Formeln.

a. $\frac{x-3}{x+3}=\frac{64}{x^2-9}$ c. $1-\frac{24}{x^2+6x+9}=\frac{2}{x+3}$ e. $\frac{9}{x^2-1}-\frac{12}{x-1}=12$

b. $\frac{10-x}{x^2-4x+4}=\frac{x-1}{x-2}$ d. $\frac{6x-6}{x+1}+\frac{18x-30}{x-1}=\frac{6x^2}{x^2-1}$ f. $\frac{x}{x^2-4}=\frac{2}{x}-\frac{8}{x-2}$

13. Bestimme die Definitionsmenge und die Lösungsmenge.

a. $\frac{5-x}{2x+4}+\frac{2}{x+2}=\frac{3+2x}{x^2+4x+4}$ c. $\frac{3}{x^2-25}+\frac{5}{2x+10}=\frac{1}{2}$

b. $\frac{3+5x}{x^2+2x+1}-\frac{x}{x+1}=\frac{x+5}{2x+2}$ d. $\frac{x}{2x+22}+\frac{12}{x^2-121}=0$

Anwenden von quadratischen Gleichungen

Aufgabe

1. Das Rechteck mit den Seitenlängen 4 m und 3 m soll in ein Quadrat und drei Rechtecke wie im Bild zerlegt werden. Dabei soll der Flächeninhalt der roten Fläche (Rechteck und Quadrat zusammen) 7 m² sein.
Wie lang kann die Quadratseite gewählt werden?

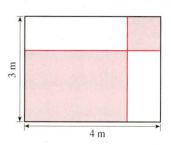

Lösung

(1) Festlegen der gesuchten Größe

Wir rechnen nur mit den Maßzahlen.
Länge der Quadratseite (in m): x

(2) Aufstellen der Gleichung

Größe des roten Quadrats (in m²): x^2
Größe des roten Rechtecks: $(4-x) \cdot (3-x)$
Größe der roten Fläche: $x^2 + (4-x) \cdot (3-x)$ bzw. 7
Gleichung: $x^2 + (4-x) \cdot (3-x) = 7$

Einschränkende Bedingung: $0 < x < 3$, weil eine Länge positiv ist und die Quadratseite kleiner als 3 m sein muss, sonst passt es nicht in das Rechteck.

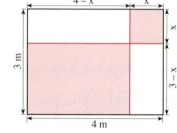

(3) Bestimmen der Lösungsmenge und Kontrolle an der einschränkenden Bedingung

$x^2 + (4-x)(3-x) = 7$ | T
$x^2 + 12 - 7x + x^2 = 7$ | T
$2x^2 - 7x + 12 = 7$ | -7 | $:2$
$x^2 - \frac{7}{2}x + \frac{5}{2} = 0$
$x = \frac{5}{2} = 2{,}5$ oder $x = 1$
$L = \{1;\ 2{,}5\}$

Weil $0 < 1 < 3$ und $0 < 2{,}5 < 3$, ist für die Zahlen 1 und 2,5 auch die einschränkende Bedingung erfüllt.

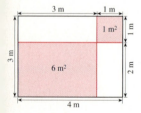

(4) Probe am Aufgaben-Text

Ist die Seitenlänge des roten Quadrates 1 m, dann ist es 1 m² groß und das rote Rechteck 2 m · 3 m, also 6 m². Zusammen haben sie den Flächeninhalt 7 m².
Ist die Seitenlänge des roten Quadrates 2,5 m, dann ist es (2,5 m)², also 6,25 m² groß und das rote Rechteck 0,5 m · 1,5 m, also 0,75 m². Zusammen haben sie auch in diesem Fall den Flächeninhalt 7 m².

(5) Ergebnis: Die Quadratseite kann 1 m oder 2,5 m lang gewählt werden.

Übungen

2. Das Rechteck ABCD mit den Seitenlängen 2 cm und 1,8 cm soll wie im Bild zerlegt werden. Dabei soll der Flächeninhalt des roten Quadrats gleich dem Flächeninhalt des grünen Rechtecks sein.
Wie lang muss die Quadratseite gewählt werden?

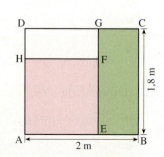

3. Wenn man bei einem Würfel die Kantenlängen um 1 cm vergrößert [verdoppelt und noch um 1 cm vergrößert], so vergrößert sich sein Volumen um 127 cm³ [sein Oberflächeninhalt um 576 cm²]. Bestimme die ursprüngliche Kantenlänge.

4. Gegeben ist ein Rechteck mit den Seitenlängen 6 cm und 5 cm.
  a. Verkürze [verlängere] alle Seiten um jeweils dieselbe Länge, sodass der Flächeninhalt $\frac{2}{3}$ [das 3fache] des ursprünglichen Inhalts beträgt.
  Bestimme die neuen Seitenlängen.
  b. Ändere die Seitenlängen so ab, dass bei gleichem Flächeninhalt der Umfang des Rechtecks um 1 cm [um $\frac{1}{3}$ cm] vergrößert wird.
  Bestimme die neuen Seitenlängen.

5. Für ein Prisma mit quadratischer Grundfläche mit der Höhe 5 cm gilt:
  a. Die Grundfläche ist um 14 cm² [um 24 cm²] größer als eine Seitenfläche.
  b. Die gesamte Oberfläche beträgt 48 cm² [288 cm²; 112 cm²].
  Berechne die Seitenlänge der quadratischen Grundfläche.

6. Bestimme die Seitenlängen eines Rechtecks, von dem bekannt ist:
  a. Der Umfang beträgt 23 cm, der Flächeninhalt beträgt 30 cm² [19 cm²].
  b. Der Flächeninhalt beträgt 17,28 cm², die Längen benachbarter Seiten unterscheiden sich um 1,2 cm.

7. Die Diagonale eines Rechtecks ist 25 cm lang. Die eine Rechtecksseite ist 17 cm länger als die andere. Welchen Umfang hat das Rechteck?

8. In einem rechtwinkligen Dreieck ist die Hypotenuse 65 cm lang, der Umfang beträgt 150 cm. Wie lang ist jede der beiden Katheten?

9. Eine Strecke $\overline{AB}$ mit der Länge a sei durch einen Punkt C in zwei Teilstrecken mit den Längen x und y geteilt.
Dabei soll gelten: $a : x = x : y$.

Man sagt in diesem Fall: Die Strecke $\overline{AB}$ ist nach dem *Goldenen Schnitt* geteilt (oder auch *stetig geteilt*, bei Kepler auch *göttlich geteilt*).
  a. Gegeben: (1) a = 10 cm; (2) x = 8 cm; (3) y = 3 cm.
  Berechne die beiden anderen Längen.
  Gib jeweils auch das Längenverhältnis y : x an.
  b. Der Goldene Schnitt kam bei Kunstwerken vor, vor allem in der antiken Architektur und in der Renaissance. Prüfe dies an dem folgenden Bild des Leipziger Rathauses.

Vermischte Übungen

1. Gegeben sind die quadratischen Funktionen:
(1) $y = x^2 + 4x - 5$
(2) $y = x^2 - 12x + 27$
(3) $y = x^2 + \frac{5}{2}x - 6$

  a. In welchem Bereich verläuft die zugehörige Parabel oberhalb der x-Achse?
  b. In welchem Bereich verläuft die zugehörige Parabel unterhalb der x-Achse?
  c. In welchem Bereich fällt die Parabel, in welchem steigt sie?
  d. In welchem Bereich liegt die Parabel zwischen den beiden Parallelen im Abstand von 1 Einheit von der x-Achse?

2. In welchem Bereich verläuft die Parabel zur Funktion mit $y = x^2 + 2x + 3$ oberhalb des Schaubildes zur Funktion mit   **a.** $y = -x + 3$;   **b.** $y = 2x - 1$;   **c.** $y = x^2 - 4x + 3$?

△ **3.** Zeichne mithilfe einer Parabelschablone die Schaubilder.
  a. (1) $y = x^2 + 1$ (2) $y = (x + 1)^2$ (3) $y = (x + 1)^2 - 4$ (4) $y = (x + 1)^2 + 4$
  b. (1) $y = x^2 - 2$ (2) $y = (x - 2)^2$ (3) $y = (x - 2)^2 + 3$ (4) $y = (x - 2)^2 - 3$

4.
  a. $(3x - 11)(20 - 2x) = (7 - x)(7x - 4) + 300$
  b. $(4x + 5)(11 - 6x) = (8x - 7)^2 - 3$
  c. $(4y + 5)^2 - (17 - 2y)^2 - 9(8 - 2y) = 0$
  d. $(2x + 3)^2 + (2x - 3)^2 = 5x(3x - 1)$
  e. $(3x - 2)(7 - 2x) = (x + 9)(9x - 6)$
  f. $(2x - 1)(x + 2) = (3x + 1)(x - \frac{1}{2})$

5. Das Schaubild einer verschobenen Normalparabel verläuft durch die Punkte $P(3|2)$ und $Q(0|17)$. Berechne die Koordinaten des Scheitelpunkts.

6. Die Punkte $P(0|1)$ und $Q(5|6)$ sind die gemeinsamen Punkte einer Geraden und einer Parabel. Bestimme die Funktionsgleichung der Geraden und der Parabel.

7. Eine verschobene Normalparabel hat den Scheitelpunkt $S(2|-9)$. Berechne die Schnittpunkte des Schaubilds mit den Koordinatenachsen.

8. Gegeben sind zwei quadratische Funktionen mit $y = x^2 + 2x - 5$ und $y = x^2 - 5x + 9$. Bestimme die Koordinaten der Schnittpunkte S_1 und S_2 beider Schaubilder und den Abstand der Schnittpunkte vom Koordinatenursprung.

9. Unten siehst du die Müngstener Eisenbahnbrücke über die Wupper. Der untere Brückenbogen hat die Form einer Parabel mit der Spannweite $w = 160$ m und der Höhe $h = 69$ m. Beschreibe die Parabel durch eine Gleichung der Form $y = ax^2$ mit $a < 0$. Überlege zunächst, wie du das Koordinatensystem legen musst.

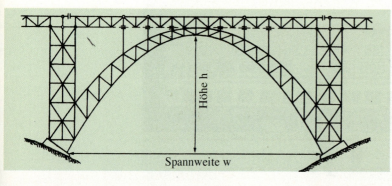

10. Die Geraden $y = x$ und $y = -x + 3$ schneiden sich im Punkt T. Dieser ist Scheitelpunkt einer verschobenen Normalparabel.
Gib ihre Funktionsgleichung in der Form $y = x^2 + px + q$ an.

11. Gegeben ist die quadratische Funktion mit der Gleichung $y = x^2 - 10x + 12$. Die Punkte $P_1(4 | \square)$ und $P_2(\square | 3)$ sollen auf dem Schaubild liegen.
Berechne die fehlenden Koordinaten.

12. a. Bestimme die Lösungsmenge.

(1) $\begin{vmatrix} y = 2x - 2 \\ y = 3x - 5 \end{vmatrix}$ (3) $\begin{vmatrix} x = 6y + 28 \\ x = 10y + 44 \end{vmatrix}$ (5) $\begin{vmatrix} y = 0{,}4x - 4{,}2 \\ y = x - 6{,}9 \end{vmatrix}$ (7) $\begin{vmatrix} 8y = 3x - 4 \\ 8y = 5x - 20 \end{vmatrix}$

(2) $\begin{vmatrix} y = 4x - 1{,}5 \\ y = 14x - 6{,}5 \end{vmatrix}$ (4) $\begin{vmatrix} x = 3y + \frac{1}{2} \\ x = \frac{1}{2}y + 1\frac{3}{4} \end{vmatrix}$ (6) $\begin{vmatrix} 11x = 4y - 6 \\ 11x = 4y - 41 \end{vmatrix}$ (8) $\begin{vmatrix} 33u = 24v + 156 \\ 33u = 10v - 41 \end{vmatrix}$

b. Bestimme die Lösungsmenge.

(1) $\begin{vmatrix} x + y = 47 \\ -x + y = 53 \end{vmatrix}$ (3) $\begin{vmatrix} 5x + y = 73 \\ -x - y = -81 \end{vmatrix}$ (5) $\begin{vmatrix} 7x + 5y = 176 \\ -3x + 5y = 46 \end{vmatrix}$

(2) $\begin{vmatrix} -x + 2y = 32 \\ x + 3y = 73 \end{vmatrix}$ (4) $\begin{vmatrix} 3x + 4y = 97 \\ 3x + 7y = 127 \end{vmatrix}$ (6) $\begin{vmatrix} x + 2y = 156 \\ -3x + 2y = 100 \end{vmatrix}$

13. Das Schaubild einer quadratischen Funktion mit der Gleichung $y = x^2 + px + q$ schneidet die x-Achse an den Stellen $x_1 = -4$ und $x_2 = -2$.
Gib die Gleichung der Symmetrieachse und die Lage des Scheitels an.

14. Gegeben sind zwei quadratische Funktionen mit den Gleichungen $y = x^2 + 6x - 13$ und $y = x^2 - 6x + 13$.
Bestimme die Gleichung der Geraden, die durch die jeweiligen Scheitelpunkte geht.

15. Gegeben sind zwei quadratische Funktionen mit den Gleichungen (1) $y = x^2 + 6x + 10$ und (2) $y = x^2 - 4x + 5$. Das Schaubild einer dritten Parabel verläuft durch die Scheitelpunkte der Parabeln (1) und (2).
Gib die Funktionsgleichung der dritten Parabel in der Form $y = x^2 + px + q$ an.

16. Eine Gerade g verläuft durch den Punkt $O(0|0)$ und durch den Scheitelpunkt der Parabel mit der Gleichung $y = (x + 3)^2 - 9$.
Bestimme die Gleichung der Geraden.

17. Für welche Lage des Punktes P gilt:
  a. Der Inhalt der roten Fläche beträgt 9 cm^2 $[\frac{4}{3} \text{ cm}^2]$.
  △ **b.** Der Inhalt der beiden blauen Flächen zusammen ist möglichst klein.

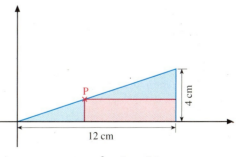

18. In welchem Bereich verläuft die Parabel zur Funktion mit $y = x^2 + 2x + 3$ oberhalb des Schaubildes zur Funktion mit
  a. $y = -x + 3$; **b.** $y = 2x - 1$; **c.** $y = x^2 - 4x + 3$?

19. Wenn man bei einem Quadrat die eine Seitenlänge verdoppelt, die andere um 5 cm verringert, so erhält man ein Rechteck, dessen Fläche um 24 cm² größer ist als die Fläche des Quadrates. Welche Seitenlänge hat das Quadrat?

Bist du fit?

1. Zeichne das Schaubild der linearen Funktion mithilfe von Steigung und y-Achsenabschnitt.
  a. $y = 2x - 1$ **b.** $-3x + 2$ **c.** $y = \frac{3}{2}x - 2$ **d.** $y = -\frac{3}{5}x + \frac{5}{2}$

2. Bestimme die Lösungsmenge.
  a. $\left| \begin{array}{r} y = 3x \\ 6x - 36y = 102 \end{array} \right|$
  c. $\left| \begin{array}{r} 6x = 4y + 10 \\ y = x - 1 \end{array} \right|$
  e. $\left| \begin{array}{r} 14y = 6x - 46 \\ 20x - 14y = 88 \end{array} \right|$
  b. $\left| \begin{array}{r} x = -5y \\ 6x - 10y = 50 \end{array} \right|$
  d. $\left| \begin{array}{r} 18x - 2y = 82 \\ y = 3x - 11 \end{array} \right|$
  f. $\left| \begin{array}{r} 12x + 22y = 68 \\ 12x = 10y + 4 \end{array} \right|$

3. Gib an, wie man die zugehörige Parabel schrittweise aus der Normalparabel gewinnen kann.
  a. $y = (x - 3)^2 - 2$ **b.** $y = (x + 2)^2 + 4$ **c.** $y = (x - 1)^2 - 1$
  Gib Eigenschaften der Parabel an.

4. Die Normalparabel wird in der angegebenen Reihenfolge verschoben
  a. um 1,5 Einheiten in Richtung der x-Achse nach rechts, dann um 0,5 Einheiten in Richtung der y-Achse nach unten;
  b. um 2 Einheiten in Richtung der x-Achse nach links und dann um 1,8 Einheiten in Richtung der y-Achse nach oben;
  c. um 3 Einheiten in Richtung der x-Achse nach rechts und dann um 1 Einheit in Richtung der y-Achse nach unten.
  Wie lautet die Funktionsgleichung der zugehörigen quadratischen Funktion?
  Gib auch den Scheitelpunkt an. Notiere auch die Nullstellen.

5. Gegeben ist die quadratische Funktion:
  a. $y = x^2 + 2x - 8$ **b.** $y = x^2 - 5x + 6{,}25$ **c.** $y = x^2 - 10x + 16$ **d.** $y = x^2 + 3$
  (1) Bestimme die Nullstellen der Funktion.
  (2) Gib den Scheitelpunkt an.
  (3) Welcher Punkt P_1 der Parabel liegt auf der y-Achse?
      Welcher Parabelpunkt P_2 hat die gleiche 2. Koordinate wie P_1?
  (4) An welchen Stellen x wird der Funktionswert 4 angenommen?
      Für welche Werte für x sind die Funktionswerte kleiner als 4?

6. Die quadratische Funktion hat die Gleichung
  a. $y = \frac{1}{3}x^2$; **b.** $y = x^2 + 5$; **c.** $y = x^2 - 3$; **d.** $y = x^2 + 6x + 9$; **e.** $y = x^2 - 4x + 5$.
  An welchen Stellen nimmt die Funktion den Wert
  (1) 3; (2) $-3{,}6$; (3) 0; (4) $\frac{1}{3}$ an?

7. Gegeben ist eine quadratische Funktion mit der Gleichung $y = x^2 + 5x - 3$ und eine Gerade g mit der Gleichung $y = x - 3$. Berechne die Koordinaten der Schnittpunkte von Parabel und Gerade. Wie weit sind sie voneinander entfernt?

8. Bestimme die Lösungsmenge.
  a. $x^2 - 7x - 60 = 0$ **b.** $y^2 - 0{,}5y + 1{,}5 = 0$ **c.** $6z^2 + 23z - 18 = 0$

9. Bestimme die Lösungsmenge.

a. $3x^2 + 36x + 33 = 0$
b. $\frac{5}{2}x^2 + 5x - 60 = 0$
c. $-8z + 16 + z^2 = 0$
d. $4y^2 - 0{,}5 = y$
e. $0{,}2a^2 + 0{,}8 = 1{,}6$
f. $\left(\frac{1}{2}y - \frac{2}{3}\right)^2 = \frac{9}{4}$
g. $0{,}5x^2 - x - 12 = 0$
h. $\frac{2}{3}x^2 - 6x + \frac{40}{3} = 0$
i. $0{,}81 - 3x + x^2 = 0$

10.
a. $(7 - 2x)(7x - 9) = (3x - 5)(15 - 4x)$
b. $(x + 3)^2 - (x - 2)^2 + (x + 1)^2 = 20x - 9$
c. $(2x - 2)(x + 2) - (x + 1)(x - 1) = 5$
d. $(5 - 6y)(6 - 15y) = 4(2 - 6y)^2$

11. Die Höhe eines Dreiecks ist um 4 cm kleiner als die Länge der zugehörigen Grundseite. Der Flächeninhalt beträgt 48 cm². Wie groß ist die Höhe, wie lang die Grundseite?

12. Wie lang sind die Seiten des Rechtecks?
a. Der Flächeninhalt beträgt 300 cm², eine Seite ist 5 cm länger als die andere Seite.
b. Der Umfang beträgt 120 cm, der Flächeninhalt 864 cm².

13. Das Quadrat hat die Seitenlänge a = 5 cm. Es ist in vier Teilflächen aufgeteilt. Die beiden grünen Flächen sind zusammen 17,62 cm² groß.
Berechne die Seitenlängen der beiden grünen Quadrate.

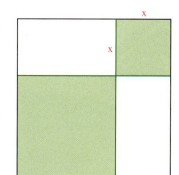

14. Für welche Zahlen gilt:
a. Das Quadrat der Zahl vermehrt [vermindert] um ihr 5faches beträgt 14.
b. Das Produkt aus der Zahl und der um 6 vergrößerten Zahl beträgt 7 [−9; −10].
c. Das Quadrat der Zahl vermindert um 40 ergibt das 6fache [18fache] der Zahl.

15. Von einem Dreieck ABC mit γ = 90° sind bekannt:

a. a = 5 cm
   q = 4 cm
b. b = 7 cm
   p = 8 cm
c. a = 4,3 cm
   q = 3,1 cm
d. b = 4,5 cm
   p = 3,6 cm

Berechne die Länge der Hypotenuse.

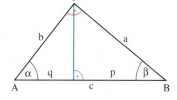

16. In einem rechtwinkligen Dreieck ABC mit γ = 90° und c = 12 cm ist die Kathete $\overline{BC}$ genauso lang wie der zur Kathete $\overline{AC}$ gehörige Hypotenusenabschnitt. Wie lang ist die Kathete a?

17. Von einem Quader ist bekannt: Volumen 528 cm³; Höhe 11 cm; Größe der Mantelfläche (aus den vier Seitenflächen) 308 cm². Wie lang sind die Seiten der Grundfläche?

18. Bestimme die Lösungsmenge; gib auch den Definitionsbereich an.

a. $2x + \frac{1}{x} = 3$
b. $2x + \frac{6x + 14}{x + 3} = 7$
c. $\frac{z + 1}{2z - 7} - \frac{2z - 1}{3z - 6} = 1$
d. $\frac{7y - 4}{2y} + \frac{4y - 5}{3y} = y + 1$
e. $\frac{6x - 10}{x - 3} - \frac{8x + 4}{x + 3} = \frac{10x + 10}{x^2 - 9}$
f. $\frac{4x - 6}{3x - 6} - 1 = \frac{1}{x^2 - 4}$

Im Blickpunkt

Länger als man denkt: Der Anhalteweg

"Zu hohe Geschwindigkeit ist die Unfallursache Nr. 1!", so schreibt der ADAC.

" Ich hab' das andere Fahrzeug zu spät gesehen, konnte nicht mehr rechtzeitig bremsen", heißt es dagegen oft von den Beteiligten an einem Unfall.

Hier erfahrt ihr mehr zum Thema Bremsen und Anhalten. Siehe dazu auch Seite 6.

Die Bremsweglänge s_B (in m) eines Fahrzeugs bei einer Geschwindigkeit v (in $\frac{km}{h}$) lässt sich nach der Formel

$$s_B = \frac{v^2}{26 \cdot a}$$

ungefähr berechnen. a ist der sogenannte Verzögerungswert, der – wie die Tabellen unten zeigen – von der Fahrbahnbeschaffenheit und der Fahrzeugart abhängt.

Fahrbahnbeschaffenheit	Verzögerungswert a
trocken	8
nass	4
schneebedeckt	2
vereist	1

Fahrzeugart	Verzögerungswert a (trockene Fahrbahn)
Pkw	8
Pkw mit ABS	9,6
Fahrrad	3,2
Motorrad	3,8

1. a. Berechnet für die Geschwindigkeiten 25 $\frac{km}{h}$, 50 $\frac{km}{h}$, 80 $\frac{km}{h}$ und 130 $\frac{km}{h}$ die Länge s_B des Bremsweges für verschiedene Fahrbahnoberflächen und (sinnvolle) Fahrzeuge.
Hinweis: Rechnet ohne Einheiten!

b. Zeichnet in ein Koordinatensystem das Schaubild für die Zuordnung *Geschwindigkeit* → *Länge des Bremsweges* bei trockener, nasser, schneebedeckter und vereister Straßenoberfläche. Vergleicht die Bremsweglängen für jeweils v = 100 $\frac{km}{h}$ miteinander.

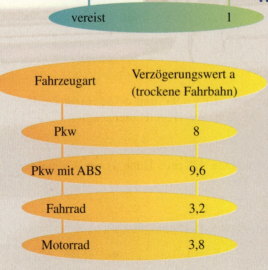

2. Vom Erkennen einer Gefahr bis zum vollen Ansprechen der Bremse vergeht beim geübten, aufmerksamen Fahrer etwa eine Sekunde, die sogenannte Schrecksekunde. In dieser Zeit fährt das Auto ungebremst weiter.

a. Wie lang ist der Weg s_R, den ein Fahrzeug (v = 50 $\frac{km}{h}$) in der "Schrecksekunde" zurücklegt?

Überlegt:
Geschwindigkeit (in $\frac{km}{h}$)
↓ : 3,6
Geschwindigkeit (in $\frac{m}{s}$)

b. Zeigt: $s_R = \frac{v}{3,6}$ (s_R in m; v in $\frac{km}{h}$)

c. Zeichnet das Schaubild der Funktion
Geschwindigkeit (in $\frac{km}{h}$) ⟶ *Reaktionsweglänge* (in m).

d. In der Fahrschule lernt man, die Länge des Reaktionsweges nach der folgenden Formel zu berechnen.

$$s_R = \frac{v}{10} \cdot 3$$

Berechnet damit die Länge des Reaktionsweges für 50 $\frac{km}{h}$, 80 $\frac{km}{h}$, 100 $\frac{km}{h}$, 130 $\frac{km}{h}$. Vergleicht mit Teilaufgabe b.

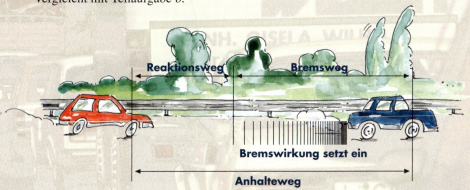

3. Der Anhalteweg s_A ist der Weg vom Erkennen einer Gefahr bis zum Stillstand des Fahrzeugs.
Länge des Anhalteweges = Länge des Reaktionsweges + Länge des Bremsweges

a. Zeigt: $s_A = \frac{v}{3,6} + \frac{v^2}{26 \cdot a}$ (s_A in m; v in $\frac{km}{h}$)

b. Zeichnet das Schaubild der Funktion
Geschwindigkeit (in $\frac{km}{h}$) ⟶ *Länge des Anhalteweges* (in m) bei
(1) trockener Straße,   (2) nasser Straße.

c. Lest aus dem Schaubild die Länge der Anhaltewege für folgende Fahrzeuge ab:
Fahrrad (15 $\frac{km}{h}$), Mofa (25 $\frac{km}{h}$), Roller (50 $\frac{km}{h}$), Pkw (80 $\frac{km}{h}$, 100 $\frac{km}{h}$, 130 $\frac{km}{h}$)

d. Vergleicht für die in Teilaufgabe c. angegebenen Geschwindigkeiten jeweils die Reaktionsweglänge mit der Bremsweglänge.

4. Ihr fahrt mit einem

a. Fahrrad (v = 15 $\frac{km}{h}$)   **b.** Mofa (v = 25 $\frac{km}{h}$)

Berechnet den Sicherheitsabstand zu einem vorausfahrenden Pkw, der die gleiche Geschwindigkeit wie ihr hat.
Bedenkt, dass ihr erst auf die Bremsleuchten des Pkw reagiert.

Trigonometrie – Trigonometrische Funktionen

Im November 1956 wurde im südlichen Pazifik ein riesiger Eisberg gesichtet. Mit einer Fläche von über 31 000 km² (Länge 335 km, Breite 97 km) war er größer als das Bundesland Rheinland-Pfalz (19 856 km²). Bis heute ist noch kein größerer Eisberg beobachtet worden.
Wie ist es möglich, die Größe solch riesiger Flächen zu bestimmen? Dies gelingt nur mit den Methoden der modernen Vermessungstechnik (Geodäsie).

Für Vermessungen riesiger und unwegsamer Gebiete werden Flugzeuge oder Satelliten eingesetzt. Beim Überfliegen der Objekte (Eisberge, Urwälder, Inseln usw.) können über die Winkelmessung die Längen und die Breiten der Flächen festgestellt werden.
Mit Aufnahmen von Satelliten aus ist es heutzutage sogar schon möglich, maßstabgerechte Abbilder von fotografierten Landschaften herzustellen.

In diesem Kapitel lernst du wie man z.B. im Dreieck Längen und Winkel berechnen kann.

Einführung von Sinus, Kosinus und Tangens für spitze Winkel

Einführung von Sinus für spitze Winkel

1.

Im Berner Oberland (Schweiz) fährt eine Standseilbahn von Lauterbrunnen auf einer 1 421 m langen Strecke zur Grütschalp. Eine Vorstellung von der Steigung der Bahnstrecke liefert die Größe des Winkels β, auch *Steigungswinkel* genannt.

Aufgabe

a. Wie groß ist der Steigungswinkel?
b. Gib die Steigung in Prozent an.

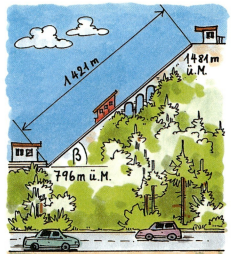

Lösung

a. Die Größe des Winkels β lässt sich zeichnerisch im rechtwinkligen Dreieck ABC bestimmen.
Die Länge von $\overline{AC}$ (das ist der Höhenunterschied) beträgt 1 481 m − 796 m, also 685 m. Wir wählen in der Zeichnung 1 cm für 100 m in der Wirklichkeit (Maßstab 1 : 10 000).
Wir konstruieren nun ein rechtwinkliges Dreieck ABC mit dem rechten Winkel bei C sowie den Seitenlängen c = 14,2 cm (Länge der Hypotenuse) und b = 6,9 cm; dies ist die Länge der dem gesuchten Winkel β *gegenüberliegenden* Kathete (Ssw).
Wir messen: β = 29°.

Ergebnis: Der Steigungswinkel beträgt 29°.

b. Die Steigung m wird durch das Verhältnis, also dem Quotienten aus Höhenunterschied $\overline{AC}$ und horizontaler Entfernung $\overline{BC}$ angegeben.
Den Höhenunterschied haben wir bereits berechnet: $\overline{AC}$ = 685 m.
Die horizontale Entfernung $\overline{BC}$ müssen wir noch berechnen. Nach dem Satz des Pythagoras gilt für das rechtwinklige Dreieck ABC: $a^2 + b^2 = c^2$, also $a = \sqrt{c^2 - b^2}$.
Wir setzen ein: $a = \sqrt{(1\,421\text{ m})^2 - (685\text{ m})^2} = \sqrt{1\,550\,016\text{ m}^2} \approx 1\,245\text{ m}$.
Für die Steigung ergibt sich somit: $m = \frac{685\text{ m}}{1\,245\text{ m}} \approx 0{,}550 = 55\,\%$
Ergebnis: Die Steigung beträgt 55 %.

Information

(1) Zielsetzung

In rechtwinkligen Dreiecken können wir nach dem Satz des Pythagoras Seitenlängen berechnen. Jedoch können wir die Größe von Winkeln in der Regel bisher nur zeichnerisch ermitteln. Unser Ziel in diesem Kapitel ist es, Verfahren kennenzulernen, mit deren Hilfe man auch die Winkel und die Längen in beliebigen Dreiecken aus gegebenen Stücken *berechnen* kann. Wir beschränken uns dabei zunächst auf rechtwinklige Dreiecke.

(2) Gleiche Längenverhältnisse in rechtwinkligen Dreiecken

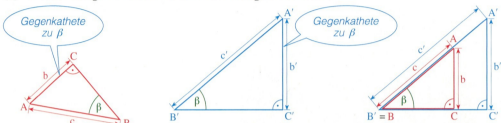

Wir betrachten zwei rechtwinklige Dreiecke ABC und A'B'C', die in der Größe des Winkels β übereinstimmen. Durch Verschieben und Drehen des Dreiecks kann man beide Dreiecke in die Lage wie im rechten Bild bringen. Es entsteht eine *Strahlensatzfigur* mit den beiden Parallelen AC und A'C'. *Beachte:* Die beiden rechten Winkel sind Stufenwinkel.

Nach dem 2. Strahlensatz gilt dann: $\dfrac{b}{b'} = \dfrac{c}{c'}$.

Wir multiplizieren beide Seiten mit b' und erhalten: $b = \dfrac{c}{c'} \cdot b'$

Das Dividieren beider Seiten durch c ergibt schließlich: $\dfrac{b}{c} = \dfrac{b'}{c'}$. Das bedeutet:

> In allen *rechtwinkligen Dreiecken*, die in der Größe eines spitzen Winkels übereinstimmen, hat das Längenverhältnis aus der Gegenkathete (zu diesem Winkel) und der Hypotenuse, also
>
> $$\frac{\text{Gegenkathete des Winkels}}{\text{Hypotenuse}}$$
>
> immer den gleichen Wert.

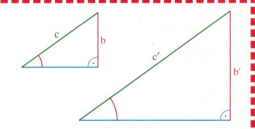

(3) Der Sinus eines Winkels

> In jedem *rechtwinkligen Dreieck* nennt man die einem spitzen Winkel gegenüberliegende Kathete die **Gegenkathete** zu diesem Winkel.
>
> Das Längenverhältnis aus der Gegenkathete zu einem spitzen Winkel und der Hypotenuse im rechtwinkligen Dreieck nennt man den **Sinus** dieses Winkels:
>
>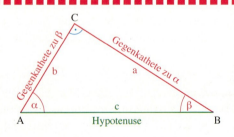
>
> **Sinus** eines Winkels $= \dfrac{\text{Gegenkathete des Winkels}}{\text{Hypotenuse}}$
>
> Für das Dreieck ABC mit $\gamma = 90°$ gilt: $\sin \alpha = \dfrac{a}{c}$; $\sin \beta = \dfrac{b}{c}$

Für das Beispiel in Aufgabe 1 gilt: $\sin 29° = \dfrac{685 \text{ m}}{1421 \text{ m}} \approx 0{,}4821$

Kapitel 2

(4) Satz des Pythagoras

Wiederholung

Im *rechtwinkligen* Dreieck sind die beiden Kathetenquadrate zusammen genauso groß wie das Hypotenusenquadrat.

$a^2 + b^2 = c^2$, wobei
- a: Länge der einen Kathete;
- b: Länge der anderen Kathete;
- c: Länge der Hypotenuse

Beispiel: a = 3 cm; b = 4 cm

$$c = \sqrt{a^2 + b^2}$$
$$c = \sqrt{(3\,\text{cm})^2 + (4\,\text{cm})^2}$$
$$c = \sqrt{9\,\text{cm}^2 + 16\,\text{cm}^2} = \sqrt{25\,\text{cm}^2} = 5\,\text{cm}$$

2. *Berechnen von Längen im rechtwinkligen Dreieck (Wiederholung)*

In einem rechtwinkligen Dreieck ABC mit γ = 90° sind die Längen zweier Seiten gegeben. Berechne die Länge der dritten Seite.

Zum Festigen und Weiterarbeiten

    a. b = 7 m   **b.** b = 4,8 km   **c.** a = 24 km   **d.** a = 9,4 cm   **e.** a = 19 cm   **f.** a = 4,56 m
        c = 16 m   c = 10,3 km   c = 57 km   c = 14,1 cm   b = 31 cm   b = 6,68 m

3. Zeichne mehrere verschieden große rechtwinklige Dreiecke ABC mit α = 30° [α = 44°].
Zeichne dabei die Gegenkathete zu α in rot ein und die Hypotenuse in grün ein.
Miss jeweils die Länge von Gegenkathete und Hypotenuse und berechne sin α.
Was stellst du fest?

4. Skizziere das Dreieck zunächst zweimal im Heft und markiere zu jedem der beiden spitzen Winkel die Gegenkathete rot und die Hypotenuse grün.
Gib dann den Sinus dieser beiden Winkel jeweils als Längenverhältnis an.

(1) 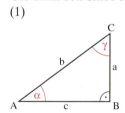 (2) 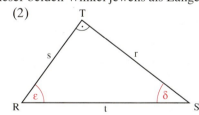 (3)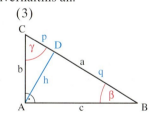

5. Ein rechtwinkliges Dreieck hat die angegebenen Maße. Berechne die folgenden Sinuswerte.
Runde, wenn nötig, auf vier Stellen nach dem Komma.

    a. sin 36°; sin 54°   **b.** sin 53,1°; sin 36,9°   **c.** sin 30,5°; sin 59,5°

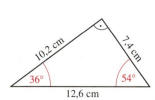 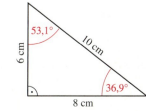 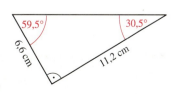

6. Gib die Größe des Winkels α an.
Zeichne dazu zwei geeignete rechtwinklige Dreiecke.

a. $\sin\alpha = \frac{1}{2}$ b. $\sin\alpha = \frac{2}{3}$ c. $\sin\alpha = 0{,}75$ d. $\sin\alpha = 0{,}4$

Übungen

7. Ein rechtwinkliges Dreieck (im Bild verkleinert dargestellt) hat die angegebenen Maße. Berechne sin α und sin β.

a. 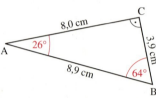   b. c.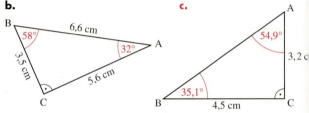

8. Zeichne ein rechtwinkliges Dreieck ABC mit γ = 90°, c = 10 cm sowie

a. α = 35°;   b. α = 62°;   c. α = 75°;   d. α = 53°;   e. α = 15°.

Miss die Seitenlängen a und b und bestimme näherungsweise sin α und sin β.

9. Zeichne das Dreieck ABC. Berechne bzw. miss die fehlenden Stücke.
Berechne dann in dem rechtwinkligen Dreieck den Sinus der beiden spitzen Winkel.

a. α = 90°
β = 38°
c = 9 cm

b. α = 90°
γ = 48°
b = 8 cm

c. β = 90°
a = 5 cm
γ = 58°

d. β = 90°
α = 28°
c = 13 cm

e. γ = 90°
a = 2,8 cm
β = 48°

10. Gib die Größe des Winkels α an. Zeichne dazu ein geeignetes rechtwinkliges Dreieck.

a. $\sin\alpha = \frac{3}{5}$ b. $\sin\alpha = 0{,}8$ c. $\sin\alpha = 0{,}2$ d. $\sin\alpha = 0{,}9$

Anwenden des Satzes von Pythagoras (Wiederholung)

11. Bei einem Rechteck seien a und b die Seitenlängen sowie e die Länge einer Diagonalen. Berechne aus zwei gegebenen Größen die dritte.

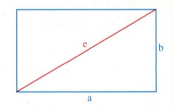

a. a = 6 cm
   b = 7 cm

b. a = 12,8 km
   b = 26,5 km

c. a = 26 cm
   e = 43 cm

d. a = 8,7 m
   e = 32,5 m

e. b = 36 km
   e = 63 km

f. b = 2,8 cm
   e = 3,9 cm

12. Von einem Quadrat ist gegeben:

a. die Seitenlänge a = 13 m [2,4 km]; berechne die Länge einer Diagonalen;

b. die Diagonalenlänge d = 29 cm [5,84 m]; berechne die Länge einer Seite;

c. die Diagonalenlänge d = 12 mm [2,64 m]; berechne den Flächeninhalt.

13. Berechne die Länge der Strecke $\overline{AB}$.

a. A(2|3); B(5|7)
b. A(0|4); B(4|10)
c. A(1|5); B(6|2)

d. A(-4|5); B(2|2)
e. A(2|-5); B(-3|9)
f. A(-2|-5); B(1|0)

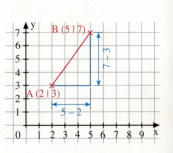

Einführung von Kosinus und Tangens eines spitzen Winkels

Aufgabe

1. a. An der Talstation der Standseilbahn in Lauterbrunnen soll der Schriftzug SEILBAHN angemalt werden. Der Handwerker benutzt eine 5,70 m lange Leiter und stellt das Fußende der Leiter 2,00 m von der Hauswand entfernt auf.
Damit die Leiter nicht abrutscht oder umkippt, muss der Neigungswinkel, den sie mit dem Erdboden bildet, etwa 70° (±5°) betragen.
Hat der Handwerker die Leiter vorschriftsmäßig aufgestellt?
Zeichne und miss.

b. Die Steigung der Seilbahn wird mit 55 % $\left(=\frac{55}{100}\right)$ angegeben, das bedeutet: Auf je 100 m horizontaler Entfernung steigt die Bahn 55 m an.
Bestimme dazu den Steigungswinkel β; vergleiche mit dem Ergebnis aus Aufgabe 1 von Seite 47.

c. Zeige, dass in allen rechtwinkligen Dreiecken, die in einem spitzen Winkel (zum Beispiel β) übereinstimmen, die Längenverhältnisse von
(1) Ankathete zu Hypotenuse,
(2) Gegenkathete zu Ankathete
stets gleich sind.

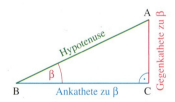

Lösung

a. Wir zeichnen ein Dreieck ABC im Maßstab 1 : 100. Gegeben sind dazu der rechte Winkel bei C, die Hypotenuse c sowie die dem gesuchten Winkel β *anliegende* Kathete a, kurz *Ankathete* a genannt (Ssw):
γ = 90°, c = 5,7 cm, a = 2,0 cm
Wir messen: β = 69°

Ergebnis: Der Neigungswinkel der Leiter beträgt 69°; die Leiter ist vorschriftsmäßig aufgestellt.

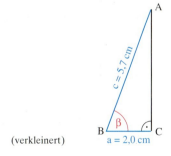
(verkleinert)

b. Wir zeichnen ein Dreieck ABC im Maßstab 1 : 1000. Gegeben sind der rechte Winkel bei C, die Gegenkathete b und die Ankathete a zum gesuchten Winkel β (sws):
γ = 90°, b = 5,5 cm, a = 10,0 cm
Wir messen: β = 29°

Ergebnis: Der Steigungswinkel β beträgt 29°; dies stimmt mit dem Ergebnis in Aufgabe 1 von Seite 47 überein.

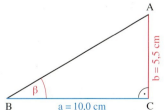

c. Wir betrachten die beiden rechtwinkligen Dreiecke ABC und A'B'C', die im Winkel β übereinstimmen.

(1) Nach dem 1. Strahlensatz gilt:

$$\frac{a}{a'} = \frac{c}{c'}$$

Wir multiplizieren beide Seiten mit a':

$$a = \frac{c \cdot a'}{c'}$$

Schließlich dividieren wir beide Seiten durch c:

$$\frac{a}{c} = \frac{a'}{c'}$$

Wir stellen fest:
In beiden rechtwinkligen Dreiecken stimmt das Längenverhältnis aus Ankathete und Hypotenuse überein.

(2) Nach dem 2. Strahlensatz gilt:

$$\frac{b}{b'} = \frac{a}{a'}$$

Wir multiplizieren beide Seiten mit b' und erhalten:

$$b = \frac{a \cdot b'}{a'}$$

Wir dividieren nun beide Seiten durch a:

$$\frac{b}{a} = \frac{b'}{a'}$$

Wir stellen fest:
In beiden rechtwinkligen Dreiecken stimmt das Längenverhältnis aus Gegenkathete und Ankathete überein.

Information

(1) Gleiche Längenverhältnisse in rechtwinkligen Dreiecken

In der Lösung der Aufgaben 1a und 1b konnten wir den Winkel β nur zeichnerisch bestimmen. Im Aufgabenteil c stellten wir jedoch fest:

> Für alle *rechtwinkligen Dreiecke*, die in der Größe eines spitzen Winkels übereinstimmen, gilt:
> - das Längenverhältnis aus der Ankathete (zu diesem Winkel) und der Hypotenuse, also
>
> $$\frac{\text{Ankathete des Winkels}}{\text{Hypotenuse}}$$
>
>   hat immer den gleichen Wert.
> - das Längenverhältnis aus der Gegenkathete und der Ankathete (zu diesem Winkel), also
>
> $$\frac{\text{Gegenkathete des Winkels}}{\text{Ankathete des Winkels}}$$
>
>   hat immer den gleichen Wert.

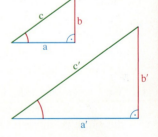

Diese Verhältnisse hängen jedoch von der Größe des Winkels ab. Man gibt daher diesen Längenverhältnissen wieder eigene Namen.

(2) Der Kosinus und Tangens eines Winkels

(1) Das Längenverhältnis aus der Ankathete zu einem spitzen Winkel und der Hypotenuse im rechtwinkligen Dreieck nennt man den **Kosinus** dieses Winkels:

Kosinus eines Winkels $= \dfrac{\text{Ankathete des Winkels}}{\text{Hypotenuse}}$

Für das Dreieck ABC mit $\gamma = 90°$ gilt:

$\cos \alpha = \dfrac{b}{c}$; $\cos \beta = \dfrac{a}{c}$

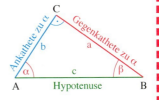

(2) Das Längenverhältnis aus Gegenkathete und Ankathete zu einem spitzen Winkel im rechtwinkligen Dreieck nennt man den **Tangens** dieses Winkels:

Tangens eines Winkels $= \dfrac{\text{Gegenkathete des Winkels}}{\text{Ankathete des Winkels}}$

Für das Dreieck ABC mit $\gamma = 90°$ gilt:

$\tan \alpha = \dfrac{a}{b}$; $\tan \beta = \dfrac{b}{a}$

Für die Beispiele in den Aufgaben 1a und 1b gilt:

$\cos 69° = \dfrac{2\,\text{m}}{5{,}7\,\text{m}} \approx 0{,}3509$; $\tan 29° = \dfrac{55}{100} = 55\,\%$

Zum Festigen und Weiterarbeiten

2. Zeichne mehrere verschieden große rechtwinklige Dreiecke ABC ($\gamma = 90°$) mit
   a. $\alpha = 30°$;   **b.** $\alpha = 44°$.

Zeichne dabei die Ankathete zu α in blau, die Gegenkathete in rot und die Hypotenuse in grün ein.
Miss jeweils alle Seitenlängen und berechne $\cos \alpha$ und $\tan \alpha$.
Was stellst du fest?

△ **3.** Zeichne rechtwinklige Dreiecke ABC mit $c = 10$ cm, $\gamma = 90°$ und
   (1) $\alpha = 15°$;   (2) $\alpha = 30°$;   (3) $\alpha = 45°$;   (4) $\alpha = 60°$.
   a. Bestimme durch Messen und Rechnen jeweils $\tan \alpha$. Wie ändert sich $\tan \alpha$, wenn man die Winkelgröße α verdoppelt, verdreifacht, vervierfacht?
   b. Untersuche entsprechend $\sin \alpha$ und $\cos \alpha$.

4. (1)   (2)   (3)

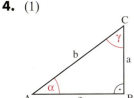 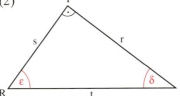 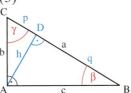

   a. Skizziere das Dreieck zunächst zweimal im Heft und markiere zu jedem Winkel die Ankathete in blau, die Gegenkathete in rot und die Hypotenuse in grün ein.
   b. Gib dann den Kosinus der beiden spitzen Winkel als Längenverhältnis an.
   c. Gib den Tangens der beiden spitzen Winkel als Längenverhältnis an.

5. Ein rechtwinkliges Dreieck (verkleinert dargestellt) hat die angegebenen Maße.
Berechne die folgenden Werte. Runde, wenn nötig, auf vier Stellen nach dem Komma.

a. cos 36°; cos 54°;   **b.** cos 53,1°; cos 36,9°;   **c.** cos 30,5°; cos 59,5°;
tan 36°; tan 54°;   tan 53,1°; tan 36,9°;   tan 30,5°; tan 59,5°

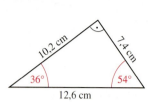 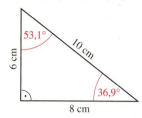 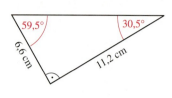

6. Gib die Größe des Winkels α an.
Zeichne dazu ein geeignetes rechtwinkliges Dreieck ABC.

a. $\cos \alpha = \frac{4}{5}$ **b.** $\cos \alpha = 0{,}2$ **c.** $\tan \alpha = \frac{3}{4}$ **d.** $\tan \alpha = 1{,}2$

7. Zeichne ein rechtwinkliges Dreieck ABC mit α = 55°, β = 35° und γ = 90°.
Miss die Seitenlängen. Berechne sin α, cos α, sin β, cos β.
Was kannst du entdecken?

Übungen

8. Ein rechtwinkliges Dreieck ABC (im Bild verkleinert dargestellt) hat die angegebenen
Maße. Berechne jeweils cos α, cos β, tan α, tan β.

a.

b.

c.

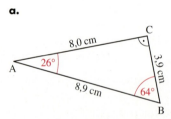 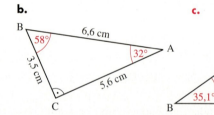

9. Zeichne ein rechtwinkliges Dreieck ABC mit γ = 90°, c = 10 cm sowie

a. α = 35°;   **b.** α = 62°;   **c.** α = 75°;   **d.** α = 53°;   **e.** α = 15°.

Miss die Seitenlängen a und b; bestimme näherungsweise cos α und tan α sowie cos β
und tan β.

10. Zeichne das Dreieck ABC. Berechne bzw. miss die fehlenden Stücke.
Berechne dann in dem rechtwinkligen Dreieck Kosinus und Tangens der beiden spitzen Winkel.

a. α = 90°   **b.** α = 90°   **c.** β = 90°   **d.** β = 90°   **e.** γ = 90°
β = 38°   γ = 48°   a = 5 cm   α = 28°   a = 2,8 cm
c = 9 cm   b = 8 cm   γ = 58°   c = 13 cm   β = 48°

11. Gib die Größe des Winkels α an.
Zeichne dazu zwei geeignete rechtwinklige Dreiecke ABC.

a. $\cos \alpha = \frac{3}{4}$ **c.** $\cos \alpha = 0{,}3$ **e.** $\tan \alpha = \frac{3}{4}$ **g.** $\tan \alpha = 1{,}5$ **i.** $\tan \alpha = 10$

b. $\cos \alpha = \frac{2}{3}$ **d.** $\cos \alpha = 0{,}8$ **f.** $\tan \alpha = \frac{4}{3}$ **h.** $\tan \alpha = 4$ **j.** $\cos \alpha = 0{,}25$

Bestimmung von Werten für Sinus, Kosinus und Tangens

Um Berechnungen an rechtwinkligen Dreiecken durchführen zu können, benötigen wir für jeden spitzen Winkel die Werte für Sinus, Kosinus und Tangens.

Zeichnerisches Bestimmen von Näherungswerten – Beziehungen zwischen Sinus, Kosinus und Tangens

Aufgabe

1. Bestimme zeichnerisch Näherungswerte von $\sin \alpha$, $\cos \alpha$ und $\tan \alpha$ für $\alpha = 10°$, $20°, \ldots, 80°$. Lege eine Tabelle an.

   Anleitung: Das folgende Vorgehen erspart dir viel Rechenarbeit:
   (1) Zeichne auf Millimeterpapier einen Viertelkreis mit dem Radius 1 dm.
   (2) Zeichne in den Viertelkreis rechtwinklige Dreiecke mit den Winkelgrößen $10°$, $20°, \ldots, 80°$. Die Hypotenuse ist jeweils ein Kreisradius, sie hat also die Länge 1 dm.
   (3) Lies aus der Zeichnung die Werte für $\sin \alpha$ und $\cos \alpha$ auf zwei Stellen nach dem Komma genau ab. Beachte, dass die Hypotenuse die Länge 1 dm hat.
   (4) Berechne dann die Werte für $\tan \alpha$.

Lösung

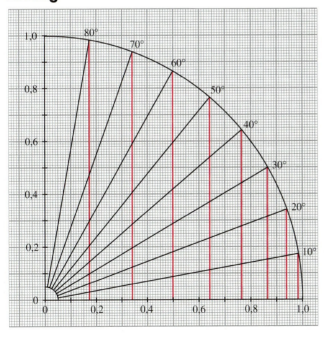

α	Näherungswerte für		
	sin α	cos α	tan α
10°	0,17	0,98	0,18
20°	0,34	0,94	0,36
30°	0,50	0,87	0,58
40°	0,64	0,77	0,84
50°	0,77	0,64	1,19
60°	0,87	0,50	1,73
70°	0,94	0,34	2,75
80°	0,98	0,17	5,67

Zum Festigen und Weiterarbeiten

2. Bestimme wie in Aufgabe 1 Näherungswerte von $\sin \alpha$, $\cos \alpha$ und $\tan \alpha$ für $\alpha = 5°$, $15°$, $25°, \ldots, 85°$.

3. *Sinus, Kosinus und Tangens am Einheitskreis*
Zeichne in ein Koordinatensystem einen Viertelkreis mit dem Radius 1. Einen Kreis mit dem Radius 1 um den Koordinatenursprung O nennt man **Einheitskreis.**

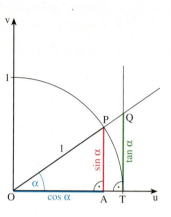

a. Betrachte die rechtwinkligen Dreiecke OAP und OTQ. Begründe:
$\overline{OA} = \cos \alpha$; $\quad \overline{AP} = \sin \alpha$; $\quad \overline{TQ} = \tan \alpha$
Beachte: $\overline{OP} = 1$ und $\overline{OT} = 1$

b. Was kann man anhand der Zeichnung über $\sin \alpha$, $\cos \alpha$ und $\tan \alpha$ aussagen, wenn sich α immer mehr
(1) dem Wert 0°, (2) dem Wert 90° annähert?

c. Begründe am Einheitskreis:
$(\sin \alpha)^2 + (\cos \alpha)^2 = 1$

△ **4.** *Beziehungen zwischen $\sin \alpha$, $\cos \alpha$ und $\tan \alpha$*

a. Anhand der Tabelle in Aufgabe 1 erkennst du: $\quad \sin 10° = \cos 80° = \cos (90° - 10°)$
Bestätige anhand der Tabelle: $\quad \sin \alpha = \cos (90° - \alpha)$ und $\cos \alpha = \sin (90° - \alpha)$.
Begründe dies auch mit den Längenverhältnissen am rechtwinkligen Dreieck.

b. Anhand der Berechnung von $\tan \alpha$ in Aufgabe 1 erkennst du: $\quad \tan \alpha = \dfrac{\sin \alpha}{\cos \alpha}$
Begründe dies auch mithilfe des Längenverhältnisses am rechtwinkligen Dreieck.

Information

(1) Erweiterung von Sinus, Kosinus und Tangens für 0° und 90°

Bisher haben wir $\sin \alpha$, $\cos \alpha$ und $\tan \alpha$ nur für Winkelgrößen α mit $0° < \alpha < 90°$ definiert. Wir haben am Einheitskreis gesehen (vgl. Aufgabe 3 oben):
(a) Wenn sich α dem Wert 0° annähert, nähert sich $\sin \alpha$ der Zahl 0, $\cos \alpha$ der Zahl 1 und $\tan \alpha$ der Zahl 0 an.
(b) Wenn sich α dem Wert 90° annähert, nähert sich $\sin \alpha$ der Zahl 1, $\cos \alpha$ der Zahl 0 an. Der Wert von $\tan \alpha$ wächst über alle Grenzen. Er ist daher für 90° nicht definiert.

> Man setzt fest: $\sin 0° = 0$; $\sin 90° = 1$; $\cos 0° = 1$; $\cos 90° = 0$; $\tan 0° = 0$

(2) Beziehungen zwischen Sinus, Kosinus und Tangens

Die Lösungen der Aufgaben 3 und 4 oben führen uns auf folgende Beziehungen.

> (a) $\cos \alpha = \sin (90° - \alpha)$ $\quad$ (b) $\tan \alpha = \dfrac{\sin \alpha}{\cos \alpha}$ $\quad$ (c) $(\sin \alpha)^2 + (\cos \alpha)^2 = 1$
> $\sin \alpha = \cos (90° - \alpha)$

Übungen

5. Ordne die Werte der Größe nach.
Denke an die Deutung von Sinus, Kosinus und Tangens am Einheitskreis.

a. $\sin 80°$, $\sin 30°$, $\sin 0°$, $\sin 50°$, $\sin 70°$, $\sin 90°$, $\sin 25°$, $\sin 66°$
b. $\cos 80°$, $\cos 30°$, $\cos 0°$, $\cos 50°$, $\cos 70°$, $\cos 90°$, $\cos 25°$, $\cos 66°$
c. $\tan 80°$, $\tan 30°$, $\tan 0°$, $\tan 50°$, $\tan 70°$, $\tan 89°$, $\tan 25°$, $\tan 66°$

6. Die nebenstehende Gleichung ist durchgestrichen.
   Zeige anhand der Tabelle auf Seite 55, dass sie nicht gilt.

7. Welche Informationen kann man der Tabelle auf Seite 55 für sin α, cos α und tan α entnehmen?
   Notiere als Antwort eine Ungleichung (z. B.: 0,50 < sin 34° < 0,64).

   a. α = 82°   **b.** α = 7°   **c.** α = 65°   **d.** α = 89°   **e.** α = 33°   **f.** α = 22°

8. Welche Information kann man der Tabelle auf Seite 55 für die Winkelgrößen α entnehmen?

   a. sin α = 0,8   **b.** sin α = 0,38   **c.** sin α = 0,71   **d.** tan α = 0,3   **e.** tan α = 5,5
   cos α = 0,8   cos α = 0,38   cos α = 0,71   tan α = 2,5   tan α = 1,0

   Notiere das Ergebnis als Ungleichung (z. B.: 50° < α < 60°).

9. Lies am Viertelkreis auf Seite 55 ab:
   Für welche Winkelgrößen α gilt:

   a. sin α = 0,2   **b.** sin α = 0,4   **c.** sin α = 0,6   **d.** sin α = 0,7   **e.** sin α = 0,8
   cos α = 0,2   cos α = 0,4   cos α = 0,6   cos α = 0,7   cos α = 0,8

10. Zeichne das Schaubild mit

    a. y = sin α;   **b.** y = cos α;   **c.** y = tan α.

    Wähle auf der α-Achse (*Rechtsachse*) 1 cm für 10° und auf der y-Achse (*Hochachse*) 5 cm für 1.

11. Fülle die Tabelle aus. Benutze dabei cos α = sin (90° − α) und sin α = cos (90° − α).

α	5°	15°	25°	35°	45°	55°	65°	75°	85°
sin α		0,26		0,57		0,82		0,97	
cos α	0,99		0,91		0,71		0,42		0,09

12. Gegeben ist cos 53° = 0,60. Berechne unter Anwendung der Formeln auf Seite 56:
    (1) sin 53°;   (2) tan 53°;   (3) sin 37°;   (4) cos 37°;   (5) tan 37°.

13. Als es noch keine Taschenrechner mit Sinus, Kosinus und Tangens gab, mussten die Werte aus Tabellen abgelesen werden.
    Einen Ausschnitt aus einer solchen Tabelle siehst du rechts. Um Platz zu sparen, benutzt man eine Regelmäßigkeit. Um welche handelt es sich?

14. Betrachte in der Figur in Aufgabe 3 das Dreieck OTQ. Wie lang ist die Strecke $\overline{OQ}$?

α	sin α	cos α	
0°	0,0000	1,0000	90°
5°	0,0872	0,9962	85°
10°	0,1736	0,9848	80°
15°	0,2588	0,9659	75°
20°	0,3420	0,9397	70°
25°	0,4226	0,9063	65°
30°	0,5000	0,8660	60°
35°	0,5736	0,8192	55°
40°	0,6428	0,7660	50°
45°	0,7071	0,7071	45°
	cos α	sin α	α

Bestimmen von Werten mit dem Taschenrechner

Information

(1) Bestimmen des Wertes zu vorgegebener Winkelgröße

Je nach Taschenrechner musst du erst die Winkelgröße eingeben und dann die Taste für z. B. Sinus drücken oder erst die Taste für Sinus und dann die Winkelgröße eingeben. Probiere das bei deinem Taschenrechner am Beispiel sin 27° aus. Achte darauf, dass der Taschenrechner DEG (von *degree*, engl. Grad) für die Winkelgröße anzeigt.

(2) Bestimmen der Winkelgröße zu vorgegebenem Wert

Die Tasten deines Taschenrechners sind doppelt belegt. Die Tasten $\boxed{\sin}$ $\boxed{\cos}$ und $\boxed{\tan}$ haben $\sin^{-1}$, $\cos^{-1}$ und $\tan^{-1}$ als zweite Belegung.
Man erhält diese, indem man vorher die Taste $\boxed{2^{nd}}$ (engl. *second*) bzw. $\boxed{\text{SHIFT}}$ drückt.
$\sin^{-1}$ bedeutet: Man erhält umgekehrt zu einem Sinuswert die zugehörige Winkelgröße. Entsprechendes gilt für $\cos^{-1}$ und $\tan^{-1}$. Probiere das am Beispiel $\sin \alpha = 0{,}6$ zur Bestimmung von α aus.

Zum Festigen und Weiterarbeiten

1. Bestimme die Winkelgröße α mithilfe des Taschenrechners. Runde auf Zehntel.
  a. $\sin \alpha = 0{,}7$ **b.** $\cos \alpha = 0{,}35$ **c.** $\tan \alpha = 4$

2. Was zeigt dein Taschenrechner an, wenn du die Tastenfolge 1.2 $\boxed{\sin^{-1}}$ bzw. $\boxed{\sin^{-1}}$ 1.2 $\boxed{=}$ ausführst, was bei der Tastenfolge 1.2 $\boxed{\cos^{-1}}$ bzw. $\boxed{\cos^{-1}}$ 1.2 $\boxed{=}$? Probiere auch 1.2 $\boxed{\tan^{-1}}$ bzw. $\boxed{\tan^{-1}}$ 1.2 $\boxed{=}$. Erkläre.

3. Vergleiche $\sin \alpha$ und $\tan \alpha$ für: (1) $\alpha = 1°$; (2) $\alpha = 0{,}9°$; (3) $\alpha = 0{,}8°$; (4) $\alpha = 0{,}7°$.

Übungen

4. Gib $\sin \alpha$, $\cos \alpha$ und $\tan \alpha$ auf vier Stellen nach dem Komma gerundet an für:
  a. $\alpha = 16°$ **b.** $\alpha = 24°$ **c.** $\alpha = 38°$ **d.** $\alpha = 49{,}7°$ **e.** $\alpha = 51{,}2°$ **f.** $\alpha = 68{,}5°$

5. Bestimme die Winkelgröße α, gerundet auf eine Stelle nach dem Komma.
  a. $\sin \alpha = 0{,}1$ **b.** $\sin \alpha = 0{,}4$ **c.** $\sin \alpha = 0{,}75$ **d.** $\cos \alpha = 0{,}88$ **e.** $\cos \alpha = 0{,}643$
  $\cos \alpha = 0{,}1$ $\cos \alpha = 0{,}4$ $\cos \alpha = 0{,}75$ $\sin \alpha = 0{,}88$ $\tan \alpha = 0{,}643$
  $\tan \alpha = 0{,}1$ $\tan \alpha = 0{,}4$ $\tan \alpha = 0{,}75$ $\tan \alpha = 0{,}88$ $\sin \alpha = 0{,}643$

6. a. Bestimme die Werte tan 89°; tan 89,9°; tan 89,99°; tan 89,999°; tan 89,9999°; tan 89,999999°. Was fällt auf?
  b. Bestimme die Winkelgröße, gerundet auf eine Stelle nach dem Komma: $\tan \alpha = 3$; $\tan \alpha = 10$; $\tan \alpha = 1000$; $\tan \alpha = 10000$. Was fällt auf?

7. Fülle die Tabelle aus.

α								
sin α	0,4067			0,7193		0,2419	0,1564	
cos α		0,9744	0,3420		0,0872			0,9659	0,2588
tan α								

8. Betrachte die Aufgaben 1 von Seite 47 und 51. Bei der Lösung wurde jeweils die Größe des Winkels β zeichnerisch bestimmt. Bestimme die Winkelgröße β jetzt mit dem Taschenrechner und vergleiche sie mit dem zeichnerisch ermittelten Wert.

Berechnungen im rechtwinkligen Dreieck

Anwendungen des Sinus und des Kosinus

Aufgabe

1. a. Eine Leiter von 6,00 m Länge lehnt an einer Hauswand. Wie hoch reicht die Leiter bei einem Neigungswinkel von 70° gemäß den Sicherheitsvorschriften? Wie weit muss das Fußende von der Hauswand entfernt stehen?

b. Eine 7,00 m lange Leiter soll an einer Wand 6,70 m hoch reichen. Ist dann der Neigungswinkel gemäß der Sicherheitsvorschriften eingehalten worden?

Lösung

a. In dem rechtwinkligen Dreieck bedeutet:
s = 6,00 m   Länge der Leiter
α = 70°   Neigungswinkel der Leiter
h   gesuchte Höhe an der Hauswand
a   gesuchter Abstand von der Hauswand

Der Skizze entnehmen wir:

$\sin \alpha = \frac{h}{s}$ und $\cos \alpha = \frac{a}{s}$.

Wir isolieren die Variable h und die Variable a:

h = s · sin α, also h = 6 m · sin 70° ≈ 6 m · 0,939692621 ≈ 5,64 m
a = s · cos α, also a = 6 m · cos 70° ≈ 6 m · 0,342020143 ≈ 2,05 m

Ergebnis: Die Leiter reicht ungefähr 5,64 m hoch, ihr Abstand von der Hauswand muss ungefähr 2,05 m betragen.

b. Der Skizze zu Teilaufgabe a entnehmen wir:

$\sin \alpha = \frac{h}{s} = \frac{6{,}70 \text{ m}}{7{,}00 \text{ m}} \approx 0{,}957142857$, also: α ≈ 73,16501933°

Ergebnis: Die Größe des Neigungswinkels der Leiter beträgt etwa 73°. Die Sicherheitsvorschriften sind eingehalten.

Zum Festigen und Weiterarbeiten

2. Eine Leiter soll 3,50 m hoch reichen.
Wie lang muss sie bei einem Neigungswinkel von 70° (wenigstens) sein?

3. Berechne die rot markierte Größe.

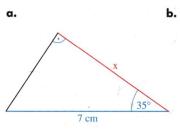

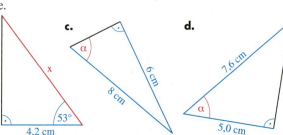

Übungen

4. In einem Dreieck ABC mit α = 90° sind außerdem folgende Seitenlängen gegeben:
  a. a = 13,7 cm **b.** a = 14,1 cm **c.** a = 21 cm **d.** a = 29,3 cm **e.** a = 5,3 cm
  c = 5,9 cm   b = 7,8 cm   c = 17 cm   b = 25,6 cm   c = 3,7 cm

Berechne die Länge der anderen Seite sowie die Größe der beiden anderen Winkel.

5. In einem Dreieck ABC mit c = 6,7 cm sind außerdem folgende Winkelgrößen gegeben:
  a. γ = 90° **b.** α = 90° **c.** β = 90° **d.** α = 90° **e.** β = 47° **f.** β = 90°
   α = 35°   β = 78°   γ = 11°   γ = 45°   γ = 90°   α = 25°

Berechne die Seitenlängen a und b.

6. Eine Firma bietet verschieden lange Anlegeleitern an. Der Neigungswinkel soll jeweils 70° betragen.

  a. Wie weit muss jeweils das Fußende von der Wand entfernt stehen?

  b. Berechne, wie hoch die Leitern reichen.

  c. Um die erreichbare Arbeitshöhe zu ermitteln, wird zu der in Teilaufgabe b ermittelten Höhe 1,35 m addiert. Gib jeweils die erreichbare Arbeitshöhe an.

Anzahl der Sprossen	Länge der Leiter
9	2,65 m
12	3,50 m
15	4,35 m
18	5,20 m

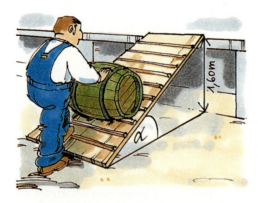

7. a. Eine Schrotleiter (schiefe Ebene) soll für eine Laderampe von 1,60 m Höhe hergestellt werden. Der Neigungswinkel α soll höchstens 35° betragen.
Wie lang muss die Schrotleiter sein?

b. Die Höhe der Laderampe beträgt 1,40 m.
Wie groß ist der Neigungswinkel einer 3,50 m langen Schrotleiter?

8. Ein Sendemast soll mit vier Seilen von je 40 m Länge abgespannt werden. Der Neigungswinkel α der Seile soll 55° betragen. In welcher Höhe müssen die Seile befestigt werden?

9. Eine Seilbahn überwindet auf einer ersten Teilstrecke von 250 m Länge eine Höhendifferenz von 180 m. Auf einer zweiten Teilstrecke von 124 m Länge beträgt die Höhendifferenz 78 m.
Wie groß sind die Steigungswinkel der beiden Teilstrecken?
Fertige eine Skizze an.

10. Um die Höhe einer Wolke zu bestimmen, strahlt man sie mit einem senkrecht nach oben gerichteten Scheinwerfer an. Von einem 1 500 m entfernten Ort erscheint die angestrahlte Wolke unter einem Höhenwinkel α von 47,6° [von 38,2°].
Wie hoch ist die untere Wolkengrenze? Fertige eine Skizze an.

Anwendungen des Tangens

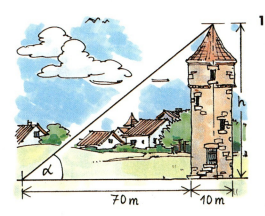

1. a. Die Höhe h eines Turmes mit einem Durchmesser von 10 m soll bestimmt werden. Dazu wird in einer Entfernung von 70 m ein Theodolit aufgestellt. Mit dem Theodolit wird die Spitze des Turmes angepeilt und der Höhenwinkel α = 38° gemessen.
Wie hoch ist der Turm?
Vernachlässige die Höhe des Theodoliten.

b. Wie groß ist der Höhenwinkel α in einer Entfernung von 120 m?

Aufgabe

Lösung

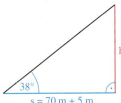

a. Aus der Skizze links entnehmen wir: $\tan\alpha = \frac{h}{s}$
Wir isolieren die Variable h: $h = s \cdot \tan\alpha$
Einsetzen ergibt:
$h = 75\,\text{m} \cdot \tan 38° \approx 75\,\text{m} \cdot 0{,}781285627 \approx 59\,\text{m}$

Ergebnis: Der Turm ist ungefähr 59 m hoch.

b. Aus der Skizze entnehmen wir wieder: $\tan\alpha = \frac{h}{s}$

Einsetzen ergibt: $\tan\alpha \approx \frac{59\,\text{m}}{120\,\text{m}} \approx 0{,}491666667$ also: $\alpha \approx 26{,}18180753°$

Ergebnis: In einer Entfernung von 120 m ist der Höhenwinkel ungefähr 26° groß.

2. Die Türme des Kölner Doms sind 157 m hoch. In welcher Entfernung vom Dom erscheinen sie unter einem Höhenwinkel von 20° [von 9°]? Fertige eine Skizze an.

Zum Festigen und Weiterarbeiten

3. a.   **b.**   **c.**   **d.**

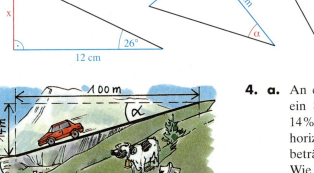

4. a. An einer geradlinigen Straße zeigt ein Straßenschild ein Gefälle von 14 % an. Das bedeutet: Auf 100 m horizontal gemessener Entfernung beträgt der Höhenunterschied 14 m. Wie groß ist der Neigungswinkel α?

b. Wie viel m beträgt der Höhenunterschied auf 4 km Straßenlänge (bei gleichbleibendem Gefälle)?

c. Welcher Neigungswinkel gehört zu einem Gefälle von 100 %?

Übungen

5. In einem Dreieck ABC sind gegeben:

    a. $a = 12{,}3$ cm   **b.** $a = 7{,}8$ cm   **c.** $b = 23$ cm   **d.** $a = 10{,}4$ cm   **e.** $a = 4{,}3$ cm
        $c = 9{,}4$ cm $b = 5{,}2$ cm $c = 16$ cm $c = 2{,}5$ cm $b = 5{,}7$ cm
        $\beta = 90°$ $\gamma = 90°$ $\alpha = 90°$ $\beta = 90°$ $\gamma = 90°$

Berechne die Größe der beiden anderen Winkel sowie die Länge der dritten Seite.

6. In einem Dreieck ABC sind gegeben:

    a. $a = 5{,}5$ cm   **b.** $c = 13{,}7$ cm   **c.** $b = 15$ cm   **d.** $a = 27{,}4$ cm   **e.** $b = 4{,}9$ cm
        $\gamma = 90°$ $\beta = 90°$ $\gamma = 90°$ $\gamma = 90°$ $\alpha = 90°$
        $\beta = 67°$ $\gamma = 22°$ $\alpha = 79°$ $\alpha = 51°$ $\beta = 50°$

Berechne die Länge der anderen Kathete und die Länge der Hypotenuse.

7. Der Schatten eines 4,50 m hohen Baumes ist 6,00 m lang.
Wie hoch steht die Sonne, d.h. unter welchem Winkel α treffen die Sonnenstrahlen auf den Boden?

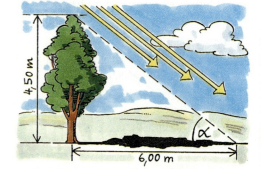

8. Wie groß ist die Steigung (in %) einer Eisenbahnlinie, wenn der Steigungswinkel
    a. 0,7°,   **b.** 1,4°,   **c.** 2,1° beträgt?

9. Unter welchem Höhenwinkel α sieht man aus einer Entfernung von 1,5 km
    a. das Ulmer Münster (h = 161 m)?
    b. die Cheopspyramide (h = 137 m, a = 233 m)?

Beobachtungspunkt und Fußpunkt seien in gleicher Höhe.

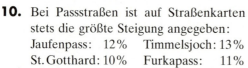

10. Bei Passstraßen ist auf Straßenkarten stets die größte Steigung angegeben:
Jaufenpass: 12%   Timmelsjoch: 13%
St. Gotthard: 10%   Furkapass: 11%
    a. Gib jeweils den Steigungswinkel an.
    b. Welcher Höhenunterschied wird jeweils auf einer 1,2 km langen Strecke zurückgelegt?

11. In welcher waagerechten Entfernung vom Fußpunkt erscheint unter einem Höhenwinkel von 12°
    a. die Turmspitze des Nordturms des Straßburger Münsters (h = 142 m);
    b. die Spitze des Eiffelturmes in Paris (h = 320 m)?

Fertige eine Skizze an.

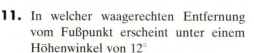

12. Wie hoch ist der Fernsehturm rechts?

Verschiedene Aufgabentypen bei der Berechnung rechtwinkliger Dreiecke

Wir wollen uns zunächst einen Überblick über die möglichen Aufgabentypen verschaffen. Überlege dazu:
Wie viele Stücke (Seitenlängen bzw. Winkelgrößen) müssen in einem rechtwinkligen Dreieck ABC gegeben sein, damit die übrigen berechnet werden können?
Im rechtwinkligen Dreieck ist bereits ein Winkel, nämlich der rechte Winkel gegeben. Nach den Kongruenzsätzen müssen dann nur noch zwei weitere Stücke angegeben werden, nämlich eine Seite und ein Winkel (wsw) oder zwei Seiten (sws; Ssw).

1. In einem rechtwinkligen Dreieck ABC sind gegeben: **Aufgabe**
  a. $b = 7{,}3$ cm, $\alpha = 90°$, $\gamma = 32°$ (wsw)   **b.** $a = 5{,}7$ cm, $b = 3{,}2$ cm, $\alpha = 90°$ (Ssw)
  Berechne mithilfe des Taschenrechners die nicht gegebenen Seitenlängen und Winkelgrößen direkt aus den gegebenen Stücken.
  Runde bei den Längen und bei den Winkelgrößen auf eine Stelle nach dem Komma.

Lösung

a. Gesucht sind a, c und β.

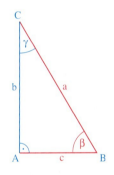

Berechnen von a:	Berechnen von c:	Berechnen von β:
$\dfrac{b}{a} = \cos\gamma$	$\dfrac{c}{b} = \tan\gamma$	$\beta + \gamma = 90°$
$a = \dfrac{b}{\cos\gamma}$	$c = b \cdot \tan\gamma$	$\beta = 90° - \gamma$
$= \dfrac{7{,}3 \text{ cm}}{\cos 32°}$	$= 7{,}3 \text{ cm} \cdot \tan 32°$	$= 90° - 32°$
$\approx 8{,}608002345$ cm	$\approx 4{,}561546269$ cm	$= 58°$

Ergebnis: $a \approx 8{,}6$ cm; $c \approx 4{,}6$ cm; $\beta = 58°$

b. Gesucht sind c, β und γ.

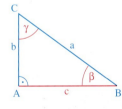

Berechnen von c:	Berechnen von β:	Berechnen von γ:
$c^2 = a^2 - b^2$	$\sin\beta = \dfrac{b}{a}$	$\cos\gamma = \dfrac{b}{a}$
$c = \sqrt{a^2 - b^2}$	$= \dfrac{3{,}2 \text{ cm}}{5{,}7 \text{ cm}}$	$= \dfrac{3{,}2 \text{ cm}}{5{,}7 \text{ cm}}$
$= \sqrt{5{,}7^2 - 3{,}2^2}$ cm	$\approx 0{,}561403509$	$\approx 0{,}561403509$
$\approx 4{,}716990566$ cm	$\beta \approx 34{,}1529154°$	$\gamma \approx 55{,}8470846°$

Beim Bestimmen von β und γ mit dem Taschenrechner wurde der vorher ermittelte Sinus- bzw. Kosinuswert *nicht* gerundet.
Ergebnis: $c \approx 4{,}7$ cm; $\beta \approx 34{,}2°$; $\gamma \approx 55{,}9°$

2. *Berechnungen im Falle wsw und sws*   **Zum Festigen und Weiterarbeiten**
  In einem rechtwinkligen Dreieck sind gegeben:
  a. $b = 3{,}8$ cm; $a = 4{,}7$ cm; $\gamma = 90°$ **b.** $b = 4{,}5$ cm; $\alpha = 55°$; $\beta = 90°$
  Berechne die fehlenden Stücke. Verwende dazu jeweils nur die gegebenen Stücke.
  Welcher Kongruenzsatz liegt zugrunde?

Übungen

3. In einem Dreieck ABC ist γ = 90°. Berechne die übrigen Stücke.

a. a = 4,9 cm α = 32°	**c.** a = 3,7 cm c = 5,6 cm	**e.** c = 4,5 cm β = 42°	**g.** a = 7,5 cm β = 55°	**i.** a = 2,5 cm α = 25°	
b. b = 6,1 cm β = 75°	**d.** b = 4,1 cm c = 6,2 cm	**f.** a = 5,4 cm b = 3,6 cm	**h.** c = 7,8 cm α = 66°	**j.** b = 7,8 cm α = 43°	

4. Berechne die fehlenden Stücke des rechtwinkligen Dreiecks ABC.

a. γ = 90°
a = 4,2 cm
c = 7,9 cm

b. α = 90°
b = 5,5 cm
c = 3,1 cm

c. β = 90°
a = 3,2 cm
b = 4,9 cm

d. γ = 90°
α = 35,3°
b = 5,2 cm

e. β = 90°
γ = 65,9°
b = 6,3 cm

5. In einem Dreieck ABC mit γ = 90° sind außerdem gegeben:

a. a = 4,5 cm
b = 3,9 cm

b. b = 9,7 cm
c = 12,5 cm

c. a = 5,5 cm
b = 7,7 cm

d. c = 9,3 cm
α = 23°

e. a = 4,7 cm
α = 71°

Berechne die übrigen Stücke nur mithilfe von Sinus [von Tangens].

6. Von einem Dreieck mit γ = 90° sind bekannt:

a. p = 17,5 cm
β = 66°

c. h_c = 145 mm
β = 42,8°

e. p = 65,4 cm
q = 6,7 cm

b. a = 20,4 cm
h_c = 12,9 cm

d. h_c = 7,5 m
q = 3,3 m

f. p = 5,8 cm
b = 5,1 cm

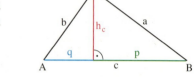

Berechne die übrigen Stücke des Dreiecks.

7. Gegeben ist ein Würfel mit der Kantenlänge 5 cm [mit der Kantenlänge a].
Wie groß ist der Winkel, den die Raumdiagonale des Würfels

a. mit einer Kante bildet;

b. mit der Diagonalen einer Seitenfläche bildet?

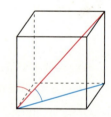

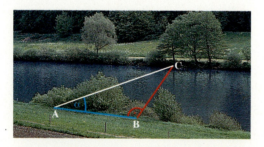

8. Das nebenstehende Bild zeigt, wie man die Breite eines Flusses an der Stelle B bestimmen kann. Man misst die Länge einer Strecke $\overline{AB}$ (parallel zum Flussufer) und den Winkel α zu einem gegenüberliegenden Punkt C. Es soll $\overline{AB}$ = 30 m und α = 52,3° sein. Wie breit ist der Fluss?

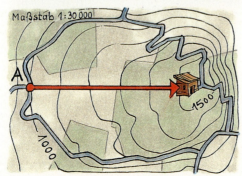

9. Von der Stelle A (Bild links) führt ein fast gerader Weg zur Hütte.
Wie groß ist der Steigungswinkel?
Gib die Steigung auch in % an.

10. Um die Höhe eines Turms zu bestimmen, wird der Winkel zur Turmspitze aus einer Entfernung von 230 m bestimmt. Man misst 27°. Der Beobachtungspunkt liegt 1,80 m höher als der Fußpunkt des Turms. Wie hoch ist er?

Berechnungen im gleichschenkligen Dreieck

Berechnungen im gleichschenkligen und gleichseitigen Dreieck

Bisher haben wir nur Seitenlängen und Winkelgrößen in *rechtwinkligen* Dreiecken berechnet. Wir wollen nun eine Strategie (einen zielgerichteten Plan) entwickeln, wie man auch Stücke in *gleichschenkligen*, speziell in *gleichseitigen* Dreiecken berechnen kann.

1. In einem gleichschenkligen Dreieck ABC sind die Länge der beiden Schenkel und die Größe des Winkels an der Spitze gegeben: $a = b = 5{,}0$ cm und $\gamma = 110°$.
Berechne die Länge c der Basis sowie die Größe der Basiswinkel α und β.
Überlege, wie du hierbei rechtwinklige Dreiecke verwenden kannst.

Aufgabe

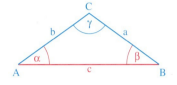

Lösung

Wir zerlegen das gleichschenklige Dreieck ABC durch die Höhe h_c zur Basis $\overline{AB}$ (Symmetrieachse) in zwei rechtwinklige Dreiecke. Wir wissen:
Im gleichschenkligen Dreieck halbiert diese Höhe (Symmetrieachse) die Basis und den Winkel an der Spitze.

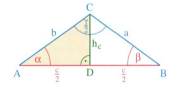

(1) *Berechnen der Basislänge c*
Für das rechtwinklige Teildreieck ADC gilt:

$$\sin \frac{\gamma}{2} = \frac{\frac{c}{2}}{b}$$

$$b \cdot \sin \frac{\gamma}{2} = \frac{c}{2}$$

$$c = 2 \cdot b \cdot \sin \frac{\gamma}{2} \qquad \text{Einsetzen ergibt:} \quad c = 2 \cdot 5{,}0 \text{ cm} \cdot \sin 55° \approx 8{,}2 \text{ cm}$$

(2) *Berechnen der Größe eines Basiswinkels*
Für das rechtwinklige Dreieck ADC gilt:
$\alpha + \frac{\gamma}{2} = 90°$

$\alpha = 90° - \frac{\gamma}{2} \qquad \text{Einsetzen ergibt:} \quad \alpha = 90° - 55° = 35°$

Ergebnis: $c \approx 8{,}2$ cm; $\alpha = \beta = 35°$ — Basiswinkel sind gleich groß

Das Berechnen von Stücken in gleichschenkligen und damit auch gleichseitigen Dreiecken kann man auf das Berechnen in rechtwinkligen Dreiecken zurückführen, indem man das gleichschenklige Dreieck durch eine geeignete Höhe (Symmetrieachse) in zwei rechtwinklige Dreiecke zerlegt.

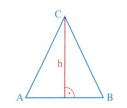

Zum Festigen und Weiterarbeiten

2. Berechne die Höhe h_c und den Flächeninhalt des Dreiecks ABC in Aufgabe 1.

3. Von einem gleichschenkligen Dreieck ABC mit der Basis $\overline{AB}$ sind gegeben:
$c = 5{,}8$ cm; $\alpha = 48°$.
Berechne die Größe des Winkels γ an der Spitze, die Länge eines Schenkels, die Höhe zur Basis sowie den Flächeninhalt.

4. Ein gleichseitiges Dreieck ABC hat die Seitenlänge $a = 4{,}8$ cm. Berechne ohne Verwendung des Satzes von Pythagoras die Höhe. Gib auch den Flächeninhalt an.

5. Von einem gleichschenkligen Dreieck ABC sind gegeben:
$\alpha = \beta = 65°$ und $A = 11{,}5$ cm².
Wie lang ist die Basis $\overline{AB}$?

Übungen

6. ABC sei ein gleichschenkliges Dreieck mit der Basis $\overline{AB}$.
Berechne aus den Seitenlängen a und c die Winkelgrößen α, β und γ.

a. $a = 5{,}3$ cm
$c = 3{,}7$ cm

b. $a = 4{,}3$ cm
$c = 7{,}9$ cm

c. $a = 6{,}9$ cm
$c = 1{,}3$ cm

d. $a = 3{,}4$ cm
$c = 5{,}7$ cm

7. ABC sei ein gleichschenkliges Dreieck mit der Basis $\overline{AB}$. Berechne aus den gegebenen Stücken die übrigen sowie die Höhe zur Basis und den Flächeninhalt.

a. $c = 25$ m
$\gamma = 72°$

b. $c = 34$ cm
$\beta = 62°$

c. $b = 112{,}4$ cm
$\beta = 34°$

d. $a = 85$ m
$\alpha = 57°$

8. Bei einem Rechteck ABCD seien a und b die Seitenlängen, e die Länge einer Diagonalen sowie α_1, γ_1 und ε die Größe der Winkel, den die Diagonalen und Seiten bzw. die beiden Diagonalen miteinander bilden.
Berechne die fehlenden Stücke.

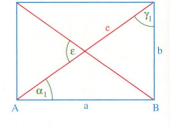

a. $a = 5{,}5$ cm
$b = 3{,}8$ cm

c. $a = 4{,}8$ cm
$e = 5{,}9$ cm

e. $e = 4{,}9$ cm
$\gamma_1 = 41°$

b. $e = 6{,}4$ cm
$\varepsilon = 35°$

d. $e = 5{,}4$ cm
$\alpha_1 = 23°$

f. $e = 7{,}4$ cm
$\varepsilon = 44°$

9. Bei einer Raute ABCD seien von den Stücken a, e, f, α und β zwei Größen bekannt.
Berechne die fehlenden Stücke.

a. $a = 17$ cm; $\alpha = 69°$
b. $a = 34$ cm; $f = 61$ cm
c. $e = 6{,}4$ cm; $f = 8{,}7$ cm
d. $f = 12{,}5$ cm; $\alpha = 58°$
e. $e = 17{,}4$ cm; $\beta = 126°$
f. $a = 8{,}3$ cm; $e = 11{,}8$ cm

10. Von einem Drachenviereck ABCD seien die Seitenlängen $a = 3{,}5$ cm und $b = 6{,}5$ cm, ferner die Winkelgröße $\alpha = 88°$ bekannt.
Wie groß sind f, e, β, γ und δ?

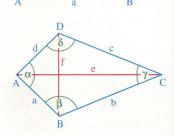

11. Ein Haus mit Satteldach ist 10,40 m breit. Die Dachsparren sind 6,30 m lang (d); sie stehen 30 cm über. Vernachlässige die Dicke der Dachsparren.

a. Bestimme die Größe des Neigungswinkels α der Sparren.

b. Bestimme die Höhe h des Daches.

12. Eine 2,50 m lange Stehleiter wird mit dem Öffnungswinkel von γ = 50° auf einer waagerechten Fläche aufgestellt.

a. Wie hoch reicht die Leiter?

b. Wie weit stehen die Fußpunkte der Leiter auseinander?

c. Die Leiter soll genau 2,20 m hoch reichen. Wie groß muss dann der Öffnungswinkel γ sein?

13. Bei einem Kreis mit dem Radius r seien s die Länge der Sehne, die zum Mittelpunktswinkel ε gehört, sowie d der Abstand des Mittelpunktes von der Sehne. Berechne die fehlenden Größen.

a. r = 6,5 cm
ε = 65°

b. r = 9 cm
s = 12 cm

c. s = 2,5 cm
d = 1,4 cm

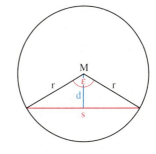

14. Die Sonne sieht man unter einem Winkel von 32′ (gelesen: 32 Minuten). Dies ist ein Winkel, der kleiner ist als 1°. Man teilt einen 1° großen Winkel in 60 gleich große Teile. Ein solcher Teilwinkel ist dann 1 Minute (in Zeichen: 1′) groß. Es gilt: $32' = \left(\frac{32}{60}\right)°$
Die Sonne ist $1,5 \cdot 10^8$ km von der Erde entfernt. Welchen Durchmesser besitzt die Sonne ungefähr? Welche Vereinfachung muss man zur Lösung der Aufgabe machen? Betrachte die Skizze rechts.

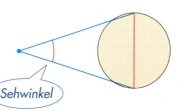

Sehwinkel

15. a. Gegeben ist ein regelmäßiges Sechseck ABCDEF mit der Seitenlänge a = 3 cm.
(1) Wie groß ist der Winkel α? Was für ein Dreieck ist ABM?
(2) Wie lang ist der Radius r_a des Umkreises und der Radius r_i des Sechsecks?
(3) Wie groß ist der Flächeninhalt des Sechsecks?

b. Beantworte die Fragen von Teilaufgabe a für ein regelmäßiges Fünfeck mit a = 4 cm.

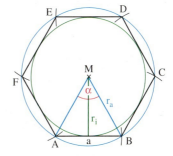

16. In einen Kreis mit dem Radius 10 cm ist ein regelmäßiges n-Eck einbeschrieben. Berechne mithilfe geeigneter Winkel den Umfang und den Flächeninhalt des n-Ecks für n = 5 [9; 12; 100].

Berechnen von Sinus, Kosinus und Tangens für spezielle Winkelgrößen

Aufgabe

1. Für einige spezielle Winkelgrößen (neben 0° und 90°) kann man die *genauen* Werte für Sinus, Kosinus und Tangens bestimmen.

   a. Zeichne ein geeignetes rechtwinkliges Dreieck und berechne sin 45°, cos 45° und tan 45°.

   b. Zeichne ein gleichseitiges Dreieck mit der Seitenlänge a (z.B. a = 3 cm) und berechne Sinus, Kosinus und Tangens für 30° und 60°.

Lösung

a. Winkel der Größe 45° treten z.B. als Basiswinkel in einem rechtwinklig-gleichschenkligen Dreieck auf. Zur Schenkellänge a berechnen wir die Hypotenusenlänge c mit dem Satz des Pythagoras:

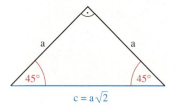

$c^2 = a^2 + a^2 = 2a^2$, also $c = \sqrt{2a^2} = a\sqrt{2}$

$\sin 45° = \cos 45° = \dfrac{a}{c} = \dfrac{a}{a\sqrt{2}} = \dfrac{1}{\sqrt{2}} = \dfrac{1 \cdot \sqrt{2}}{\sqrt{2} \cdot \sqrt{2}} = \dfrac{1}{2}\sqrt{2}$

$\tan 45° = \dfrac{a}{a} = 1$

b. In jedem gleichseitigen Dreieck sind alle Winkel 60° groß. Die Höhe einer Seite im gleichseitigen Dreieck halbiert auch den gegenüberliegenden Winkel. In jedem der beiden rechtwinkligen Teildreiecke kommen daher Winkel der Größe 30° und 60° vor.

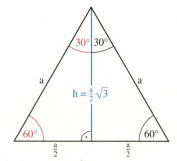

Nach dem Satz des Pythagoras gilt:

$h^2 = a^2 - \left(\dfrac{a}{2}\right)^2 = \dfrac{3}{4}a^2$, also $h = \sqrt{\dfrac{3}{4}a^2} = \dfrac{a}{2}\sqrt{3}$

$\sin 30° = \cos 60° = \dfrac{\frac{a}{2}}{a} = \dfrac{1}{2}$

$\sin 60° = \cos 30° = \dfrac{h}{a} = \dfrac{\frac{a}{2}\sqrt{3}}{a} = \dfrac{1}{2}\sqrt{3}$

$\tan 30° = \dfrac{\frac{a}{2}}{h} = \dfrac{\frac{a}{2}}{\frac{a}{2}\sqrt{3}} = \dfrac{1}{\sqrt{3}} = \dfrac{1 \cdot \sqrt{3}}{\sqrt{3} \cdot \sqrt{3}} = \dfrac{1}{3}\sqrt{3}$

$\tan 60° = \dfrac{h}{\frac{a}{2}} = \dfrac{\frac{a}{2}\sqrt{3}}{\frac{a}{2}} = \sqrt{3}$

α	0°	30°	45°	60°	90°
sin α	0	$\frac{1}{2}$	$\frac{1}{2}\sqrt{2}$	$\frac{1}{2}\sqrt{3}$	1
cos α	1	$\frac{1}{2}\sqrt{3}$	$\frac{1}{2}\sqrt{2}$	$\frac{1}{2}$	0
tan α	0	$\frac{1}{3}\sqrt{3}$	1	$\sqrt{3}$	–

Zum Festigen und Weiterarbeiten

2. **a.** Berechne den Umfang u und den Flächeninhalt A des rechtwinkligen Dreiecks. Verwende zur Berechnung von x und z nur die in der Skizze gegebenen Größe.

   b. Löse die Teilaufgabe a mit der Seitenlänge a statt 3,2 cm.

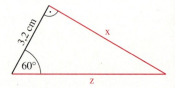

Übungen

3. Kontrolliere die Tangenswerte in der Tabelle auf Seite 68 mithilfe der Formel:
$\tan \alpha = \dfrac{\sin \alpha}{\cos \alpha}$

4. ABC ist ein gleichschenkliges Dreieck mit $\gamma = 45°$ und $\overline{CA} = \overline{CB} = 10$ cm.

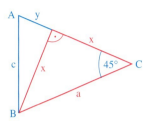

  a. Berechne nacheinander x, y und c.

△ **b.** Berechne anschließend $\sin 22{,}5°$, $\cos 22{,}5°$ und $\tan 22{,}5°$.

5. Berechne den Flächeninhalt des gefärbten Dreiecks in Abhängigkeit von e. Verwende keine Näherungswerte.

a.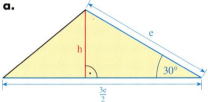

b.

6. Berechne den Umfang und den Flächeninhalt des gleichschenkligen Trapezes in Abhängigkeit von e.

a.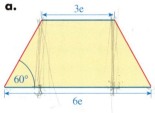

b.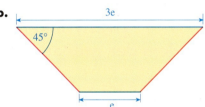

7. Stelle eine Formel zur Berechnung des Flächeninhaltes des Parallelogramms auf.

a.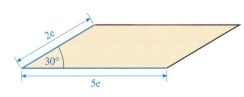

b.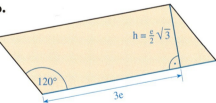

8. Gegeben ist der Flächeninhalt A der achsensymmetrischen Figur. Berechne den rot gekennzeichneten Winkel.

a.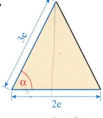

$A = \dfrac{3}{2} e^2 \sqrt{3}$

b.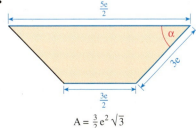

$A = \dfrac{3}{2} e^2 \sqrt{3}$

Berechnungen in beliebigen Dreiecken

Bisher haben wir Berechnungen nur bei besonderen Dreiecken, nämlich bei rechtwinkligen und bei gleichschenkligen Dreiecken, durchgeführt. Wir wollen nun Berechnungen bei *beliebigen* Dreiecken durchführen. Dabei wird uns die Strategie, die wir schon bei gleichschenkligen Dreiecken kennengelernt haben (Zerlegen des Dreiecks in rechtwinklige Dreiecke, siehe auch Seite 65), hilfreich sein.

Bei den verschiedenen Aufgabentypen orientieren wir uns an den Kongruenzsätzen, da wir damit alle Möglichkeiten erfassen, nach denen ein Dreieck durch drei Stücke vollständig festgelegt ist.

Die Kongruenzsätze für Dreiecke besagen, dass ein Dreieck (abgesehen von seiner speziellen Lage) bereits durch die folgenden drei Stücke von insgesamt 6 Stücken (das sind die Seitenlängen und Winkelgrößen) eindeutig bestimmt ist:
(1) eine Seite und zwei Winkel (wsw)
(2) zwei Seiten und der der größeren Seite gegenüberliegende Winkel (Ssw);
   liegt der Winkel der kleineren Seite gegenüber, so kann es zwei Lösungsdreiecke geben
(3) zwei Seiten und der eingeschlossene Winkel (sws)
(4) drei Seiten (sss).

Berechnen eines Dreiecks aus einer Seite und zwei Winkeln sowie aus zwei Seiten und dem der größeren Seite gegenüberliegenden Winkel

Aufgabe

1. a. A, B und C sind die Kirchtürme dreier Dörfer, wobei A von B und C durch einen Fluss getrennt ist.
Man kann die Entfernung von A nach C bestimmen, ohne die Strecke $\overline{AC}$ (wegen des Flusses) direkt zu messen. Dazu misst man die Entfernung von B nach C und die Winkelgrößen β und γ.
Es ist: $\overline{BC} = 5{,}4$ km; $\beta = 44°$; $\gamma = 69°$
Aus diesen Daten kann man die Entfernung von A nach C berechnen.

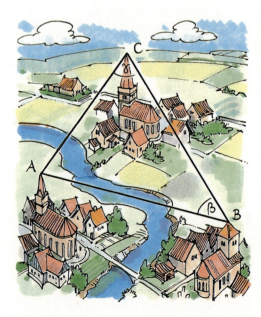

   (1) Zeichne ein Dreieck ABC mit den entsprechenden Maßen (1 cm entspricht 1 km) und bestimme einen Näherungswert für die Seitenlänge $\overline{AC}$ durch Messen.
   (2) Zerlege das Dreieck in zwei rechtwinklige Teildreiecke und bestimme die Seitenlänge $\overline{AC}$ durch Rechnung.

b. In einem Dreieck ABC sind gegeben: $a = 8{,}0$ cm; $\beta = 115°$; $\gamma = 20°$.
Berechne die Seitenlänge b.

Lösung

a. Wir lösen die Aufgabe zunächst zeichnerisch und dann rechnerisch.

(1) Der Zeichnung entnehmen wir den Näherungswert $\overline{AC} = b = 4{,}1$ km.

(2) *Vorüberlegung:* Wir zerlegen das Dreieck ABC mithilfe einer Höhe so in zwei rechtwinklige Teildreiecke, dass in einem der beiden Teildreiecke zwei Stücke gegeben sind. Wir erreichen dieses, indem wir die Höhe h_c zu der Seite $\overline{AB}$ einzeichnen. In dem Teildreieck DBC können wir dann h_c berechnen und anschließend im Teildreieck ADC auch die gesuchte Länge b.

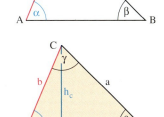

Berechnen von h_c im Dreieck DBC:

$\dfrac{h_c}{a} = \sin \beta$

$h_c = a \cdot \sin \beta$

$h_c = 5{,}4 \text{ km} \cdot \sin 44°$

$\approx 3{,}751 \text{ km}$

Berechnen von α im Dreieck ABC:

$\alpha = 180° - (\beta + \gamma)$

$\alpha = 180° - (44° + 69°)$

$= 67°$

Berechnen von b im Dreieck ADC:

$\dfrac{h_c}{b} = \sin \alpha$

$b = \dfrac{h_c}{\sin \alpha}$

$b \approx \dfrac{3{,}751 \text{ km}}{\sin 67°} \approx 4{,}075 \text{ km}$

Ergebnis: Die Entfernung $b = \overline{AC}$ beträgt ungefähr 4,1 km.

b. Wir ergänzen das stumpfwinklige Dreieck ABC durch die Höhe h_c zur Seite $\overline{AB}$ zu einem rechtwinkligen Dreieck. Im Teildreieck BDC können wir h_c und anschließend im Teildreieck ADC die gesuchte Länge b berechnen.

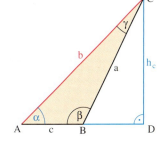

Berechnen von h_c im Dreieck BDC:

$\dfrac{h_c}{a} = \sin(180° - \beta)$

$h_c = a \cdot \sin(180° - \beta)$

$h_c = 8 \text{ cm} \cdot \sin(180° - 115°)$

$h_c = 8 \text{ cm} \cdot \sin 65° \approx 7{,}3 \text{ cm}$

Berechnen von b im Dreieck ADC:

$\alpha = 180° - (\beta + \gamma)$

$\alpha = 180° - (115° + 20°)$

$\alpha = 45°$

Berechnen von b im Dreieck ADC:

$\dfrac{h_c}{b} = \sin \alpha$, also $b = \dfrac{h_c}{\sin \alpha}$. Einsetzen ergibt: $b \approx \dfrac{7{,}3 \text{ cm}}{\sin 45°} \approx 10{,}3 \text{ cm}$.

Ergebnis: Die Seite $\overline{AC}$ ist ungefähr 10,3 cm lang.

Berechnen eines Dreiecks im Falle wsw und Ssw

Information

In Aufgabe 1 haben wir ein Dreieck berechnet, in dem eine Seite und die anliegenden Winkel gegeben sind (wsw). Falls in einem Dreieck eine Seite, der anliegende Winkel und der gegenüberliegende Winkel gegeben sind (sww), kann man den anliegenden Winkel mit dem Winkelsummensatz berechnen; damit ist der Fall sww auf den Fall wsw zurückgeführt.

Sind in einem Dreieck zwei Seiten und der der größeren Seite gegenüberliegende Winkel gegeben (Ssw), kann man durch geeignete Zerlegung des Dreiecks in zwei rechtwinklige Dreiecke bzw. durch Ergänzung zu einem rechtwinkligen Dreieck die übrigen Stücke berechnen.

Kapitel 2

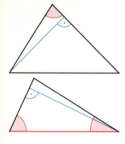

In einem beliebigen Dreieck kann man aus vorgegebenen Stücken wsw und SsW die übrigen mit Sinus und Winkelsummensatz berechnen.
Durch Einzeichnen einer geeigneten Höhe zerlegt man das gegebene Dreieck so in rechtwinklige Dreiecke oder ergänzt es so zu einem rechtwinkligen Dreieck, dass in einem der beiden Teildreiecke zwei Stücke gegeben sind.

Zum Festigen und Weiterarbeiten

2. Berechne die übrigen Stücke des Dreiecks ABC; zerlege geeignet.
   a. $b = 7$ cm, $\alpha = 25°$, $\beta = 52°$;   **b.** $a = 9$ cm, $\alpha = 51°$, $\gamma = 33°$;

3. In einem Dreieck ABC sind gegeben: $a = 3{,}7$ cm, $c = 4{,}8$ cm und $\gamma = 112°$.
Berechne die übrigen Stücke des Dreiecks.

Übungen

4. Berechne die Längen der beiden anderen Seiten des Dreiecks ABC.

a.	**b.**	**c.**	**d.**	**e.**
$a = 7{,}1$ cm	$a = 8{,}9$ cm	$b = 2{,}6$ cm	$c = 7{,}7$ cm	$c = 5{,}4$ cm
$\alpha = 55°$	$\alpha = 63°$	$\beta = 28°$	$\alpha = 15°$	$\beta = 65°$
$\beta = 73°$	$\gamma = 37°$	$\gamma = 69°$	$\gamma = 85°$	$\gamma = 48°$

5. a. Konstruiere ein Dreieck ABC aus den Stücken $\alpha = 24°$, $\beta = 101°$ und $c = 6{,}3$ cm. Berechne die übrigen Stücke und kontrolliere die Ergebnisse an der Zeichnung.
   b. Beschreibe die Konstruktion und begründe mithilfe eines geeigneten Kongruenzsatzes, dass je zwei Lösungsdreiecke zueinander kongruent sind.

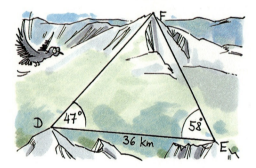

6. Berechne die übrigen Stücke des Dreiecks ABC.

a. $\alpha = 63{,}2°$	**b.** $\beta = 22{,}5°$	**c.** $\alpha = 115°$	**d.** $\alpha = 107°$
$\beta = 41°$	$\gamma = 69{,}3°$	$\gamma = 29{,}2°$	$\beta = 22{,}3°$
$b = 5{,}2$ cm	$c = 6{,}4$ cm	$c = 4{,}8$ cm	$a = 12$ cm

7. Die Entfernung zwischen zwei Berggipfeln D und E beträgt 36 km (Bild links). Von D aus sieht man den Gipfel E und einen weiteren Gipfel F unter dem Sehwinkel von 47°, von E aus sieht man D und F unter dem Sehwinkel von 58°. Wie weit ist der Gipfel F von den Gipfeln D und E entfernt?

8. a. Konstruiere ein Dreieck ABC aus den Stücken $b = 4{,}2$ cm, $c = 5{,}6$ cm und $\gamma = 105°$. Berechne die übrigen Stücke und kontrolliere das Ergebnis an der Zeichnung.
   b. Beschreibe die Konstruktion und begründe mithilfe eines geeigneten Kongruenzsatzes, dass je zwei Lösungsdreiecke zueinander kongruent sind.

9. Berechne die übrigen Stücke des Dreiecks ABC.

a.	**b.**	**c.**	**d.**
$a = 4{,}4$ cm	$b = 8{,}5$ cm	$a = 4{,}9$ cm	$a = 3{,}9$ cm
$b = 6{,}9$ cm	$c = 6{,}9$ cm	$c = 5{,}7$ cm	$b = 7{,}8$ cm
$\beta = 67°$	$\beta = 111°$	$\gamma = 95°$	$\beta = 135°$

10. Das Grundstück soll vermessen werden. Dazu werden die folgenden Stücke gemessen:
$\overline{BD} = 46$ m; $\sphericalangle ADB = 44°$; $\sphericalangle DBA = 42°$; $\sphericalangle BDC = 69°$; $\sphericalangle CBD = 55°$
Bestimme die Längen von $\overline{AB}$, $\overline{AD}$, $\overline{DC}$ und $\overline{BC}$.

Berechnen eines Dreiecks aus zwei Seiten und dem eingeschlossenen Winkel sowie aus drei Seiten

1. a. Ein Straßentunnel soll geradlinig durch einen Berg gebaut werden. Um seine Länge zu bestimmen, werden von einem geeigneten Punkt C aus die Entfernungen a und b zu den Tunneleingängen sowie die Winkelgröße γ gemessen. Man erhält:
a = 2,85 km; b = 4,43 km; γ = 52,3°

Aufgabe

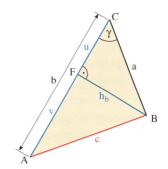

(1) Zeichne ein Dreieck ABC mit den angegebenen Maßen (1 cm entspricht 1 km) und bestimme einen Näherungswert für die Seitenlänge c durch Messen.
(2) Zerlege das Dreieck in zwei rechtwinklige Teildreiecke; bestimme die Seitenlänge c durch Rechnung.

b. In einem Dreieck ABC sind gegeben: a = 6 cm; b = 8 cm; γ = 140°. Berechne die Seitenlänge c.

Lösung

a. Wir lösen die Aufgabe zunächst zeichnerisch und dann rechnerisch.
(1) Der Zeichnung entnehmen wir als Näherungswert c = 3,5 km.
(2) Wir zerlegen das spitzwinklige Dreieck ABC in zwei Teildreiecke, indem wir die Höhe h_b zur Seite $\overline{AC}$ einzeichnen. Die Längen der Teilstrecken $\overline{FC}$ und $\overline{FA}$ nennen wir u bzw. v.

In dem Teildreieck BCF sind dann zwei Stücke gegeben; die Stücke h_b, u und v können wir dann berechnen.
Nun sind uns im Teildreieck ABF auch zwei Stücke bekannt, mit denen sich die Länge c berechnen lässt.

Berechnen von h_b im Dreieck BCF:

$\frac{h_b}{a} = \sin \gamma$

$h_b = a \cdot \sin \gamma$

$h_b = 2,85 \text{ km} \cdot \sin 52,3° \approx 2,25 \text{ km}$

Berechnen von u im Dreieck BCF:

$\frac{u}{a} = \cos \gamma$

$u = a \cdot \cos \gamma$

$u = 2,85 \text{ km} \cdot \cos 52,3° \approx 1,74 \text{ km}$

Berechnen von v im Dreieck ABC:

$u + v = b$

$v = b - u$

$v \approx 4,42 \text{ km} - 1,74 \text{ km} = 2,68 \text{ km}$

Berechnen von c im Dreieck ABF:

$c^2 = h_b^2 + v^2$

$c = \sqrt{h_b^2 + v^2}$

$c = \sqrt{2,25^2 + 2,68^2} \text{ km} \approx 3,50 \text{ km}$

Ergebnis: Die Länge des Tunnels beträgt ungefähr 3,5 km.

b. Wir ergänzen das stumpfwinklige Dreieck ABC durch die Höhe h_b zu einem rechtwinkligen Dreieck ABF. In dem Teildreieck BFC sind uns dann zwei Stücke gegeben. Anschließend berechnen wir im Teildreieck ABF die gesuchte Länge c.

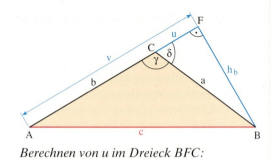

Berechnen von h_b im Dreieck BFC:

$\dfrac{h_b}{a} = \sin(180° - \gamma)$

$h_b = a \cdot \sin(180° - \gamma)$

$h_b = 6\,\text{cm} \cdot \sin(180° - 140°)$

$\quad = 6\,\text{cm} \cdot \sin 40° \approx 3{,}9\,\text{cm}$

Berechnen von u im Dreieck BFC:

$\dfrac{u}{a} = \cos(180° - \gamma)$

$u = a \cdot \cos(180° - \gamma)$

$u = 6\,\text{cm} \cdot \cos(180° - 140°)$

$\quad = 6\,\text{cm} \cdot \cos 40° \approx 4{,}6\,\text{cm}$

Berechnen von v im Dreieck ABF:

$v = b + u$

$v \approx 8\,\text{cm} + 4{,}6\,\text{cm} \approx 12{,}6\,\text{cm}$

Berechnen von c im Dreieck ABF:

$c^2 = h_b^2 + v^2$

$c = \sqrt{h_b^2 + v^2}$

$c = \sqrt{3{,}9^2 + 12{,}6^2}\,\text{cm} \approx 13{,}2\,\text{cm}$

Ergebnis: Die Seitenlänge c beträgt ungefähr 13,2 cm.

Information

(1) Berechnen eines Dreiecks im Falle sws

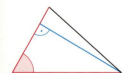

> In einem beliebigen Dreieck kann man aus vorgegebenen Stücken (sws) die übrigen mit Kosinus, Sinus und Winkelsummensatz berechnen. Durch Einzeichnen einer geeigneten Höhe zerlegt man das gegebene Dreieck in rechtwinklige Dreiecke oder ergänzt es zu einem rechtwinkligen Dreieck. Man wählt die Höhe so, dass in einem der beiden Teildreiecke zwei Stücke gegeben sind.

(2) Berechnen eines Dreiecks im Falle sss

Von einem Dreieck ABC sind die Längen a, b, c dreier Seiten bekannt. Wie kann man daraus die Größe der drei Innenwinkel berechnen?

Wir zerlegen das Dreieck ABC durch die Höhe h_c in die rechtwinkligen Teildreiecke ADC und DBC.

Nach dem Satz des Pythagoras gilt

für das Dreieck ADC: $h_c^2 = b^2 - x^2$,

für das Dreieck DBC: $h_c^2 = a^2 - (c - x)^2$

Nach dem Gleichsetzungsverfahren erhalten wir:

$b^2 - x^2 = a^2 - (c - x)^2$, also: $b^2 - x^2 = a^2 - c^2 + 2cx - x^2$

Wir lösen nach x auf:

$x = \dfrac{b^2 + c^2 - a^2}{2c}$

Für y gilt:

$y = c - x$

Nun sind in beiden rechtwinkligen Teildreiecken ADC und DBC zwei Seiten bekannt und es können die beiden Winkel α und β berechnet werden:

$\cos\alpha = \dfrac{x}{b}$ und $\cos\beta = \dfrac{y}{a}$

Der dritte Innenwinkel ergibt sich mithilfe des Winkelsummensatzes: $\gamma = 180° - \alpha - \beta$

2. Berechne die fehlenden Stücke des Dreiecks ABC. Zerlege geeignet.

    a. a = 5 cm, b = 7 cm, γ = 40°   **c.** b = 8,9 cm, c = 11,0 cm, α = 118°
    b. a = 9 cm, c = 8 cm, β = 41°   **d.** a = 9,4 cm, b = 6,9 cm, γ = 57°

Zum Festigen und Weiterarbeiten

△ **3.** Berechne die fehlenden Stücke des Dreiecks ABC.

    a. a = 5,0 cm; b = 6,0 cm; c = 7,0 cm   **b.** c = 7,75 m; b = 8,30 m; a = 9,44 m

△ **4.** Zeichne ein allgemeines Dreieck.
Leite Formeln für die Berechnung der Innenwinkel aus den drei Seitenlängen her. Benutze die Höhe h_a und verwende v und w als Längen der Teilstrecken von $\overline{BC}$.

5. Berechne die übrigen Stücke des Dreiecks.

Übungen

    a. a = 7,1 cm   **b.** a = 12,3 cm   **c.** b = 8,1 cm   **d.** a = 3,8 cm   **e.** a = 6,8 cm
        b = 6,3 cm   c = 8,9 cm   c = 10,4 cm   c = 4,5 cm   b = 6,4 cm
        γ = 66°   β = 53°   α = 67°   β = 49°   γ = 47°

6. a. Konstruiere ein Dreieck ABC aus a = 3,7 cm, c = 4,8 cm und β = 100°.
Berechne die übrigen Stücke und kontrolliere die berechneten Werte an der Zeichnung.

    b. Beschreibe die Konstruktion und begründe mithilfe eines Kongruenzsatzes, dass je zwei Lösungsdreiecke zueinander kongruent sind.

7. Berechne die übrigen Stücke des Dreiecks. Finde eine geeignete Höhe.

    a. a = 2,7 cm   **b.** b = 9,1 cm   **c.** a = 8,3 cm   **d.** a = 5,87 km   **e.** b = 6,3 m
        b = 3,5 cm   c = 6,4 cm   c = 9,9 cm   b = 22,47 km   c = 5,7 m
        γ = 102°   α = 115°   β = 95°   γ = 122,7°   α = 135,4°

8. Vom Punkt D eines Bergwerks sind zwei Stollen in den Berg getrieben worden. Von E nach F soll nun ein Verbindungsstollen angelegt werden.
Wie lang wird dieser?
Welche Winkel bildet er mit den bestehenden Stollen?

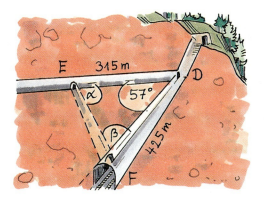

9. Zwischen zwei Orten A und B liegt ein Berg. Um die Entfernung der beiden Orte zu bestimmen, wird ein Punkt C im Gelände gewählt.
Folgende Größen werden gemessen: b = 8,3 km; a = 6,7 km; γ = 55°.
Berechne die Entfernung der beiden Orte A und B. Fertige zunächst eine Skizze an.

10. Konstruiere ein Dreieck ABC aus a = 5,7 cm, b = 6,3 cm und c = 4,3 cm.
Berechne die übrigen Stücke und kontrolliere die berechneten Werte an der Zeichnung.

11. Berechne die übrigen Stücke des Dreiecks. Zerlege das Dreieck geeignet.

a. a = 3,8 cm
b = 5,1 cm
c = 4,4 cm

b. a = 12 cm
b = 15 cm
c = 18 cm

c. a = 7,3 m
b = 5,8 m
c = 11,6 m

d. a = 112 km
b = 75 km
c = 52 km

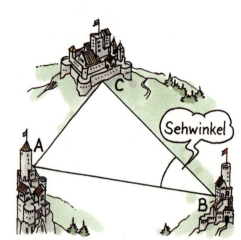

12. Die Entfernung zwischen drei Burgen A, B und C beträgt:
c = 5,1 km, a = 4,4 km und b = 3,6 km.
Anne fotografiert gern. Sie möchte von einer Burg aus die beiden anderen Burgen auf einem Bild aufnehmen.
Auf welcher Burg muss sie dazu den größten Bildwinkel, auf welcher den kleinsten Bildwinkel durch Zoomen einstellen?

13. Einem Kreis mit Radius r werden regelmäßige Vielecke einbeschrieben. Berechne jeweils die Seitenlänge a der Vielecke.

a. r = 5,80 cm, einbeschrieben ist ein regelmäßiges Fünfeck.

b. r = 6,40 cm, einbeschrieben ist ein regelmäßiges Achteck.

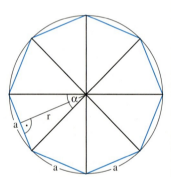

14. a. Die Mantellinie s eines Kegels schließt mit der Grundfläche den Winkel α ein.
Berechne h und r des Kegels für s = 8,44 cm und α = 58,4°.

b. Ein Kegel mit dem Radius r = 5,30 cm hat den Öffnungswinkel γ = 37,8°.
Berechne die Höhe h und die Mantellinie s.

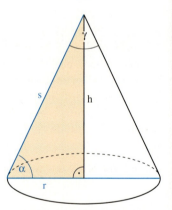

15. Gegeben ist der Würfel mit der Kantenlänge a = 6,60 cm. Der Winkel α beträgt 30,0°; der Winkel β beträgt 40,0°.
Berechne die Länge des Streckenzugs PQRS.

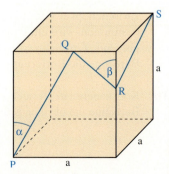

Berechnen des Flächeninhalts eines Dreiecks mit trigonometrischen Mitteln

1. a. Das Bild zeigt ein Eckgrundstück mit den angegebenen Maßen. Berechne die Größe des Grundstücks. **Aufgabe**

b. Von einem Dreieck ABC sind die Stücke b, c und α gegeben. Stelle eine Formel zur Berechnung des Flächeninhalts aus diesen Stücken auf.

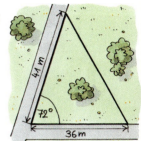

Lösung

a. Das Grundstück ist ein Dreieck ABC, das durch die Seitenlängen b = 41 m und c = 36 m sowie die Größe α = 72° des eingeschlossenen Winkels gegeben ist. Wir wählen die Seite c als Grundseite. Dann gilt für den Flächeninhalt des Dreiecks:

$A_D = \frac{c \cdot h_c}{2} = \frac{1}{2} c \cdot h_c$

Die Höhe h_c ist nicht gegeben. Wir können sie aber mithilfe von b und α in dem rechtwinkligen Dreieck ADC berechnen:

$\sin \alpha = \frac{h_c}{b}$, also: $h_c = b \cdot \sin \alpha$

Wir setzen ein: $h_c = 41 \text{ m} \cdot \sin 72° \approx 39 \text{ m}$.

Damit erhalten wir: $A = \frac{1}{2} \cdot 36 \text{ m} \cdot 39 \text{ m} = 702 \text{ m}^2$

b. Wir wählen c als Grundseite; dann ist h_c die zugehörige Höhe. Es gilt:

$\sin \alpha = \frac{h_c}{b}$, also: $h_c = b \cdot \sin \alpha$.

Dann gilt für den Flächeninhalt des Dreiecks ABC:

$A = \frac{1}{2} \cdot c \cdot h_c = \frac{1}{2} \cdot c \cdot b \cdot \sin \alpha = \frac{1}{2} bc \cdot \sin \alpha$.

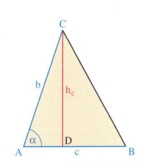

Der Flächeninhalt eines spitzwinkligen Dreiecks ist gleich der Hälfte des Produktes aus zwei Seitenlängen und dem Sinus des eingeschlossenen Winkels.

$A = \frac{1}{2} ab \cdot \sin \gamma$; $A = \frac{1}{2} bc \cdot \sin \alpha$; $A = \frac{1}{2} ac \cdot \sin \beta$

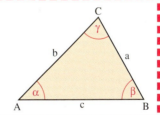

---

2. Berechne den Flächeninhalt des Dreiecks ABC. **Übungen**

a. a = 7,1 cm
b = 6,3 cm
γ = 66°

b. a = 12,3 cm
c = 8,9 cm
β = 53°

c. b = 8,1 cm
c = 10,4 cm
α = 67°

d. a = 3,8 cm
c = 4,5 cm
β = 49°

e. a = 6,8 cm
b = 6,4 cm
γ = 47°

3. Berechne den Flächeninhalt des Dreiecks ABC.

a. b = 7 cm; α = 35°; β = 52°

b. b = 4 cm; β = 28°; γ = 65°

c. a = 9 cm; α = 51°; γ = 33°

d. c = 6 cm; γ = 24°; α = 47°

e. b = 5 cm; γ = 42°; α = 28°

f. a = 5,3 cm; b = 3,1 cm; c = 4,8 cm

Berechnung von Vierecken und Vielecken

Aufgabe

1. Familie Müller besitzt ein trapezförmiges Grundstück ABCD (AB∥CD) mit den Maßen:
$\overline{AB} = 28{,}50$ m; $\overline{AD} = 23{,}40$ m; $\alpha = 125°$; $\beta = 110°$.

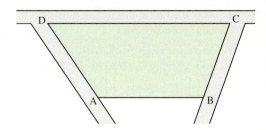

a. Das Grundstück soll eingezäunt werden. Wie lang wird der Zaun?

b. Wie groß ist das Grundstück?

Lösung

a. Um den Umfang des Trapezes zu bestimmen, benötigen wir noch die Längen der Seiten $\overline{BC}$ und $\overline{CD}$. Dazu zerlegen wir das Trapez ABCD durch die Höhen $\overline{AF}$ und $\overline{BE}$ in das Rechteck ABEF und die beiden rechtwinkligen Dreiecke AFD und BCE.

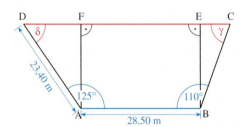

Für das rechtwinklige Teildreieck AFD gilt:
$\overline{AD} = 23{,}40$ m
$\delta = 180° - 125° = 55°$, da sich wegen der Parallelität von AB und CD die Winkel α und δ zu 180° ergänzen.

$\dfrac{\overline{FD}}{\overline{AD}} = \cos\delta$, also $\overline{FD} = 23{,}40$ m $\cdot \cos 55° \approx 13{,}42$ m

Für das rechtwinklige Dreieck BCE gilt:
$\gamma = 180° - 110° = 70°$, da $\beta + \gamma = 180°$
$\overline{BE} = \overline{AF}$ mit $\dfrac{\overline{AF}}{\overline{AD}} = \sin 55°$, also $\overline{AF} = 23{,}40$ m $\cdot \sin 55° \approx 19{,}17$ m.
$\overline{BE} = 19{,}17$ m

$\dfrac{\overline{BE}}{\overline{EC}} = \tan\gamma$, also $\overline{EC} = \dfrac{19{,}17\text{ m}}{\tan 70°} \approx 6{,}98$ m

$\dfrac{\overline{BE}}{\overline{BC}} = \sin\gamma$, also $\overline{BC} = \dfrac{19{,}17\text{ m}}{\sin 70°} \approx 20{,}40$ m

Für das Rechteck ABEF gilt: $\overline{FE} = \overline{AB} = 28{,}50$ m

Damit ergibt sich für den Umfang des Trapezes ABCD:
$u = \overline{AB} + \overline{BC} + \overline{CE} + \overline{FE} + \overline{DF} + \overline{AD}$
$u = 28{,}50$ m $+ 20{,}40$ m $+ 6{,}98$ m $+ 28{,}50$ m $+ 13{,}42$ m $+ 23{,}40$ m
$u = 121{,}20$ m

Ergebnis: Der Zaun wird etwa 121,20 m lang.

b. Für den Flächeninhalt des Trapezes ABCD gilt: $A = \dfrac{(a+c) \cdot h}{2}$
Dabei ist $a = 28{,}50$ m; $c = 6{,}98$ m $+ 28{,}50$ m $+ 13{,}42$ m $= 48{,}90$ m; $h = 19{,}17$ m.

Wir setzen ein:

$A = \dfrac{(28{,}50\text{ m} + 48{,}90) \cdot 19{,}17\text{ m}}{2} \approx 741{,}88$ m²

Ergebnis: Das Grundstück ist etwa 742 m² groß.

Information

Um Größen in Vierecken und anderen Vielecken zu berechnen, zerlegt man die gegebene Figur in geeignete Teilfiguren, wie z. B. rechtwinklige Dreiecke, Rechtecke, Quadrate.
Gegebenenfalls muss man die Figur auch geeignet ergänzen.

Zum Festigen und Weiterarbeiten

2. Das Viereck ABCD hat den Flächeninhalt:
$A = \frac{5e^2}{3}\sqrt{3}$

Berechne ohne Verwendung gerundeter Werte den Winkel $\beta_2 = \sphericalangle CBD$.
Denke an die Sinuswerte spezieller Winkelgrößen (Seite 68).

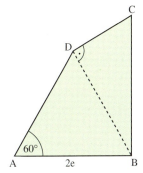

Übungen

3. Im Rechteck ABCD ist gegeben:
$\overline{AD} = 10,4$ cm
$\overline{AE} = 9,40$ cm
Berechne den Umfang und den Flächeninhalt des Trapezes ABFD.

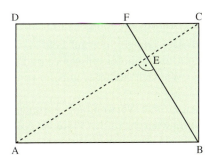

4. Im Fünfeck ABCDE ist gegeben:
$\overline{BC} = 6,6$ cm
$\overline{AE} = 4,5$ cm
$\sphericalangle BAE = \alpha = 65,8°$
$\sphericalangle BED = \varepsilon_1 = 78,0°$
Berechne den Flächeninhalt des Fünfecks.

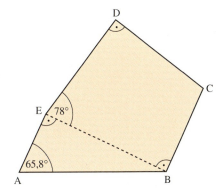

5. Das Fünfeck ABCDE setzt sich zusammen aus einem gleichschenkligen Trapez und einem rechtwinkligen Dreieck. Es gilt:
$\overline{CD} = 7,6$ cm
$\gamma = 119°$
$\overline{AE} = 3,3$ cm
$A_{Dreieck} = 52,3$ cm^2
Berechne die Länge der Seite $\overline{AB}$.

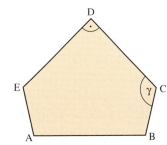

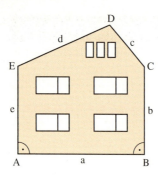

Es gilt:
$a = 7{,}50$ m
$b = e = 5{,}00$ m
$c = 3{,}15$ m
$d = 6{,}00$ m

6. Die Skizze zeigt einen Hausgiebel.

  a. Zeichne diese Giebelfläche in einem geeigneten Maßstab und gib diesen an.

  b. Der Giebel soll neu verputzt werden. Pro Quadratmeter muss mit einem Preis von 8 € gerechnet werden. Die Fenster bleiben unberücksichtigt.
  Wie teuer wird das Verputzen?

7. Zu Forschungszwecken soll eine Anbaufläche ABCD in zwei kleinere Felder geteilt werden, um die Wirkung unterschiedlicher Düngemittel zu testen.

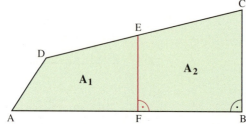

Folgende Messwerte wurden ermittelt:
$\overline{AB} = 75{,}0$ m
$\overline{BC} = 32{,}0$ m
$\overline{CF} = 34{,}5$ m
$\overline{FD} = 28{,}5$ m
$\sphericalangle BCE = 76{,}5°$

  a. Ermittle die Länge der Grenzlinie $\overline{EF}$.

  b. Der Dünger, der auf Feld A_2 eingesetzt wird, wurde in 10 l Kanistern geliefert. Pro Quadratmeter müssen 25 ml Dünger verwendet werden.
  Wie viele Kanister müssen von diesem Dünger im Lager sein?

8. Zeige ohne Verwendung gerundeter Werte, dass sich der Flächeninhalt des Vierecks ABCD mit der Formel
$A = \frac{e^2}{4}(2 + \sqrt{3})$ berechnen lässt.

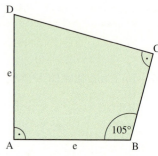

9. Berechne ohne Verwendung gerundeter Werte den Flächeninhalt des Trapezes ABCD in Abhängigkeit von e.

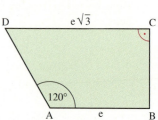

10. Im gleichschenkligen Trapez ABCD gilt:
$\overline{AB} = 3a$, $\overline{BC} = 2a$, $\alpha = 60°$.

  a. Berechne ohne Verwendung gerundeter Werte den Flächeninhalt A des Trapezes in Abhängigkeit von a.

  b. Berechne die Länge der Strecke $\overline{BD}$ in Abhängigkeit von a.

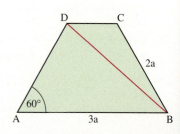

Vermischte Übungen zur Trigonometrie

1. **a.** In einem Fluss liegt eine Insel mit einem Turm T. Um die Entfernung des Turmes vom Ufer zu bestimmen, werden am Ufer eine 40 m lange Strecke $\overline{AB}$ abgesteckt und die beiden Winkelgrößen α und β gemessen:
 α = 62°; β = 51°.
 Berechne die Entfernung vom Punkt D aus.

   b. Der Neigungswinkel eines 10,50 m breiten Satteldaches (siehe Seite 65) beträgt 38°.
   (1) Wie hoch ist der Dachraum?
   (2) Wie lang sind die Dachsparren, wenn sie 40 cm überstehen sollen?

2. Berechne von den Stücken a, b, α, β, e, f und ε eines Parallelogramms die fehlenden Stücke.

   a. a = 5 cm;   d = 4 cm;   β = 130°
   b. e = 8 cm;   f = 6 cm;   ε = 55°
   c. a = 7 cm;   b = 4,3 cm; β = 65°
   d. a = 5,3 cm; f = 5,1 cm; β = 115°

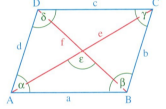

3. Berechne von den Stücken a, b, c, α, γ, e eines gleichschenkligen Trapezes ABCD die fehlenden Stücke.

   a. a = 5,4 cm; d = 3,1 cm; β = 64,5°
   b. c = 3,5 m; d = 2,8 m; γ = 125,7°
   c. a = 6,1 km; c = 2,9 km; β = 68,8°

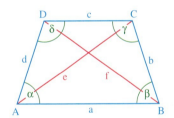

4. **a.** Es sei α der Winkel zwischen zwei Seiten eines Parallelogramms mit den Seitenlängen a und b. Begründe: Für den Flächeninhalt A des Parallelogramms gilt: A = a · b sin α

   b. Berechne die Höhen eines Parallelogramms aus a = 7,3 cm, b = 4,9 cm und α = 58,4° [α = 126°].

   c. Berechne von den Größen A, a, b, α eines Parallelogramms die fehlende.

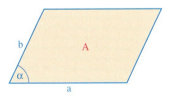

   (1) a = 4,8 cm   (2) a = 17,8 m   (3) a = 23,5 cm   (4) a = 14,9 m
       b = 2,7 cm   b = 29,7 m   α = 104°   b = 8,4 m
       α = 43,1°   α = 151,8°   A = 310,1 cm²   A = 113,4 m²

5. Gegeben ist ein Kreis mit dem Radius r = 4,5 cm und ein Punkt P, der 7 cm vom Mittelpunkt entfernt ist.

   a. Wie lang ist der Tangentenabschnitt $\overline{PS_1}$?
   b. Welchen Winkel schließen die Tangenten ein?
   c. Wie lang ist die Sehne $\overline{S_1 S_2}$?

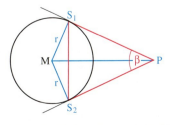

6. Um die Höhe einer Wolke zu bestimmen, strahlt man sie mit einem senkrecht nach oben gerichteten Scheinwerfer an. Von einem 1500 m entfernten Ort erscheint die angestrahlte Wolke unter einem Höhenwinkel α von 47,6° [von 38,2°].
Wie hoch ist die untere Wolkengrenze?

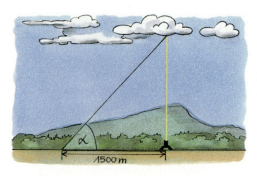

7. Um die Entfernung zweier Orte A und B zu bestimmen, die wegen eines Hindernisses nicht direkt gemessen werden kann, werden von einem dritten Punkt C aus die Strecken $\overline{AC}$ und $\overline{BC}$ gemessen, ebenso der Winkel γ, unter dem $\overline{AB}$ von C aus erscheint. Berechne die Entfernung $\overline{AB}$ für $\overline{AC} = 290$ m, $\overline{BC} = 600$ m und γ = 100,3°.

8. Ein Hubschrauber fliegt in 32 m Höhe. Vom Hubschrauber aus werden die Ufer eines Flusses angepeilt und die Tiefenwinkel α und β gemessen:
α = 25,5°; β = 60,7°.
Wie breit ist der Fluss?

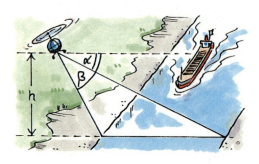

9. Ein Graben ist 1,6 m tief, die Sohlenbreite beträgt 2,3 m, der Böschungswinkel ist beiderseits 60°.
  a. Welche Weite hat der Graben oben?
  b. Wie viel Liter Wasser fasst er auf 10 m Länge bei einem Wasserstand von 1 m Höhe?

10. Von einem 7 m hohen Beobachtungspunkt B (z.B. Fenster eines Hauses) sieht man die Spitze eines Turms unter dem Höhenwinkel α = 17° und den Fußpunkt unter dem Tiefenwinkel β = 10°.
Welches ist die waagerechte Entfernung des Turmes vom Beobachtungspunkt?
Wie hoch ist der Turm?

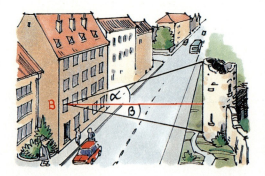

11. Der Hersteller von Objektiven für Spiegelreflexkameras gibt zu den verschiedenen Objektiven die horizontalen Bildwinkel an.
Ein 90 m breites Schloss soll fotografiert werden. Welchen Abstand vom Gebäude muss man bei den verschiedenen Objektiven mindestens haben, um es vollständig auf das Bild zu bekommen?

Objektiv	Bildwinkel
50 mm (Normal)	47°
28 mm (Weitwinkel)	75°
135 mm (Tele)	18°

12. a. Vom Viereck ABCD sind gegeben:
$\overline{AB} = 6{,}40$ cm; $\overline{AD} = 3{,}80$ cm;
$\overline{BC} = \overline{CD}$; $\delta = 129°$.
Wie weit ist D von $\overline{BC}$ entfernt?

b. In der Figur gilt:
$\overline{AB} = 9{,}70$ cm; $\overline{AE} = 6{,}50$ cm;
$\beta = 54{,}0°$.
Berechne die Länge $\overline{CD}$.

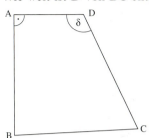
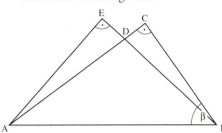

13. Ein Quader besitzt die Kantenlängen $a = 8{,}5$ cm; $b = 4{,}2$ cm; $c = 5{,}9$ cm. Wie groß ist der Winkel, den

a. eine Flächendiagonale mit den Kanten bildet;

b. eine Raumdiagonale mit den Kanten bildet;

c. eine Raum- mit einer Flächendiagonalen bildet;

d. zwei Raumdiagonalen miteinander bilden?

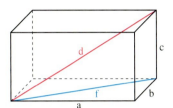

14. Berechne den Umfang, den Flächeninhalt und die Innenwinkel des rotgefärbten Dreiecks.

a.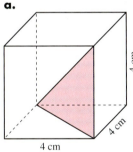

b.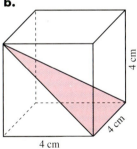

c.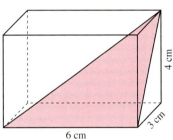

15. Berechne den Umfang in Abhängigkeit von e.

a.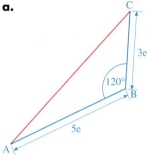

b.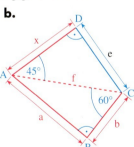

c.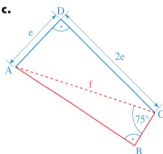

16. Berechne den Umfang und den Flächeninhalt in Abhängigkeit von e.

a.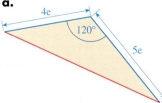

b.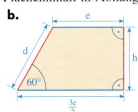

c.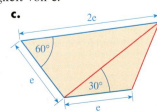

Kapitel 2

Trigonometrische Funktionen und ihre Schaubilder

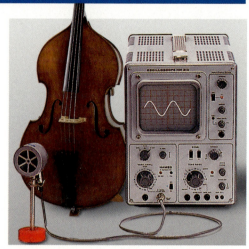

In der Umwelt gibt es viele periodische (d.h. regelmäßig wiederkehrende) Vorgänge.
Im linken Bild siehst du Skifahrer, die mit Parallelschwüngen einen Hang hinabfahren. Sie führen Schwingungen aus, deren Spur man im Schnee sieht.
Im rechten Bild wird der Ton eines Musikinstrumentes mit einem Mikrofon aufgenommen und die Schallschwingungen werden auf einem Oszilloskop sichtbar gemacht.
Die Wellenlinie veranschaulicht jeweils einen periodischen Vorgang. Zu solchen Vorgängen gehört auch die Kreisbewegung. Sie lässt sich meist durch eine Sinus- oder Kosinusfunktion beschreiben.

Erweiterung von Sinus und Kosinus auf dem Bereich $0° \leq \alpha \leq 360°$

Aufgabe

1. Wir betrachten die Drehbewegung eines Kreissägeblattes mit dem Radius r. Einer der Zähne des Sägeblattes ist rot markiert. Den Abstand des markierten Zahnes vom Sägetisch nennen wir h. Falls sich der Zahn unterhalb des Sägetisches befindet, wählen wir h negativ. Wir untersuchen, wie der Abstand h des Sägeblattes vom Tisch bei einer vollen Umdrehung vom Drehwinkel α abhängt.

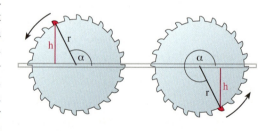

a. Zeichne das Schaubild der Funktion, die jedem Drehwinkel α den (positiven bzw. negativen) Abstand h zur Tischplatte zuordnet.
(Die Dicke des Sägetisches soll klein sein und daher außer Betracht bleiben.)

b. Beschreibe die Funktion aus Teilaufgabe a im Bereich $0° \leq \alpha \leq 90°$ durch eine Funktionsgleichung.

Lösung

a.

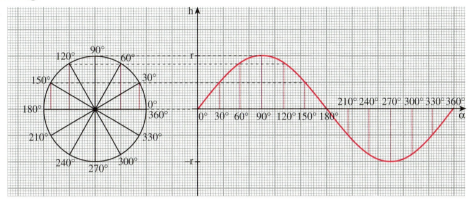

b. Wir unterscheiden drei Fälle.

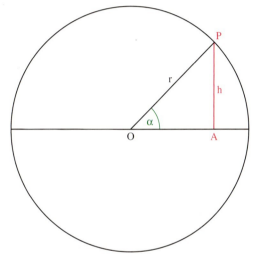

Fall 1: $0° < \alpha < 90°$
In dem Dreieck OAP gilt:
$\frac{h}{r} = \sin \alpha$.
Daraus folgt: $h = r \cdot \sin \alpha$.

Fall 2: $\alpha = 0°$
In diesem Fall ist $h = 0$.
Da ferner $\sin 0° = 0$, gilt auch hier:
$h = r \cdot \sin \alpha$

Fall 3: $\alpha = 90°$
In diesem Fall ist $h = r$.
Da ferner $\sin 90° = 1$, gilt auch hier:
$h = r \cdot \sin \alpha$

Ergebnis: Im Bereich $0° \leq \alpha \leq 90°$ wird die Funktion, die jeder Drehwinkelgröße α den Abstand h zuordnet, durch die Funktionsgleichung $h = r \cdot \sin \alpha$ beschrieben.

---

(1) Erklärung von Sinus und Kosinus am Einheitskreis   **Information**

Die nebenstehenden Figuren zeigen jeweils einen Kreis im Koordinatensystem. Der Kreismittelpunkt liegt im Koordinatenursprung O, der Radius ist 1 (Koordinateneinheit).

Ein solcher Kreis heißt **Einheitskreis.** Wir haben bereits erkannt (vergleiche Seite 56, Aufgabe 3):
Für $0° \leq \alpha \leq 90°$ gilt:

$\sin \alpha = v$ und $\cos \alpha = u$

Diese Beziehungen übertragen wir nun auf den ganzen Einheitskreis; sie sollen also für alle Winkel α mit $0° \leq \alpha \leq 360°$ gelten.

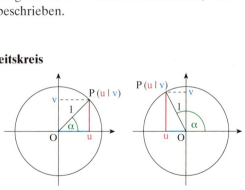

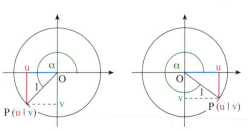

Sinus und Kosinus im Bereich 0° ≤ α ≤ 360°

Der Punkt $P_\alpha(u|v)$ liegt auf dem Einheitskreis.
α ist die Größe des Winkels, den die u-Achse mit der Halbgeraden $\overrightarrow{OP_\alpha}$ bildet.
Für alle Winkelgrößen α mit 0° ≤ α ≤ 360° setzen wir fest:
sin α = v (= Hochwert des Punktes P_α)
cos α = u (= Rechtswert des Punktes P_α)

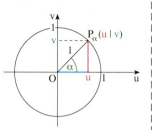

Aus dieser Erklärung folgt unmittelbar:

sin 0° = 0	sin 90° = 1	sin 180° = 0	sin 270° = −1	sin 360° = 0
cos 0° = 1	cos 90° = 0	cos 180° = −1	cos 270° = 0	cos 360° = 1

(2) Sinus- und Kosinusfunktion im Bereich 0° ≤ α ≤ 360°

Die Funktion mit der Gleichung y = sin α heißt **Sinusfunktion.**
Die Funktion mit der Gleichung y = cos α heißt **Kosinusfunktion.**
Das Schaubild der Sinusfunktion und der Kosinusfunktion nennt man auch *Sinuskurve* bzw. *Kosinuskurve.*

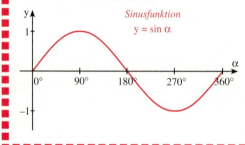
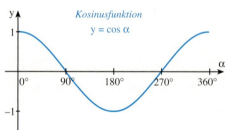

Zum Festigen und Weiterarbeiten

2. Der Taschenrechner liefert auch für Winkelgrößen α aus dem Intervall 0° ≤ α ≤ 360° Werte für sin α und cos α. Bestimme, gerundet auf vier Stellen nach dem Komma:
(1) sin 137,4° (2) cos 142,7° (3) sin 219,8° (4) cos 254,1° (5) sin 294,5° (6) cos 324,2°

3. a. Zeichne das Schaubild der Sinus- und Kosinusfunktion im Bereich 0° ≤ α ≤ 360°. Lege dazu eine Wertetabelle an. Wähle für α nacheinander 10°, 20°, 30°, ..., 360°. Nimm 1 cm für 20° auf der α-Achse und 5 cm für die Einheit auf der y-Achse.
b. Lies am Schaubild ab:
(1) sin 14°   (3) sin 152°   (5) sin 324°   (7) cos 82°   (9) cos 198°
(2) sin 66°   (4) sin 228°   (6) cos 28°   (8) cos 144°   (10) cos 306°
c. Lies am Schaubild die Winkelgrößen α ab, für die gilt:
(1) sin α = 0,25   (3) sin α = 0,75   (5) cos α = 0,25   (7) cos α = 0,75
(2) sin α = −0,25 (4) sin α = −0,75 (6) cos α = −0,25 (8) cos α = −0,75

4. Für welche α mit 0° ≤ α ≤ 360° gilt jeweils sin α > 0, sin α < 0, cos α > 0, cos α < 0?

5. a.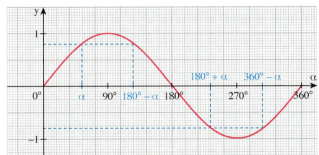

An der Sinuskurve oben kann man folgende Formeln ablesen:

$$\sin(180° - \alpha) = \sin \alpha \qquad \sin(180° + \alpha) = -\sin \alpha \qquad \sin(360° - \alpha) = -\sin \alpha$$

Erläutere das anhand der Symmetrie der Sinuskurve. Begründe am Einheitskreis.

b. Mithilfe der obigen Formeln kann man alle Werte von Sinus im Bereich $90° < \alpha \leq 360°$ berechnen, indem man sie auf den Bereich $0° \leq \alpha \leq 90°$ zurückführt.
Berechne wie im Beispiel.
(1) $\sin 122°$ (2) $\sin 234°$ (3) $\sin 289°$

$$\begin{aligned} \sin 245° &= -\sin(360° - 245°) \\ &= -\sin 115° \\ &= -\sin(180° - 115°) \\ &= -\sin 65° \\ &\approx -0{,}9063 \end{aligned}$$

c. Zeige an der Kosinuskurve die folgenden Formeln. Begründe am Einheitskreis.

$$\cos(180° - \alpha) = -\cos \alpha \qquad \cos(180° + \alpha) = -\cos \alpha \qquad \cos(360° - \alpha) = \cos \alpha$$

d. Berechne durch Zurückführen auf den Bereich $0° \leq \alpha \leq 90°$: $\cos 122°$; $\cos 234°$.

Übungen

6. Bestimme zeichnerisch am Einheitskreis (r = 1 dm) auf zwei Stellen nach dem Komma:
a. $\sin 115°$ **b.** $\sin 156°$ **c.** $\sin 214°$ **d.** $\sin 258°$ **e.** $\sin 281°$ **f.** $\sin 349°$
$\cos 115°$ $\cos 156°$ $\cos 214°$ $\cos 258°$ $\cos 281°$ $\cos 349°$

7. Bestimme zeichnerisch am Einheitskreis die Winkelgrößen aus dem Bereich $0° \leq \alpha \leq 360°$, für die gilt:
a. $\sin \alpha = 0{,}24$ **b.** $\cos \alpha = 0{,}75$ **c.** $\sin \alpha \geq 0{,}35$ **d.** $\cos \alpha \geq 0{,}65$
$\sin \alpha = -0{,}56$ $\cos \alpha = -0{,}32$ $\sin \alpha \leq -0{,}45$ $\cos \alpha \leq -0{,}45$

8. Für welche Winkelgrößen α im Intervall $0° \leq \alpha \leq 360°$ gilt:
a. $\cos \alpha = 0$ **b.** $\sin \alpha = 1$ **c.** $\cos \alpha = -1$ **d.** $\cos \alpha = 1$

9. Bestimme mithilfe des Taschenrechners. Runde auf vier Stellen nach dem Komma.
a. $\sin 119{,}5°$ **c.** $\sin 202{,}8°$ **e.** $\sin 299{,}9°$ **g.** $\sin 98{,}4°$ **i.** $\sin 358{,}1°$
b. $\cos 153{,}1°$ **d.** $\cos 254{,}5°$ **f.** $\cos 334{,}8°$ **h.** $\cos 143{,}7°$ **j.** $\cos 261{,}5°$

10. Gib an ohne den Taschenrechner zu verwenden, ob der eingegebene Wert größer oder kleiner als 0 ist. Begründe.
a. $\sin 34°$; $\sin 329°$; $-\sin 104°$; $\sin 202°$ **b.** $-\cos 55°$; $\cos 224°$; $-\cos 308°$; $\cos 148°$

11. Die Sinus- und Kosinuswerte für $0°$, $30°$, $45°$, $60°$, $90°$ findest du auf Seite 68.
Ergänze die Tabelle für $120°$, $135°$, $150°$, $180°$, $210°$, $225°$, $240°$, $270°$, $300°$, $315°$, $330°$, $360°$.

Sinus- und Kosinusfunktion als periodische Funktionen

Information

(1) Erweiterung des Winkelbegriffs

Die Halbgerade $\overline{OP_\alpha}$ haben wir bisher linksherum (entgegen dem Uhrzeigersinn, auch mathematisch positiv genannt) mit einem Drehwinkel von 0° bis 360° gedreht. So, wie ein Kreissägeblatt auch mehr als eine volle Drehung ausführt, können wir auch die Halbgerade $\overline{OP_\alpha}$ über eine volle Drehung hinaus weiterdrehen.

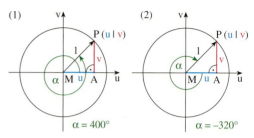

Im Bild (1) bildet die Halbgerade mit der u-Achse einen Winkel von 40°. Die Halbgerade hat diese Lage durch eine Volldrehung und zusätzlich eine Drehung um 40°, also insgesamt durch eine Drehung um 400° erreicht:
$360° + 40° = 400°$
Ebenso kann man die Lage der Halbgeraden durch eine Linksdrehung um
$40° + 2 \cdot 360° \,(= 760°)$, um $40° + 3 \cdot 360° \,(= 1\,120°)$ erreichen usw.
Dreht man die Halbgerade rechts herum, also im Uhrzeigersinn (mathematisch negativ genannt), so gibt man den Drehwinkel durch eine negative Maßzahl an, z.B. $-320°$ im Bild (2).

(2) Sinus und Kosinus für beliebige Winkelgrößen

Auch für Winkelgrößen über 360° und für negative Winkelgrößen können wir die Koordinaten u und v des Punktes P_α auf dem Einheitskreis zeichnerisch ermitteln bzw. auf das Intervall $0° \leq \alpha \leq 360°$ zurückführen.
An den Bildern (1) und (2) oben lesen wir ab:

$\sin 400° = \sin(40° + 360°) = \sin 40° \approx 0{,}64$ $\quad \sin(-680°) = \sin(40° - 720°) = \sin 40° \approx 0{,}64$
$\cos 400° = \cos(40° + 360°) = \cos 40° \approx 0{,}77$ $\quad \cos(-680°) = \cos(40° - 720°) = \cos 40° \approx 0{,}77$

Wir erweitern die Erklärung für Sinus und Kosinus auf beliebige Winkelgrößen, also auf positive Winkelgrößen über 360° und für negative Winkelgrößen.

Für beliebige Winkelgrößen soll gelten:

$\sin \alpha = \sin(\alpha + 360°)$ $\qquad\qquad \cos \alpha = \cos(\alpha + 360°)$
$\sin \alpha = \sin(\alpha - 360°)$ $\qquad\qquad \cos \alpha = \cos(\alpha - 360°)$
$\sin \alpha = \sin(\alpha + 2 \cdot 360°)$ $\qquad\qquad \cos \alpha = \cos(\alpha + 2 \cdot 360°)$
$\sin \alpha = \sin(\alpha - 2 \cdot 360°)$ $\qquad\qquad \cos \alpha = \cos(\alpha - 2 \cdot 360°)$
$\sin \alpha = \sin(\alpha + 3 \cdot 360°)$ $\qquad\qquad \cos \alpha = \cos(\alpha + 3 \cdot 360°)$
$\sin \alpha = \sin(\alpha - 3 \cdot 360°)$ usw. $\qquad \cos \alpha = \cos(\alpha - 3 \cdot 360°)$ usw.

Aufgabe

1. a. Zeichne das Schaubild der Sinusfunktion mit $y = \sin \alpha$ für $-360° \leq \alpha \leq 710°$.
b. Für welche Winkelgrößen in diesem Bereich ist der Sinuswert 0, d.h. gibt die Nullstellen in diesem Bereich an?
c. Welches ist der größte, welches der kleinste Sinuswert?
Bei welchen Winkelgrößen werden diese Werte angenommen?
d. In welchen Abständen wiederholen sich die Sinuswerte?
Erläutere am Einheitskreis.

Lösung

a.

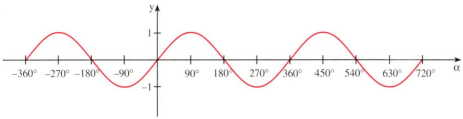

b. An den Nullstellen schneidet die Sinuskurve die α-Achse. Nullstellen der Sinusfunktion im Bereich $-360° \leq α \leq 720°$ sind: $-360°; -180°; 0°; 180°; 360°; 540°; 720°$.

c. Der größte Sinuswert ist 1; er wird im Bereich von $-360°$ bis $720°$ für die Winkelgrößen $-270°; 90°; 450°$ angenommen.
Der kleinste Sinuswert ist -1; er wird in diesem Bereich für die Winkelgrößen $-90°; 270°; 630°$ angenommen.

d. Die Sinuswerte sind am Einheitskreis als Koordinate eines Punktes $P_α$ in Abhängigkeit von der Winkelgröße α definiert. Vergrößert sich die Winkelgröße α, zu dem der Sinuswert bestimmt werden soll, um 360°, so verändert der Punkt $P_α$ auf dem Einheitskreis seine Lage nicht. Es gilt also:
$\sin α = \sin(α + 360°)$
Bei weiterer Vergrößerung um ganzzahlige Vielfache von 360° bleiben die Sinuswerte ebenfalls gleich.

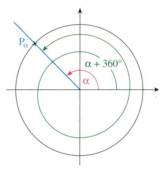

Zum Festigen und Weiterarbeiten

2. Zum Punkt $P_α$ auf dem Einheitskreis gehöre der Drehwinkel α.
  a. $α = 72°$ **b.** $α = 124°$ **c.** $α = 207°$ **d.** $α = 325°$
  Gib fünf weitere Winkelgrößen an, die dieselbe Lage des Punktes $P_α$ beschreiben.

3. Zu dem Punkt $P_α$ gehöre der Drehwinkel α.
  a. $α = 539°$ **b.** $α = 1206°$ **c.** $α = -227°$ **d.** $α = -418°$
  Durch welche Winkelgrößen aus dem Intervall $0° \leq α \leq 360°$ wird dieselbe Lage des Punktes $P_α$ beschrieben?

4. Die Werte für Sinus und Kosinus für beliebige Winkelgrößen können wir stets auf die für Winkelgrößen aus dem Intervall $0° \leq α \leq 360°$ zurückführen.
Gib an:

$$\sin 940° = \sin(940° - 2 \cdot 360°)$$
$$= \sin 220°$$
$$\approx -0{,}64$$

  a. $\sin 610°$ **b.** $\sin 1110°$ **c.** $\sin(-350°)$ **d.** $\sin(-560°)$
  $\cos 610°$ $\cos 1110°$ $\cos(-350°)$ $\cos(-560°)$

5. a. Zeichne das Schaubild der Kosinusfunktion im Bereich $-360° \leq α \leq 720°$.
  b. Für welche Winkelgrößen im Bereich $-360° \leq α \leq 720°$ ist der Kosinuswert null?
  c. Welches ist der größte, welches der kleinste Kosinuswert? Für welche Winkelgrößen im Bereich $-360° \leq α \leq 720°$ werden diese Werte angenommen?
  d. In welchen Abständen wiederholen sich die Kosinuswerte? Erläutere am Einheitskreis.

Information

Sinus- und Kosinusfunktion als periodische Funktionen

Funktionen, bei denen sich die Funktionswerte in festen Abständen (Periodenlängen) wiederholen, heißen **periodische Funktionen.** Die Sinusfunktion und die Kosinusfunktion sind solche periodische Funktionen. Die kleinste Periodenlänge beträgt bei beiden Funktionen 360°.
Weil $\sin \alpha = \sin(\alpha + k \cdot 360°)$ und
$\cos \alpha = \cos(\alpha + k \cdot 360°)$ mit $k \in \mathbb{Z}$
ist, kann man Sinus- und Kosinuswerte für *alle* Winkelgrößen auf die Werte für eine Winkelgröße im Bereich von 0° bis 360° zurückführen.

$$\sin 1348° = \sin(268° + 3 \cdot 360°)$$
$$= \sin 268°$$
$$\cos(-841°) = \cos(239° - 3 \cdot 360°)$$
$$= \cos 239°$$

---

(1) Die Sinusfunktion und die Kosinusfunktion besitzen die kleinste Periode 360°.
(2) Die Sinusfunktion besitzt die Nullstellen
...; −720°; −540°; −360°; −180°; 0°; 180°; 360°; 540°; 720°; 900°; ...
Die Kosinusfunktion besitzt die Nullstellen
...; −810°; −630°; −450°; −270°; −90°; 90°; 270°; 450°; 630°; 810°; ...

Sinusfunktion
$y = \sin \alpha$

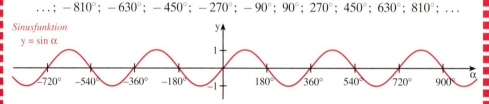

Kosinusfunktion
$y = \cos \alpha$

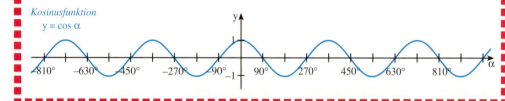

Übungen

6. Bestimme mit dem Taschenrechner; runde auf vier Stellen nach dem Komma.
$\sin 578°$; $\cos 481°$; $\sin(-1000°)$; $\cos(-701°)$; $\sin(-125°)$; $\cos(-157°)$; $\sin 2050°$

7. a. Zum Punkt P_α auf dem Einheitskreis gehöre der Drehwinkel α.
 (1) $\alpha = 43°$ (2) $\alpha = 157°$ (3) $\alpha = 206°$ (4) $\alpha = 311°$
 Gib alle Winkelgrößen aus dem Bereich $-720° \leq \alpha \leq 1080°$ an, die dieselbe Lage des Punktes P_α beschreiben.

b. Zu dem Punkt P_α gehöre der Drehwinkel α.
 (1) $\alpha = 466°$ (2) $\alpha = 1718°$ (3) $\alpha = -341°$ (4) $\alpha = -633°$
 Durch welche Winkelgröße α aus dem Bereich $0° \leq \alpha \leq 360°$ wird dieselbe Lage des Punktes beschrieben?

8. Gib den Sinus- oder Kosinuswert durch eine Winkelgröße mit $0° \leq \alpha \leq 360°$ an.
 a. $\sin 768°$ **c.** $\sin 920°$ **e.** $\sin(-102°)$ **g.** $\sin(-416°)$ **i.** $\sin 1248°$
 b. $\cos 432°$ **d.** $\cos 860°$ **f.** $\cos(-136°)$ **h.** $\cos(-502°)$ **j.** $\cos 1083°$

9. Gib folgende Werte an:
 a. $\sin 530°$ **b.** $\sin 950°$ **c.** $\sin(-260°)$ **d.** $\sin(-990°)$
   $\cos 530°$ $\cos 950°$ $\cos(-260°)$ $\cos(-990°)$

10. Der Taschenrechner liefert für beliebige Winkelgrößen α, also auch für α < 0° und α > 360° Werte für sin α und cos α.
Bestimme mit dem Taschenrechner. Runde auf vier Stellen nach dem Komma.
sin 875°; cos 1043°; sin(−84°); cos(−26°); sin(−685°); cos(−500°); sin(−1246°)

11. Bestimme mit dem Taschenrechner die Sinus- und Kosinuswerte für:
- **a.** 563°
- **b.** 1273°
- **c.** −63°
- **d.** −615°
- **e.** −9855°
- **f.** −124°
- **g.** 888°
- **h.** 409°
- **i.** 497°
- **j.** 705°
- **k.** −319°
- **l.** −500°

12. Zeichne das Schaubild der Sinusfunktion [Kosinusfunktion] im Bereich
- **a.** −720° ≤ α ≤ 360°
- **b.** 0° ≤ α ≤ 1080°

13. Die Sinusfunktion besitzt z.B. die Nullstellen 0° und 180°, die Kosinusfunktion z.B. die Nullstellen 90° und 270°.
Gib jeweils 10 weitere Nullstellen an. Denke an die Periode.

14. Die Sinusfunktion nimmt z.B. an der Stelle 90° den größten Wert 1 an, die Kosinusfunktion z.B. an der Stelle 180° den kleinsten Wert −1 an.
Gib jeweils 10 weitere Stellen an, an denen sie diese Werte annimmt.

Symmetrieeigenschaften der Sinus- und Kosinuskurve

1. Zeichne das Schaubild der Sinusfunktion und das Schaubild der Kosinusfunktion im Intervall −1080° ≤ α < 1080°. Untersuche das Schaubild auf Symmetrien.   **Aufgabe**

Lösung

(1) *Symmetrie des Schaubildes der Sinusfunktion*

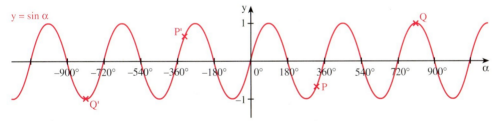

Das Schaubild der Sinusfunktion ist punktsymmetrisch zum Ursprung. Durch eine Halbdrehung um O(0; 0) geht es nämlich in sich über.

(2) *Symmetrie des Schaubildes der Kosinusfunktion*

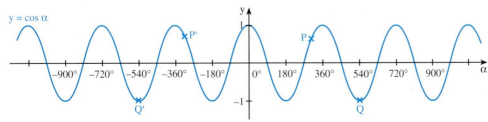

Das Schaubild der Kosinusfunktion ist symmetrisch zur y-Achse. Bei Spiegelung an der y-Achse geht es nämlich in sich über.

Information

Symmetrien von Sinus- und Kosinuskurve

(1) Das Schaubild der Sinusfunktion ist punktsymmetrisch zum Ursprung $O(0;0)$.

Es gilt also (siehe Einheitskreis oder Sinuskurve): $\sin\alpha = -\sin(-\alpha)$

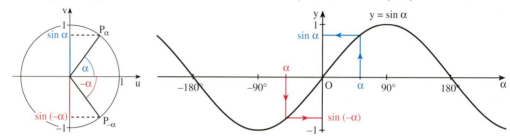

(2) Das Schaubild der Kosinusfunktion ist achsensymmetrisch zur y-Achse.

Es gilt also (siehe Einheitskreis oder Kosinuskurve): $\cos\alpha = \cos(-\alpha)$.

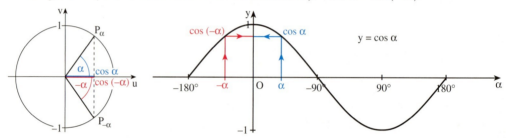

Symmetrien der Sinus- und Kosinuskurve

Die Schaubilder der Sinusfunktion und der Kosinusfunktion sind symmetrisch. Insbesondere gilt:

(a) Das Schaubild der Sinusfunktion ist punktsymmetrisch zum Koordinatenursprung O.
 Es gilt: $\sin(-\alpha) = -\sin\alpha$.
(b) Das Schaubild der Kosinusfunktion ist achsensymmetrisch zur y-Achse.
 Es gilt: $\cos(-\alpha) = \cos\alpha$

Beispiele: $\sin(-45°) = -\sin 45°$ $\qquad\qquad \cos(-60°) = \cos 60°$
$\qquad\qquad\qquad = -\frac{1}{2}\sqrt{2} \approx -0{,}707 \qquad\qquad\qquad\quad = 0{,}5$

Mithilfe dieses Satzes kann man Sinus- und Kosinuswerte für alle negativen Winkelgrößen auf solche für positive Winkelgrößen zurückführen.

Übungen

2. Drücke den angegebenen Sinuswert bzw. Kosinuswert mithilfe einer Winkelgröße aus dem Intervall $0° \leq \alpha \leq 360°$ aus.

a. $\sin(-82°)$	**b.** $\sin(-138°)$	**c.** $\sin(-218°)$	**d.** $\sin(-340°)$
$\cos(-64°)$	$\cos(-100°)$	$\cos(-249°)$	$\cos(-333°)$
$\sin(-17°)$	$\sin(-154°)$	$\sin(-195°)$	$\sin(-285°)$
$\cos(-23°)$	$\cos(-99°)$	$\cos(-264°)$	$\cos(-304°)$

▲ **3.** Gib weitere Symmetriepunkte und Symmetrieachsen der Schaubilder der Sinus- und Kosinusfunktion an.

△ Tangensfunktion für beliebige Winkel

Mithilfe der Formel $\tan\alpha = \frac{\sin\alpha}{\cos\alpha}$ können wir $\tan\alpha$ für beliebige Winkel α mit $\cos\alpha \neq 0$ erklären. Auch der Tangens eines Winkels lässt sich am Einheitskreis darstellen.

Information

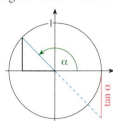 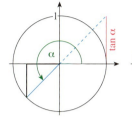

Für beliebige Winkelgrößen α, jedoch mit $\cos\alpha \neq 0$ gilt:

$\tan\alpha = \frac{\sin\alpha}{\cos\alpha}$

Die Funktion mit der Gleichung $y = \tan\alpha$ heißt **Tangensfunktion**.

Beachte: $\tan\alpha$ ist nicht definiert für die Nullstellen von $\cos\alpha$, d.h. für $\ldots, -450°, -270°, -90°, 90°, 270°, 450°, \ldots$

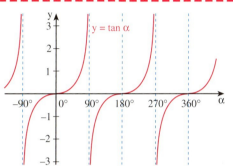

1. Der Taschenrechner liefert für alle Winkelgrößen α, die von $-450°, -270°, -90°, 90°, 270°, 450°$ verschieden sind, beim Drücken der Taste $\boxed{\tan}$ sofort die Funktionswerte $\tan\alpha$. Berechne mit dem Taschenrechner.

Zum Festigen und Weiterarbeiten

   a. $\tan 123{,}4°$ **c.** $\tan 296{,}9°$ **e.** $\tan(-64{,}8°)$ **g.** $\tan 415{,}3°$

   b. $\tan 216{,}8°$ **d.** $\tan 354{,}3°$ **f.** $\tan(-304{,}1°)$ **h.** $\tan 934{,}8°$

2. a. Begründe mithilfe von Formeln auf den Seiten 87 und 92.

Übungen

Für alle beliebigen Winkelgrößen α mit $\cos\alpha \neq 0$ gilt:

(1) $\tan\alpha = \tan(\alpha + 180°)$ (2) $\tan(-\alpha) = -\tan\alpha$

   b. Die Tangensfunktion ist eine *periodische* Funktion. Welche Periode besitzt sie?

3. Bestimme mit dem Taschenrechner.

   a. $\tan 128{,}5°$ **c.** $\tan 342{,}8°$ **e.** $\tan(-134{,}9°)$ **g.** $\tan 517{,}4°$

   b. $\tan 231{,}4°$ **d.** $\tan 94{,}8°$ **f.** $\tan(-456{,}2°)$ **h.** $\tan 1024{,}1°$

4. Es ist $\tan 57° = 1{,}5399$. Berechne ohne Taschenrechner $\tan 123°$, $\tan 237°$, $\tan 303°$.

5. a. Zeichne das Schaubild der Tangensfunktion im Bereich $-360° \leq \alpha \leq 720°$.

   b. Beschreibe die Symmetrieeigenschaften der Tangensfunktion im Bereich
      (1) $-90° < \alpha < 90°$;   (2) $0° \leq \alpha \leq 180°$;   (3) $0° \leq \alpha \leq 360°$.

Die Funktion mit y = a · sin α

Auf Seite 84 haben wir die Drehbewegung eines Kreissägeblattes mit dem Radius r betrachtet. h ist der Abstand des rot markierten Sägezahnes vom Sägetisch. Die Abhängigkeit dieses Abstandes vom Drehwinkel α haben wir durch die Formel h = r · sin α beschrieben.

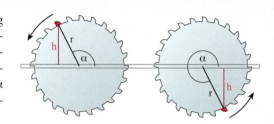

Aufgabe

1. Zeichne das Schaubild der Sinusfunktion mit y = sin α im Bereich −360° ≤ α ≤ 360°. Zeichne in dasselbe Koordinatensystem das Schaubild der Funktion mit y = 2 · sin α. Vergleiche beide Schaubilder hinsichtlich ihrer Eigenschaften.

Lösung

α	−360°	−270°	−180°	−90°	0°	90°	180°	270°	360°
sin α	0	1	0	−1	0	1	0	−1	0
2 · sin α	0	2	0	−2	0	2	0	−2	0

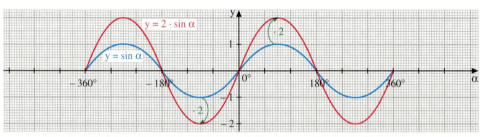

Das Schaubild der Funktion zu y = 2 · sin α entsteht aus dem Schaubild der Sinusfunktion (Sinuskurve) durch Streckung in Richtung der y-Achse mit dem Faktor 2. Deshalb gilt:
Beide Schaubilder besitzen
– dieselben Nullstellen: −360°; 180°; 0°; 180°; 360°
– dieselbe (kleinste) Periode 360°.

Beide Funktionen unterscheiden sich bei dem größten und kleinsten Funktionswert:

Funktion zu	größter Funktionswert	kleinster Funktionswert
y = sin α	1	−1
y = 2 · sin α	2	−2

Zum Festigen und Weiterarbeiten

2. Zeichne das Schaubild der Sinusfunktion mit y = sin α im Intervall −360° ≤ α ≤ 360°. Zeichne in dasselbe Koordinatensystem das Schaubild der Funktion mit y = $\frac{1}{2}$ · sin α. Vergleiche die Eigenschaften beider Funktionen.

3. Zeichne das Schaubild der Sinusfunktion mit y = sin α im Intervall −360° ≤ α ≤ 360°. Zeichne in dasselbe Koordinatensystem das Schaubild der Funktion mit y = 3 · sin α [y = 0,8 · sin α]. Vergleiche.

Eigenschaften der Funktionen mit y = a · sin α   (a > 0)

(1) Nullstellen sind ..., −720°; −540°; −360°; −180°; 0°; 180°; 360°; 540°; 720°; ...,
    allgemein k · 180° mit k ∈ ℤ.
(2) Die kleinste Periode ist 360°.
(3) Der größte Funktionswert ist a, der kleinste −a.

Beachte: Für a = 1 erhältst du die Eigenschaften der Sinusfunktion.

Übungen

4. Der Radius des Sägeblattes in Aufgabe 1 (Seite 84) sei 10 cm [25 cm]. Fülle die Wertetabelle für die Funktion *Drehwinkelwinkelgröße α ⟶ Abstand h zur Tischplatte* mit h = r · sin α aus.

α	60°	150°	210°	270°	300°	40°	100°	200°	115°	320°	345°
h											

5. Zeichne im Intervall −360° ≤ α ≤ 360° das Schaubild der Funktion mit:

  a. y = 2,5 · sin α   **b.** y = 0,4 · sin α   **c.** y = 1,5 · sin α

Gib Eigenschaften der Funktion an.

6. Gib zu den Schaubildern die Funktionsgleichung an.

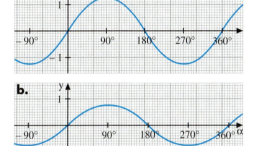
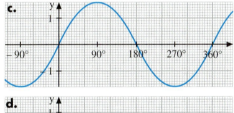
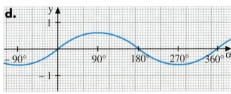

7. Gegeben ist die Funktion mit y = 2,5 · sin α im Bereich −90° ≤ α ≤ 90°.

  a. Der Punkt $P_1(45° | y_1)$ soll zum Schaubild gehören. Bestimme die fehlende Koordinate.

  b. Der Punkt $P_2(x_2 | -1{,}25)$ soll zum Schaubild gehören. Bestimme die fehlende Koordinate.

8. Das Dreieck ABC hat die Seitenlängen b = 2 cm und c = 3 cm.
Der Flächeninhalt dieses Dreiecks hängt vom Winkel α ab.
Gib die Gleichung der Funktion *Winkel α ⟶ Flächeninhalt* an. Welche Winkel α kommen für diese Funktion in Frage? Zeichne das Schaubild.

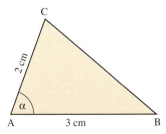

9. Durch die Gleichung y = a · sin α ist eine Funktion gegeben. Bestimme den Faktor a so, dass die Werte y der Funktion im Bereich −1,3 ≤ y ≤ 1,3 liegen.

Einführung

Bogenmaß einer Winkelgröße

Hier siehst du drei Sinuskurven; die Strecke von 0° bis 360° ist jeweils unterschiedlich gewählt.
Wie lang man die Strecke von 0° bis 360° im allgemeinen wählt, kann man von einer Sinusschablone erfahren.
Stelle an einer Sinusschablone fest, wie viele Einheiten die Strecke von 0° bis 360° misst.
Wo spielt diese Zahl bei der Kreisberechnung eine Rolle?

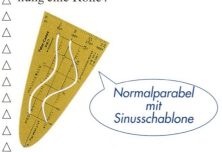

Normalparabel mit Sinusschablone

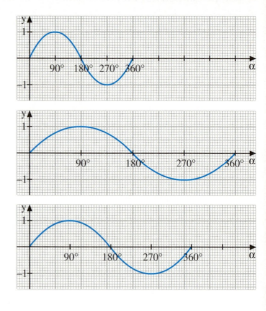

Information

(1) Einführung des Bogenmaßes

Für die zu Winkel α gehörende Kreisbogenlänge b_α gilt:

$b_\alpha = 2\pi r \cdot \dfrac{\alpha}{360°}$, also $b_\alpha = \pi r \cdot \dfrac{\alpha}{180°}$

Daraus folgt durch Division durch r auf beiden Seiten:

$\dfrac{b_\alpha}{r} = \alpha \cdot \dfrac{\pi}{180°}$

Wir sehen: Das Verhältnis $\dfrac{b_\alpha}{r}$ hängt nur von Winkel α ab.

Wir können dieses Verhältnis daher als ein neues Maß für den Winkel α auffassen. Man nennt es das *Bogenmaß* des Winkels α. Das Bogenmaß eines Winkels ist eine reelle Zahl.

Das Verhältnis $\dfrac{b_\alpha}{r}$ des Kreisbogens zum Radius heißt Bogenmaß des Winkels α.
Für das Bogenmaß x eines Winkels mit dem Gradmaß α gilt:

Bogenmaß $x = \alpha \cdot \dfrac{\pi}{180°}$

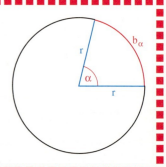

---

(2) Wichtige Umrechnungen

Gradmaß	0°	90°	180°	270°	360°
Bogenmaß	0	$\dfrac{\pi}{2}$	π	$\dfrac{3}{2}\pi$	2π

(3) Sinus und Kosinus für Winkelgrößen im Bogenmaß

Bisher haben wir Sinuswerte nur für Winkelgrößen im Gradmaß bestimmt. Das Bogenmaß eines Winkels ist jedoch eine reelle Zahl. Daher können wir jetzt auch den Sinus und den Kosinus einer reellen Zahl berechnen.

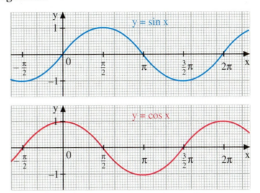

Berechnungsbeispiele:

(1) $\sin(-3{,}5) = \sin\left((-3{,}5) \cdot \dfrac{180°}{\pi}\right)$
$\approx \sin(-200{,}5°) = 0{,}350207381$

(2) $\cos 7{,}2 = \cos\left(7{,}2 \cdot \dfrac{180°}{\pi}\right)$
$\approx \cos 412{,}5° = 0{,}608761429$

Zum Festigen und Weiterarbeiten

1. Berechne das Bogenmaß der Winkelgröße, gerundet auf zwei Stellen nach dem Komma:
58°; 150°; 12°; 1°; 250°; 300°; 570°; −220°

$\alpha = 152°$
$x = \alpha \cdot \dfrac{\pi}{180°}$
$x = 2{,}65$

2. Berechne das Gradmaß der Winkelgröße zu dem Bogenmaß, gerundet auf eine Stelle nach dem Komma.
  a. 4; 3; 6; 1; 5; 2; 10; −6
  b. 0,4; 1,4; 2,8; 3,7; 4,1; −6,7

$x = 5{,}1$
$\alpha = x \cdot \dfrac{180°}{\pi}$
$\alpha = 292{,}2°$

Zu dem Gradmaß α eines Winkels gehört das Bogenmaß $x = \alpha \cdot \dfrac{\pi}{180°}$.

Zu dem Bogenmaß x eines Winkels gehört das Gradmaß $\alpha = x \cdot \dfrac{180°}{\pi}$.

------

3. Stelle auf dem Taschenrechner den Modus RAD (Radiant) ein. In diesem Modus erhält man direkt zu jeder reellen Zahl die Werte der Winkelfunktionen.

Bestimme: $\sin 3{,}5$
Tastenfolge: (je nach Rechnertyp):
3,5 [+/−] [sin]
oder
[sin] [(−)] 3,5 [=]
Anzeige: **0,350783228**

  a. Gib auf vier Stellen nach dem Komma gerundet an:
  $\sin 1{,}2$; $\cos 3{,}4$; $\sin(-2{,}7)$;
  $\cos(-3{,}1)$; $\sin 7{,}9$; $\cos(-10{,}4)$

  b. Für welche Winkelgröße x aus dem Bereich $-\dfrac{\pi}{2} \leq x \leq \dfrac{\pi}{2}$ gilt:
  $\sin x = 0{,}6$; $\sin x = -0{,}35$; $\sin x = 0{,}95$; $\sin x = 0{,}1$?

  c. Für welche Winkelgröße x aus dem Bereich $0 \leq x \leq \pi$ gilt:
  $\cos x = 0{,}4$; $\cos x = -0{,}47$; $\cos x = -0{,}15$; $\cos x = -0{,}87$?

4. Zeichne das Schaubild **a.** der Sinusfunktion **b.** der Kosinusfunktion im Bereich $-2\pi \leq x \leq 4\pi$. Gib die Nullstellen an.

(1) Die Sinusfunktion und die Kosinusfunktion besitzen die kleinste Periode 2π.
(2) Die Sinusfunktion besitzt die Nullstellen
$\ldots -3\pi, -2\pi, -\pi, 0, \pi, 2\pi, 3\pi, \ldots$, allgemein $k \cdot \pi$ mit $k \in \mathbb{Z}$.

Die Kosinusfunktion besitzt die Nullstellen
$\ldots -\frac{5}{2}\pi, -\frac{3}{2}\pi, -\frac{\pi}{2}, \frac{\pi}{2}, \frac{3}{2}\pi, \frac{5}{2}\pi, \ldots$, allgemein $(2k+1) \cdot \frac{\pi}{2}$ mit $k \in \mathbb{Z}$.

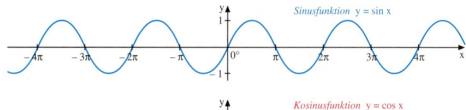

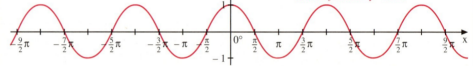

Übungen

△ **5.** Berechne jeweils das zu der im Gradmaß gegebenen Winkelgröße gehörende Bogenmaß, gerundet auf zwei Stellen nach dem Komma.

a. 37°; 109°; 204°; 291°; 348°; 258°   **c.** −55°; 456°; −125°; 3576°; −518°

b. 17,5°; 339,8°; 127,1°; 222,2°; 56,4°   **d.** 811,1°; −256,8°; 1200,5°; −750,6°

△ **6.** Berechne jeweils das zu der im Bogenmaß gegebenen Winkelgröße gehörende Gradmaß, gerundet auf eine Stelle nach dem Komma.

a. 2,67; 5,14; 0,5; 4,85; 5,34   **c.** $\frac{3}{2}\pi; \frac{5}{2}\pi; \frac{\pi}{4}; \frac{3}{4}\pi; \frac{5}{4}\pi; -\frac{7}{4}\pi; -\frac{11}{2}\pi;$

b. 10,34; −3,25; −23,6; −1,3; 20,4   **d.** $\frac{\pi}{8}; -\frac{3}{8}\pi; -\frac{5}{8}\pi; \frac{7}{8}\pi; -\frac{\pi}{6}; \frac{35}{12}\pi; -\frac{\pi}{18}$

△ **7.** Fülle ohne Verwendung des Taschenrechners die Tabelle aus:

x	0	$\frac{\pi}{6}$	$\frac{\pi}{4}$	$\frac{\pi}{3}$	$\frac{\pi}{2}$	$\frac{2}{3}\pi$	$\frac{3}{4}\pi$	$\frac{5}{6}\pi$	π	$\frac{7}{6}\pi$	$\frac{5}{4}\pi$	$\frac{4}{3}\pi$	$\frac{3}{2}\pi$	$\frac{5}{3}\pi$	$\frac{7}{4}\pi$	$\frac{11}{6}\pi$	2π
sin x																	
cos x																	

△ **8.** Bestimme mit dem Taschenrechner (4 Stellen nach dem Komma).

a. sin 2,54   **b.** sin 1,56   **c.** cos 2,75   **d.** cos (−5,84)   **e.** sin 1,95
sin (−4,8)   cos 2,84   cos 4,84   sin (−9,16)   cos (−1,4)
cos (−3,5)   cos 0,95   sin 5,96   sin (−1,46)   sin (−8,9)
cos 3,9   sin (−2,5)   cos (−14,9)   cos 12,9   sin 13,3
sin (−0,4)   cos (−0,9)   sin (−16,7)   cos 16,1   cos (−0,85)
cos $\sqrt{\pi}$ sin (π^2)   sin 1   cos 1   sin (−$\sqrt{\pi}$)

△ **9. a.** Die Sinusfunktion nimmt z. B. an der Stelle $\frac{\pi}{2}$ den größten Wert 1 an.
Gib 10 weitere Stellen an, an denen sie diesen Wert annimmt.

b. Die Kosinusfunktion nimmt z. B. an der Stelle π den kleinsten Wert −1 an.
Gib 10 weitere Stellen an, an denen sie diesen Wert annimmt.

Bist du fit?

1. Berechne die fehlenden Stücke des rechtwinkligen Dreiecks ABC; berechne auch den Umfang und den Flächeninhalt.
   - **a.** $a = 7$ cm; $\beta = 14°$; $\gamma = 90°$
   - **b.** $a = 4{,}4$ cm; $\alpha = 44°$; $\beta = 90°$
   - **c.** $\alpha = 90°$; $a = 185$ m; $\gamma = 58°$
   - **d.** $c = 41$ m; $\beta = 34°$; $\gamma = 90°$
   - **e.** $\gamma = 90°$; $b = 84$ cm; $\beta = 43°$
   - **f.** $c = 7{,}8$ cm; $\gamma = 51°$; $\beta = 90°$

2. Gegeben ist ein gleichschenkliges Dreieck ABC mit $\overline{AB}$ als Basis. Bestimme aus den gegebenen Stücken die übrigen. Berechne auch den Flächeninhalt.
   - **a.** $c = 17$ cm; $a = 14$ cm
   - **b.** $c = 150$ m; $\gamma = 126°$
   - **c.** $c = 23$ m; $\alpha = 77°$
   - **d.** $a = 67$ m; $\gamma = 55°$
   - **e.** $a = 104{,}7$ cm; $\alpha = 17°$
   - **f.** $h_c = 25$ m; $\alpha = 36°$

3. Für welche Winkelgrößen α im Bereich $0° \leq \alpha \leq 180°$ gilt:
   - **a.** $\sin \alpha = 0{,}4384$; $\sin \alpha = 0{,}2588$
   - **b.** $\sin \alpha = 0{,}1564$; $\sin \alpha = 0{,}9848$
   - **c.** $\cos \alpha = -0{,}9848$; $\cos \alpha = 0{,}6691$
   - **d.** $\cos \alpha = 0{,}8090$; $\cos \alpha = -0{,}1392$?

4. Berechne aus den gegebenen Stücken des Dreiecks ABC die übrigen.
   - **a.** $a = 5$ cm; $b = 4$ cm; $\gamma = 67°$
   - **b.** $c = 9$ cm; $a = 6$ cm; $\gamma = 53{,}5°$
   - **c.** $a = 4{,}5$ cm; $\beta = 57{,}3°$; $\gamma = 43{,}8°$
   - **d.** $c = 5{,}3$ km; $\alpha = 44{,}4°$; $\beta = 61{,}2°$
   - **e.** $b = 8{,}1$ km; $c = 5{,}3$ km; $\alpha = 36{,}4°$
   - **f.** $c = 6{,}2$ cm; $a = 5{,}4$ cm; $\gamma = 129°$
   - **g.** $b = 8{,}4$ cm; $c = 5{,}9$ cm; $\gamma = 28{,}2°$
   - **h.** $a = 3{,}6$ cm; $b = 2{,}9$ cm; $c = 3{,}2$ cm

5. **a.** Wie groß ist in der nebenstehenden Dachkonstruktion der Neigungswinkel α?
   b. Berechne die Höhe des Dachraumes.

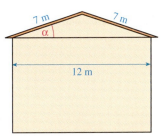

6. Die Sonnenhöhe beträgt 46°. Eine Säule wirft auf eine waagerechte Ebene einen 8,72 m langen Schatten. Wie hoch ist die Säule?

7. Eine Dachform wie rechts heißt Sägedach. Der Querschnitt soll aus einem rechtwinkligen Dreieck mit den angegebenen Maßen bestehen. Berechne die Dachneigungen.

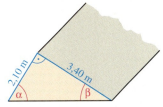

8. Die Neigung einer Garageneinfahrt darf höchstens 16% betragen. Wie groß darf maximal der Höhenunterschied auf einer 5 m langen Einfahrt sein?

9. Der Böschungswinkel eines Deiches beträgt zur Seeseite 14°, zur Landseite 26°. Der Deich ist 4,20 m hoch, die Deichkrone 7,50 m breit. Wie breit ist die Deichsohle?

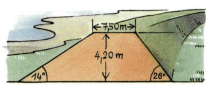

10. Auf einem Berg steht ein 10 m hoher Turm. Von einem Punkt im Tal aus sieht man den Fußpunkt des Turmes unter dem Winkel $\alpha = 44{,}3°$ (gegen die Horizontale) und die Spitze des Turmes unter dem Winkel $\beta = 45{,}5°$. Wie hoch erhebt sich der Berg über die Talsohle? Fertige zunächst eine Skizze an.

Im Blickpunkt

Wie hoch ist eigentlich ...
euer Schulgebäude?

Mit etwas handwerklichem Geschick könnt ihr euch selbst einfache Geräte basteln, mit denen ihr Gebäude vermessen könnt. Die Geräte eignen sich auch dazu, im freien Gelände beispielsweise die Breite eines Flusses zu bestimmen. Wie das funktioniert, erfahrt ihr hier.

Vermessen mit einem Försterdreieck

1. Auf dieser Seite ist unten die Bauanleitung zu einem Försterdreieck abgebildet. Seht euch die Skizze an und erläutert das Funktionsprinzip des Gerätes (Tipp: Strahlensätze!). Baut euch selbst ein Försterdreieck. Worauf müsst ihr achten, wenn ihr das Gerät zur Höhenmessung einsetzt? Besprecht euch untereinander!

2. Bestimmt mithilfe von Maßband und Försterdreieck die Gebäudehöhe eines Flachbaus. Schätzt zunächst! Fertigt anschließend eine Planfigur an und messt die notwendigen Größen.

3. Sucht euch im Gelände weitere Objekte (z.B. Bäume, Fahnenstangen usw.) und bestimmt ihre Höhe.

Vermessen mit einem Winkelmesser

4. Auf dieser Seite findet ihr unten die Bauanleitung zu einem Winkelmesser. Seht euch die Skizze an und erläutert die Funktionsweise des Gerätes. Baut euch selbst einen Winkelmesser.

5. Mit dem Winkelmesser könnt ihr nun auch dann die Höhe eurer Schule bestimmen, wenn das Schulgebäude kein Flachbau ist. Peilt dazu die höchste Stelle von zwei Punkten an, die auf einer Linie liegen. Fertigt zunächst eine Skizze an. Messt dann die notwendigen Größen und bestimmt hieraus die Gebäudehöhe.

In der nächsten Aufgabe lernt ihr ein Verfahren kennen, um beispielsweise die Breite eines Flusses zu bestimmen.

6. Nehmt an, der Schulhof sei euer Fluss. Peilt von zwei Stellen auf der einen Seite des Schulhofes eine Stelle auf der gegenüberliegenden Seite an und bestimmt die Größe der Peilungswinkel. Mithilfe dieser Winkel und der Entfernung der beiden Peilstellen könnt ihr die Breite des Schulhofes (Flusses) berechnen. Fertigt zuerst eine Skizze an. Überprüft am Ende euer berechnetes Ergebnis durch Nachmessen.
Hinweis: Zum Peilen müsst ihr den Winkelmesser auf die Seitenplatte legen.

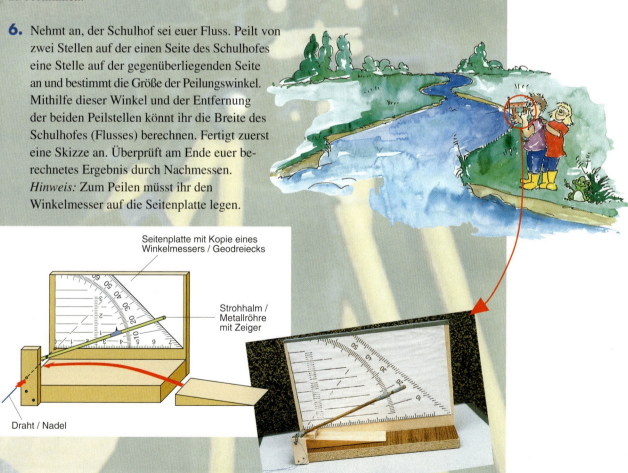

Körper und Körperberechnungen

Als gestalterische Elemente der Architektur findest du u.a Pyramiden, Pyramidenstümpfe und Kegel.

In Griechenland und Spanien haben viele zylinderförmige Windmühlen ein kegelförmiges Dach. Solche Dächer findet man auch bei Türmen von Kirchen, Schlössern und Moscheen.

Chichén Itzá ist wohl die berühmteste Maya-Stadt in Mexiko. Neben Tempeln und einem Observatorium ist die Pyramide Castillo (s. Bild) ein wertvolles Zeugnis der Maya-Kultur. Die Form der Pyramide erinnert an einen Pyramidenstumpf.

Auf dem Marktplatz von Karlsruhe errichtete Johann Jakob Friedrich Weinbrenner im 19. Jahrhundert eine 6,5 m hohe Sandsteinpyramide. Auf dem Kirchturm findest du auch noch eine Pyramide.

- Suche nach Gebäuden oder Gebäudeteilen, die die Form einer Pyramide oder eines Kegels haben.
- Überlege, warum man diese Formen gewählt hat.

In diesem Kapitel lernst du, wie man das Volumen und die Oberfläche dieser Körper berechnen kann.

Pyramide und Kegel – Flächenberechnungen

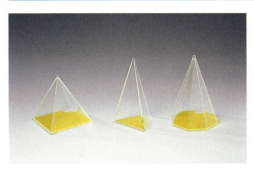 

Die abgebildeten Körper sind **Pyramiden**.
Die **Grundfläche** ist ein Vieleck, z.B. ein Dreieck, ein Viereck, ein Achteck.
Die **Mantelfläche** besteht aus gleichschenkligen Dreiecken.
Der Abstand der Spitze von der Grundfläche ist die **Höhe** der Pyramide.

Die abgebildeten Körper sind **Kegel**.
Die **Grundfläche** ist eine Kreisfläche.

Die **Mantelfläche** ist gewölbt.

Der Abstand der Spitze von der Grundfläche ist die **Höhe** des Kegels.

Mantel- und Oberfläche der Pyramide – Netz

Aufgabe

1. Der Kirchturm mit einer quadratischen Grundfläche hat ein 8 m hohes pyramidenförmiges Dach. Die Grundkante des Turmes ist 6 m lang. Das Dach soll neu mit Schindeln gedeckt werden.
   Für wie viel m² Dachfläche müssen Schindeln bestellt werden?

Lösung

Die Dachfläche ist die Mantelfläche der Pyramide; die Mantelfläche besteht aus vier kongruenten gleichschenkligen Dreiecken mit der Basis a = 6 m und der Höhe h_s.

Berechnen der Höhe h_s einer Seitenfläche:

$h_s^2 = h^2 + \left(\frac{a}{2}\right)^2$

$h_s^2 = (8\ m)^2 + \left(\frac{6\ m}{2}\right)^2 = 73\ m^2$

$h_s = \sqrt{73\ m^2} \approx 8{,}54\ m$

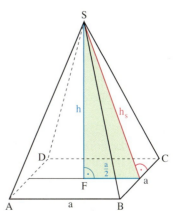

Berechnen der Größe der Mantelfläche:

$M = 4 \cdot \frac{a \cdot h_s}{2} \approx 4 \cdot \frac{6\ m \cdot 8{,}54\ m}{2} = 102{,}48\ m^2$

Ergebnis: Es müssen für 103 m² Dachfläche Schindeln bestellt werden.

Zum Festigen und Weiterarbeiten

Verzerrungswinkel α = 45°
Verkürzungsfaktor p = ½

2. *Schrägbild, Netz, Ansichten*
   Gegeben ist eine *quadratische Pyramide* (Pyramide mit quadratischer Grundfläche) mit der Grundkantenlänge a = 4 cm und der Körperhöhe h = 5 cm.

   a. Zeichne ein Schrägbild der Pyramide.
      Anleitung:
      (1) Beginne mit der Grundfläche.
          Du weißt, dass Kanten, die rechtwinklig „nach hinten" verlaufen, unter einem Winkel von 45° und auf die Hälfte verkürzt gezeichnet werden.
      (2) Zeichne vom Mittelpunkt der Grundfläche aus die Höhe ein.
          Verbinde die Spitze der Pyramide mit den Eckpunkten der Grundfläche.
      (3) Zeichne eventuell weitere Hilfslinien ein.

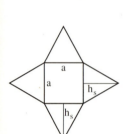

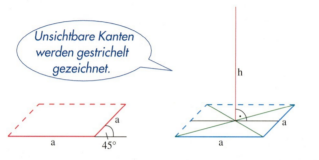

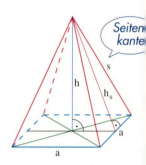

   b. Zeichne ein Netz.
   c. Zeichne die Vorderansicht und die Draufsicht.
      Warum ist es unnötig eine Seitenansicht dieser Pyramide zu zeichnen?
   d. Welche Aussagen kann man über die Symmetrieebenen einer quadratischen Pyramide machen? Denke dir die Pyramide längs der Symmetrieebenen zerschnitten. Was für Schnittflächen entstehen?

3. Welche Figur ist ein Pyramidennetz? Begründe.

   (1) 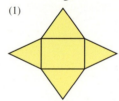   (2) 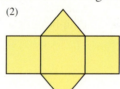   (3) 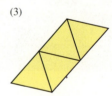   (4)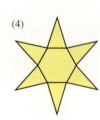

4. Gegeben ist eine quadratische Pyramide mit der Grundkantenlänge a = 12 cm und der Körperhöhe h = 15 cm.
   Berechne die gesuchten Größen. Stelle zunächst eine Formel auf.

   a. Seitenhöhe h_s b. Länge s einer Seitenkante   c. Größe der Mantelfläche
   d. Größe der Oberfläche

5. Nenne Gegenstände aus dem Alltag, die die Form einer Pyramide bzw. eines Kegels haben.

6. Gegeben ist eine quadratische Pyramide mit der Grundkantenlänge a = 6 m und der Höhe h = 8 m.
   Gib den Winkel α zwischen der Grundfläche und einer Seitenfläche an.

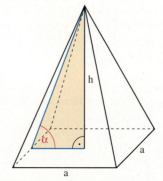
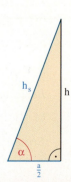

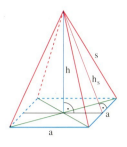

> Für eine **quadratische Pyramide** mit der Länge a einer Grundkante und der Seitenhöhe h_s gilt:
>
> (1) **Größe M der Mantelfläche:** $M = 4 \cdot \dfrac{a \cdot h_s}{2} = 2 \cdot a \cdot h_s$
>
> (2) **Größe O der Oberfläche:** $O = a^2 + 2a \cdot h_s$
>
> Allgemein gilt für eine **Pyramide** mit der Grundfläche A und der Mantelfläche M:
> **Größe O der Oberfläche:** $O = A + M$

Übungen

7. Berechne für die quadratische Pyramide die Länge s einer Seitenkante, die Seitenhöhe h_s sowie die Größe der Mantelfläche und der Oberfläche.

    a. a = 8 cm   **b.** a = 7,50 m   **c.** a = 87,5 cm   **d.** a = 6,74 m   **e.** a = 37 mm
         h = 7 cm   h = 9,75 m   h = 64,7 cm   h = 3,85 m   h = 6,8 cm

8. Zeichne ein Schrägbild einer quadratischen Pyramide mit a = 8 cm und h = 7 cm. Zeichne die Schnittfläche einer Symmetrieebene (Achsenschnitt) in das Schrägbild.

9.

Der Dom St. Peter in Trier hat zwei quadratische Türme mit pyramidenförmiger Spitze, die mit Schiefer gedeckt sind. Die Länge der Grundkante des Westturmes (im Bild links) beträgt 12,5 m, die Höhe der Turmspitze 20 m.
Wie viel m² Schiefer (ohne Überdeckung und Verschnitt) wurden für das Dach des Westturms benötigt?

10.

Das pyramidenförmige Dach eines Pavillons mit sechseckiger regelmäßiger Grundfläche soll mit Kupferblech gedeckt werden. Die Kantenlänge der Grundfläche beträgt 3,50 m; das Dach ist 1,90 m hoch.

    a. Wie groß ist die Dachfläche?

    b. Von einer Firma wird die Arbeit für 105 € pro m² übernommen. Wie teuer sind die Dacharbeiten?

11. Für eine Schaufensterdekoration wird auf jede Seitenfläche eines Würfels eine quadratische Pyramide aufgesetzt. Der so entstandene Stern wird mit Silberfolie beklebt.
Die Kantenlänge des Würfels ist 12 cm; die Länge der Seitenkanten einer Pyramide beträgt 34 cm. Wie viel cm² Silberfolie wird für den Stern benötigt?

12. Ein *Tetraeder* ist eine Pyramide, die von vier zueinander kongruenten gleichseitigen Dreiecken begrenzt ist.

    a. Berechne die Größe der Oberfläche eines Tetraeders mit der Kantenlänge a = 4 cm. Stelle zunächst eine Formel auf.

    b. Zeichne auch ein Schrägbild und ein Netz des Tetraeders.

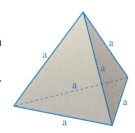

13. Eine quadratische Pyramide hat die Kantenlänge a = 12 cm und die Höhe h = 15 cm.

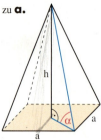 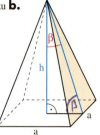 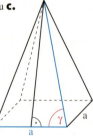 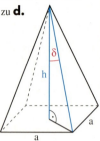

a. Wie groß ist der Winkel α zwischen einer Seitenkante und der Grundfläche?

b. Wie groß ist der Winkel β zwischen einer Seitenfläche und der Höhe?

c. Wie groß ist der Winkel γ zwischen einer Seitenkante und einer Grundkante?

d. Wie groß ist der Winkel δ zwischen der Höhe und einer Seitenkante?

14.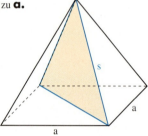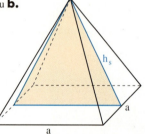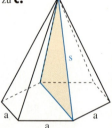

a. Gegeben ist eine quadratische Pyramide mit der Länge a einer Grundkante und der Länge s einer Seitenkante. Gib die Körperhöhe h der Pyramide in Abhängigkeit von a und s an. *Anleitung:* Skizziere zunächst das eingefärbte Dreieck und markiere die gegebenen bzw. gesuchten Stücke.

b. Gegeben ist eine quadratische Pyramide mit der Länge a einer Grundkante und der Höhe h_s einer Seitenfläche. Gib die Körperhöhe h in Abhängigkeit von a und h_s an.

c. Gegeben ist eine Pyramide mit einem regelmäßigen Sechseck als Grundfläche. Bekannt sind die Länge s einer Seitenkante sowie die Länge a einer Grundkante. Gib die Körperhöhe h in Abhängigkeit von s und a an.

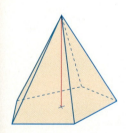

15. a. Gegeben ist eine regelmäßige fünfseitige Pyramide mit a = 5,25 cm und h = 6,75 cm.
Berechne α, h_a, h_s und die Größe der Oberfläche der Pyramide.

b. Zeichne das Netz der Pyramide.

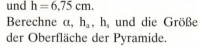

16. Von einer 7-seitigen regelmäßigen Pyramide sind a = 5,3 cm und h = 7,1 cm bekannt.

a. Zeichne die Grundfläche der Pyramide und berechne deren Flächeninhalt.

b. Berechne die Höhe der Seitenfläche und die Größe der Oberfläche der Pyramide.

17. Von einer 11-seitigen regelmäßigen Pyramide sind M = 183,5 cm² und a = 4,8 cm bekannt.

a. Berechne die Seitenflächenhöhe h_s der Pyramide.

b. Berechne die Grundflächenhöhe h_a, die Größe der Grundfläche und die Größe der Oberfläche der Pyramide.

Mantel- und Oberfläche des Kegels – Netz

1. 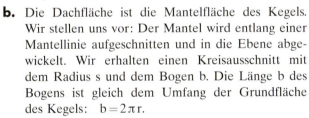 Das kegelförmige Dach eines alten Wehrturmes soll erneuert werden. Der Radius r des Turmes beträgt 5 m, die Höhe h des Daches beträgt 7 m.

Aufgabe

a. Wie lang ist ein Dachbalken?
b. Berechne die Größe der Dachfläche. Gib dazu eine Formel an.

Lösung

a. Die Länge eines Dachbalkens $\overline{AS}$ entspricht der Länge s einer Mantellinie des Kegels.
Nach dem Satz des Pythagoras gilt für das grüne Dreieck:

$s^2 = r^2 + h^2$
$s^2 = (5\,m)^2 + (7\,m)^2 = 74\,m^2$
$s = \sqrt{74\,m^2} \approx 8{,}60\,m$

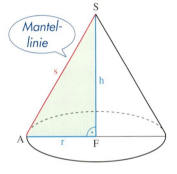

Ergebnis: Ein Dachbalken ist ungefähr 8,60 m lang.

b. Die Dachfläche ist die Mantelfläche des Kegels. Wir stellen uns vor: Der Mantel wird entlang einer Mantellinie aufgeschnitten und in die Ebene abgewickelt. Wir erhalten einen Kreisausschnitt mit dem Radius s und dem Bogen b. Die Länge b des Bogens ist gleich dem Umfang der Grundfläche des Kegels: $b = 2\pi r$.

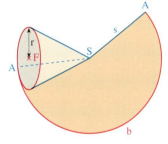

Beachte: r ist hier der Radius der Grundfläche des Kegels.

Nun gilt für den Flächeninhalt eines Kreisausschnitts:

$A = \frac{1}{2} \cdot$ Bogenlänge $\cdot$ Radius.

In unserem Fall ist die Bogenlänge $2\pi r$ und der Radius s, also gilt für die Größe der Mantelfläche:

$M = \frac{1}{2} \cdot 2\pi r \cdot s = \pi r s$
$M \approx \pi \cdot 5\,m \cdot 8{,}60\,m \approx 135{,}09\,m^2$

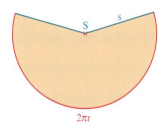

Ergebnis: Die Dachfläche ist ungefähr 135 m² groß.

2. a. Gegeben ist ein Kegel mit dem Radius r des Grundkreises und der Länge s einer Mantellinie. Gib eine Formel zur Berechnung der Größe der Oberfläche an.

Zum Festigen und Weiterarbeiten

b. Gegeben ist ein Kegel mit dem Radius r und der Höhe h. Gib eine Formel zur Berechnung der Länge s einer Mantellinie an.

c. Berechne die Größe der Mantelfläche und die Größe der Oberfläche des Kegels.
(1) r = 4 cm; s = 6 cm   (2) r = 27 m; h = 23 m   (3) r = 4,5 dm; h = 7,2 dm

3. *Schrägbild, Netz, Ansichten*

Gegeben ist ein Kegel mit dem Radius r = 2,5 cm und der Körperhöhe h = 7 cm.

a. Zeichne ein Schrägbild des Kegels.

Anleitung:

(1) Zeichne die Grundfläche als Ellipse. Zeichne dazu die Tiefenstrecken des Kreises unter einem Winkel von 90° und auf die Hälfte verkürzt.

(2) Zeichne vom Mittelpunkt der Grundfläche aus die Höhe h ein. Verbinde die Spitze des Kegels mit der Ellipse.

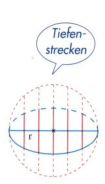 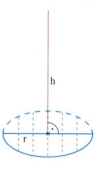 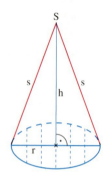

b. Zeichne ein Netz.

Anleitung:

(1) Berechne die Länge s einer Mantellinie.

(2) Zeichne einen Kreis mit dem Radius s.

(3) Für die Größe α des Mittelpunktswinkels gilt:

$$\frac{\alpha}{360°} = \frac{b}{u_k} = \frac{2\pi r}{2\pi s} = \frac{r}{s}, \text{ also}$$

$$\alpha = \frac{360° \cdot r}{s}$$

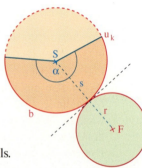

c. Zeichne die Vorderansicht und die Draufsicht des Kegels. Warum ist es unnötig eine Seitenansicht zu zeichnen?

d. Welche Aussagen kann man über die Symmetrieebenen eines Kegels machen? Um was für eine Figur handelt es sich bei der Schnittfläche einer Symmetrieebene mit dem Kegel? Zeichne die Schnittfläche und beschrifte sie.

4. Gegeben ist ein Kegel mit dem Grundkreisradius r = 5 m und der Höhe h = 7 m. Berechne den Winkel α, den eine Mantellinie mit der Grundkreisfläche bildet.

5. Bei einem Kegel ist der Radius r halb so groß wie die Länge s einer Seitenlinie.
Gib eine Formel zur Berechnung der Oberfläche an.

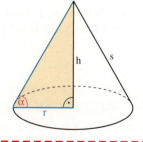

Für einen **Kegel** mit dem Radius r, der Länge s einer Mantellinie, der Höhe h gilt:

(1) **Größe M der Mantelfläche:** $M = \pi r s$

(2) **Größe O der Oberfläche:** $O = \pi r^2 + \pi r s = \pi r \cdot (r + s)$

(3) **Größe des Mittelpunktswinkels α des Mantels:** $\alpha = \dfrac{360° \cdot r}{s}$

Übungen

6. Ein Turm (r = 4,50 m) soll ein kegelförmiges Dach erhalten (h = 3,80 m).
   a. Wie lang ist ein Dachbalken?   **b.** Berechne die Größe der Dachfläche.

7. Berechne die Größe der Oberfläche des Kegels.
a. r = 25 cm	**b.** r = 46 cm	**c.** r = 4,75 m	**d.** r = 3,80 m	**e.** r = 327 mm
h = 47 cm	h = 95 cm	h = 5,25 m	h = 4,25 m	h = 43,5 cm

8. Gegeben ist ein Kegel mit dem Radius r = 3 cm und der Höhe h = 5 cm.
   a. Zeichne ein Schrägbild ($\alpha = 90°$; $q = \frac{1}{2}$).   **b.** Zeichne ein Netz.

9. Bei einem Kegel mit der Körperhöhe h = 12 cm hat die Mantellinie die Länge s = 13 cm. Berechne die Größe der Oberfläche.

10. Bei einem Kegel seien r der Radius, h die Körperhöhe, s die Länge einer Mantellinie sowie M und O die Größe der Mantel- bzw. Oberfläche.
Berechne aus den gegebenen Größen alle anderen.
Stelle für die gesuchte Größe zunächst eine Formel auf; benutze die Formeln im Kasten auf Seite 108.
a. r = 2,5 cm	**b.** r = 15 cm	**c.** s = 6,5 dm	**d.** s = 20 cm
h = 6 cm	s = 3,9 dm	h = 25 cm	M = 300 cm²

11. a. Ein Kreisausschnitt mit dem Radius 4 cm soll zu einem Kegel zusammengebogen werden. Die Größe des Mittelpunktswinkels sei 180° [90°; 270°].
Berechne den Radius, die Höhe sowie die Größe der Grundfläche und die Größe der Oberfläche des Kegels.
   b. Berechne zu den Kegeln in Aufgabe 7 den Mittelpunktswinkel α des Kegelmantels.

12. Zur Kennzeichnung von Gefahrenstellen im Wasser werden Spitztonnen aus Stahlblech verwendet (Maße im Bild).
Wie viel m² Stahlblech werden zur Herstellung einer Spitztonne benötigt?

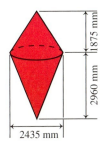

13. Auf einen runden Turm (Umfang: 25 m) wird ein kegelförmiges Dach gesetzt.
Die Länge s der Dachsparren beträgt 6,50 m.
Wie groß ist die Dachfläche?

14. Bei einem Kegel mit dem Radius r = 6 cm ist die Größe M der Mantelfläche doppelt [dreimal] so groß wie die Größe der Grundfläche.
   a. Berechne die Länge s der Mantellinie und vergleiche sie mit dem Radius r.
   b. Berechne die Höhe h des Kegels.
   c. Berechne den Winkel α, den die Seitenkante mit der Grundfläche bildet.

15. Aus Pappe soll eine Zuckertüte hergestellt werden. Wie viel dm² Pappe sind zur Herstellung erforderlich? Für Verschnitt und Klebefalze rechnet man 9% hinzu.

16. Die Türme haben (angenähert) jeweils ein kegelförmiges Dach, das mit Dachpfannen gedeckt ist. Der Durchmesser jedes Turmes beträgt 9,25 m, die Höhe des Daches 2,50 m.
Wie viel m² Dachpfannen (ohne Überdeckung) wurden für beide Dächer benötigt?

17. Aus einem Karton mit den angegebenen Maßen soll ein Zauberhut gebastelt werden.
   a. Wie hoch wird der Zauberhut werden?
   b. Welchen Durchmesser hat seine Öffnung?

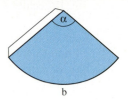

α = 100°; b = 59,0 cm

18. Von einem Kegel ist bekannt:
   a. Der Radius r = 11,4 cm des Grundkreises und die Körperhöhe h = 30 cm.
   Wie lang ist eine Mantellinie?
   Wie groß ist der Neigungswinkel α einer Mantellinie gegen die Grundfläche?
   Wie groß ist der Öffnungswinkel γ an der Spitze?
   b. Der Radius r = 7,4 cm des Grundkreises sowie α = 75°.
   Berechne s, h und γ.

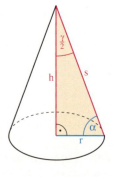

19. zu **a.**   zu **b.**   zu **c.**

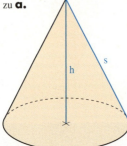 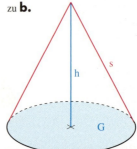

   a. Gegeben ist ein Kegel mit der Höhe h und der Länge s einer Mantellinie.
   Gib die Größe M der Mantelfläche des Kegels in Abhängigkeit von h und s an.
   b. Gegeben ist ein Kegel mit dem Kreisflächeninhalt A und der Höhe h.
   Gib die Länge s einer Mantellinie in Abhängigkeit von h und A an.
   △ **c.** Gegeben ist ein Kegel mit der Mantelflächengröße M und der Höhe h. Gib den Flächeninhalt A des Grundkreises in Abhängigkeit von M und h an.

20. Ein Halbkreis mit dem Durchmesser 5 e wird zu einem Kegel zusammengebogen.
Gib den Radius r, die Höhe h sowie die Größe A der Grundfläche und die Größe O der Oberfläche in Abhängigkeit von e an.

Pyramidenstumpf und Kegelstumpf – Flächenberechnungen

(1) Die abgebildeten Körper sind **Pyramidenstümpfe.**
Ein Pyramidenstumpf entsteht, wenn man eine Pyramide parallel zu ihrer Grundfläche schneidet.
Die *Grundfläche* und die *Deckfläche* sind *Vielecke* (z. B. Dreiecke, Vierecke, Fünfecke), die parallel und ähnlich (aber nicht kongruent) zueinander sind.
Die *Mantelfläche* besteht aus Trapezen.
Der Abstand der Deckfläche von der Grundfläche ist die *Höhe* des Stumpfes.

(2) Die abgebildeten Körper sind **Kegelstümpfe.**
Ein Kegelstumpf entsteht, wenn man einen Kegel parallel zu seiner Grundfläche schneidet.
Die *Grundfläche* und die *Deckfläche* sind *Kreisflächen*, die parallel und ähnlich (aber nicht kongruent) zueinander sind.

Die *Mantelfläche* ist gewölbt.
Der Abstand der Deckfläche von der Grundfläche ist die *Höhe* des Stumpfes.

Oberfläche und Mantelfläche eines Pyramidenstumpfes

Aufgabe

1. Über dem Holzkohlengrill eines Feinschmeckerlokals soll die abgebildete Abzugshaube aus Kupferblech angebracht werden (Maße in cm). Die Abzugshaube soll im Ganzen aus einem Kupferblech ausgeschnitten werden.
Berechne, wie viel m² Kupferblech (ohne Verschnitt) benötigt werden.

Lösung

Die Abzughaube hat die Form eines Pyramidenstumpfes. Die Abwicklung besteht aus 4 gleich großen Trapezen.
(1) Wir berechnen zunächst die Höhe h_s der Trapeze. Aus dem Querschnitt im Bild ergibt sich nach dem Satz des Pythagoras:
$h_s^2 = (90\ \text{cm})^2 + (50\ \text{cm})^2 = 10600\ \text{cm}^2$
$h_s \approx 103\ \text{cm}$

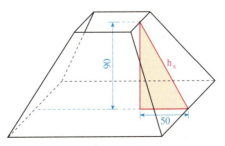

(2) Berechnung des Blechbedarfs: $A \approx 4 \cdot \dfrac{160\ \text{cm} + 60\ \text{cm}}{2} \cdot 103\ \text{cm}^2 = 45320\ \text{cm}^2 \approx 4{,}53\ \text{m}^2$

Ergebnis: Es werden ungefähr 4,53 m² Kupferblech benötigt.

Kapitel 3

Zum Festigen und Weiterarbeiten

2. Berechne die Größe der Oberfläche des Körpers (Maße in mm).

a. *Quadratischer Pyramidenstumpf:*

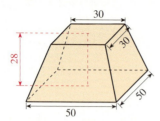

b. *Sechseckiger Pyramidenstumpf:*

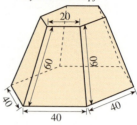

c. *Abgestufte Doppelpyramide:*

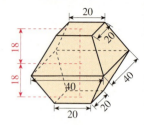

3. Fertige eine Schrägbildskizze des quadratischen Pyramidenstumpfes aus Aufgabe 2a an. *Anleitung:* Skizziere zunächst die qudratische Pyramide.

4. Die schrägen Kanten der Abzugshaube (vgl. Aufgabe 1) sollen innen durch einen Metallstab verstärkt werden. Wie lang muß jeder Stab sein?

Für einen **quadratischen Pyramidenstumpf** mit der Seitenlänge a_1 der Grundfläche, der Seitenlänge a_2 der Deckfläche und der Höhe h_s einer Seitenfläche gilt:

Größe O der Oberfläche: $O = a_1^2 + a_2^2 + 4 \cdot \dfrac{a_1 + a_2}{2} \cdot h_s$

Allgemein gilt für einen **Pyramidenstumpf** mit den Grundflächen A_1 und A_2 und der Mantelfläche M:

Größe O der Oberfläche: $O = A_1 + A_2 + M$

Übungen

5. a. Von einem quadratischen Pyramidenstumpf sind gegeben:
$a_1 = 5$ cm; $a_2 = 8$ cm; $s = 3{,}4$ cm.
Zeichne eine Seitenfläche.
Berechne die Höhe h_s der Seitenfläche, den Flächeninhalt einer Seitenfläche sowie den Winkel α, den die obere Kante mit einer Seitenkante bildet.

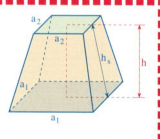

b. Von einem quadratischen Pyramidenstumpf sind gegeben:
$a_1 = 6$ cm; $a_2 = 4$ cm; $s = 3{,}2$ cm.
Zeichne einen Diagonalschnitt (siehe Bild).
Berechne die Höhe des Pyramidenstumpfes, den Flächeninhalt des Diagonalschnittes sowie den Winkel β, den eine Seitenkante mit der unteren Grundfläche bildet.

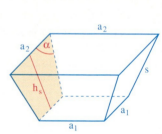

c. Von einem quadratischen Pyramidenstumpf sind gegeben: $a_1 = 7$ cm; $a_2 = 3{,}9$ cm; $h_s = 3{,}2$ cm.
Zeichne die Schnittfläche parallel zu einer Grundkante (siehe Bild).
Berechne die Höhe des Stumpfes, den Flächeninhalt der Schnittfläche sowie den Winkel γ, den eine Seitenhöhe mit der unteren Grundfläche bildet.

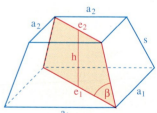
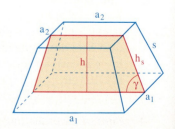

6. Bei einem quadratischen Pyramidenstumpf sind a_1 und a_2 die Längen der Grundkanten, s die Länge einer Seitenkante, h_s die Höhe einer Seitenfläche und h die Höhe des Stumpfes.
Berechne die fehlenden Größen, ferner die Größe M der Mantelfläche und die Größe O der Oberfläche.

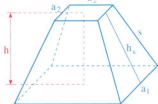

a. $a_1 = 7{,}5$ cm
  $a_2 = 6$ cm
  $h = 15$ cm

c. $a_2 = 6$ cm
  $h = 15$ cm
  $h_s = 18$ cm

e. $a_2 = 6$ cm
  $h = 15$ cm
  $s = 18$ cm

b. $a_1 = 7{,}5$ cm
  $h = 15$ cm
  $h_s = 18$ cm

d. $a_1 = 7{,}5$ cm
  $h = 15$ cm
  $s = 18$ cm

f. $a_2 = 6{,}6$ cm
  $s = 12{,}4$ cm
  $h_s = 10{,}2$ cm

7.

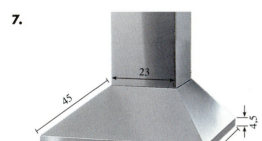

Über dem Kochfeld eines Elektroherdes soll die abgebildete Dunstabzugshaube aus Stahlblech angebracht werden (Maße in cm).
Berechne, wie viel m² Stahlblech (ohne Verschnitt) für die Dunstabzugshaube ohne den Abluftkanal benötigt werden.

8. Der Pflanzkübel im Bild rechts hat die Form eines Pyramidenstumpfes. Er besteht aus Holz und soll innen mit Blech ausgekleidet werden. Wie viel m² Blech werden benötigt?

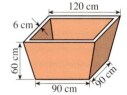

9. Die Länge der Grundkante einer quadratischen Pyramide ist $a = 8$ cm, ihre Höhe $h = 10$ cm. Die Pyramide wird durch einen Schnitt parallel zur Grundfläche in zwei Teilkörper zerlegt. Der Abstand der Schnittfläche von der Spitze soll $\frac{h}{2}$ [$\frac{h}{4}$; $\frac{3}{4}$ h] sein.
Berechne die Größe der Schnittfläche und die Größe der Oberfläche jedes Teilkörpers.

10. Von einem regelmäßigen sechseckigen Pyramidenstumpf ist bekannt:
  a. $a_1 = 8$ cm; $a_2 = 5$ cm; $s = 4$ cm. Berechne die Größe M der Mantelfläche und die Größe O der Oberfläche.
  b. $a_1 = 6e$; $a_2 = 3e$; $h = 4e$. Gib die Summe der Kantenlängen in Abhängigkeit von e an.

11. Von einem quadratischen Pyramidenstumpf ist bekannt: $a_1 = 11e$; $a_2 = 19e$; $s = 6e$. Berechne die Größe O der Oberfläche in Abhängigkeit von e.

12. Von einem regelmäßigen fünfseitigen Pyramidenstumpf sind $a_1 = 5{,}2$ cm; $a_2 = 3{,}7$ cm und $s = 5{,}9$ cm bekannt.
  a. Berechne die Größe der Oberfläche des Pyramidenstumpfs.
  b. Zeichne ein Netz des Körpers.

13. Der Sockel eines Reiterstandbilds hat die Form eines regelmäßigen achtseitigen Pyramidenstumpfs. Seine Grundkante a_1 misst 2,25 m, seine Deckkante a_2 ist 1,75 m lang. Der Sockel hat eine Höhe von 75 cm.
  a. Der sichtbare Teil (Mantel und Deckfläche) wird poliert. Pro m² rechnet der Steinmetz 63 € ab. Wie viel kostet die Politur?
  b. Zeichne das Schrägbild dieses Sockels.

Kapitel 3

Oberfläche und Mantelfläche eines Kegelstumpfes

Aufgabe

1. Die Mantelfläche eines Lampenschirms (Kegelstumpf) soll in einem Stück geschnitten werden. Berechne die Größe des Mantelschirms (Maße in cm). Gib zunächst die Größe M der Mantelfläche in Abhängigkeit von den Radien r_1 und r_2 der Grundflächen und der Länge s einer Mantellinie an.

Lösung

(1) *Herleitung der Formel für die Größe M der Mantelfläche*
Wir denken uns den Kegelstumpf durch einen Kegel K* zu einem Kegel $\overline{K}$ mit der Höhe $\overline{h}$, der Länge $\overline{s}$ einer Mantellinie und dem Radius r_1 des Grundkreises ergänzt. Dazu betrachten wir den abgewickelten Mantel. Die Größe M der Mantelfläche des Kegelstumpfes erhalten wir als Differenz:

$M = M_K - M_{K^*}$
$M = \pi r_1 (s^* + s) - \pi r_2 s^*$
$M = \pi r_1 s^* - \pi r_2 s^* + \pi r_1 s$
$M = \pi s^* (r_1 - r_2) + \pi r_1 s$

Nach dem 2. Strahlensatz gilt: $\frac{s^*}{s^* + s} = \frac{r_2}{r_1}$

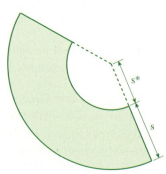

Wir isolieren s*:

$\frac{s^*}{s^* + s} = \frac{r_2}{r_1}$ $\quad | \cdot r_1 \cdot (s^* + s)$

$s^* \cdot r_1 = r_2 \cdot (s^* + s)$
$s^* \cdot r_1 = r_2 \cdot s^* + r_2 \cdot s$
$s^* r_1 - r_2 s^* = r_2 s$
$s^* (r_1 - r_2) = r_2 s$
$s^* = \frac{r_2 s}{r_1 - r_2}$

Durch Einsetzen in die Gleichung für M erhalten wir:

$M = \pi \frac{r_2 s}{r_1 - r_2} \cdot (r_1 - r_2) + \pi r_1 s$
$M = \pi r_2 s + \pi r_1 s = \pi s (r_1 + r_2)$

(2) *Berechnen der Größe der Mantelfläche des Lampenschirms*
Gegeben sind: s = 40 cm; r_1 = 27 cm; r_2 = 12 cm.

$M = \pi \cdot 40 \text{ cm} \cdot (27 \text{ cm} + 12 \text{ cm}) = \pi \cdot 40 \text{ cm} \cdot 39 \text{ cm} \approx 4900{,}88 \text{ cm}^2$

Ergebnis: Die Mantelfläche ist etwa 4901 cm² groß.

Information

Für einen **Kegelstumpf** mit der Länge s einer Mantellinie und den Radien r_1 und r_2 der beiden Grundkreisflächen gilt:

Größe M der Mantelfläche: $M = \pi s (r_1 + r_2)$

Größe O der Oberfläche: $O = \pi (r_1^2 + r_2^2 + s(r_1 + r_2))$

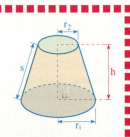

2. Berechne die Größe M der Mantelfläche und die Größe O der Oberfläche des Kegelstumpfes.

a. $r_1 = 5$ cm; $r_2 = 2{,}5$ cm; $s = 6$ cm **b.** $r_1 = 8$ m; $r_2 = 2$ m; $s = 10$ m

Zum Festigen und Weiterarbeiten

3. Fertige eine Schrägbildskizze eines Kegelstumpfes an. Skizziere zunächst einen Kegel.

Wiederholung

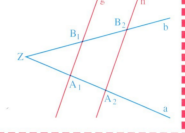

Strahlensätze

Werden zwei Halbgeraden a und b mit gemeinsamem Anfangspunkt Z von zwei zueinander parallelen Geraden g und h geschnitten, so gilt:

1. Strahlensatz: $\dfrac{\overline{ZA_1}}{\overline{ZA_2}} = \dfrac{\overline{ZB_1}}{\overline{ZB_2}}$ und $\dfrac{\overline{ZA_1}}{\overline{A_1A_2}} = \dfrac{\overline{ZB_1}}{\overline{B_1B_2}}$

2. Strahlensatz: $\dfrac{\overline{ZA_1}}{\overline{ZA_2}} = \dfrac{\overline{A_1B_1}}{\overline{A_2B_2}}$ und $\dfrac{\overline{ZB_1}}{\overline{ZB_2}} = \dfrac{\overline{A_1B_1}}{\overline{A_2B_2}}$

Übungen

4. a. Von einem Kegelstumpf sind gegeben: $r_1 = 3$ cm; $r_2 = 1{,}5$ cm; $h = 4$ cm.
Zeichne die Schnittfläche einer Symmetrieebene und beschrifte sie.
Berechne die Länge einer Mantellinie, den Flächeninhalt der Schnittfläche sowie den Winkel, den eine Mantellinie mit der unteren Grundfläche bildet.

b. Von einem Kegelstumpf sind gegeben: $r_1 = 3$ cm; $r_2 = 1{,}5$ cm; $s = 4$ cm.
Zeichne die Schnittfläche einer Symmetrieebene.
Berechne die Höhe des Stumpfes, den Flächeninhalt der Schnittfläche sowie den Winkel, den eine Mantellinie mit der unteren Grundfläche bildet.

5. Bei einem Kegelstumpf seien r_1 und r_2 die Radien der Grundkreise, s die Länge einer Mantellinie sowie h die Höhe des Stumpfes.
Berechne die fehlenden Größen, ferner die Größe der Mantelfläche und der Oberfläche.

a. $r_1 = 2{,}5$ cm
$r_2 = 2$ cm
$h = 5$ cm

b. $r_1 = 2{,}5$ cm
$r_2 = 2$ cm
$s = 6$ cm

c. $r_1 = 2{,}5$ cm
$h = 5$ cm
$s = 6$ cm

d. $r_2 = 2$ cm
$h = 5$ cm
$s = 6$ cm

6. Die Mantelfläche des Eimers (Maße im Bild in mm) soll in einem Stück aus Blech geschnitten werden. Der zylinderförmige Standring hat eine Höhe von 40 mm.
Zeichne die Mantelfläche (Maßstab 1:10) und berechne ihre Größe.

7. Ein Blumenkübel aus Beton hat die Form eines Kegelstumpfes. Er hat unten einen Durchmesser von 75 cm und oben einen Durchmesser von 100 cm. Die Höhe beträgt 100 cm.

a. Zeichne die Mantelfläche (Maßstab 1:20) und berechne ihre Größe.

b. Der Blumenkübel soll innen mit Folie ausgekleidet werden. Die Wand ist 6 cm dick. Wie viel m² Folie werden benötigt?

8. Von einem Kegelstumpf ist bekannt:
  a. $r_1 = 5$ cm; $r_2 = 3$ cm; $M = 100$ cm². Berechne s.
  b. $r_1 = 5$ cm; $s = 3$ cm; $M = 100$ cm². Berechne r_2.
  c. $r_1 = 6,7$ cm; $r_2 = 4,3$ cm; $O = 380$ cm². Berechne s.
  d. $r_1 = 6,7$ cm; $s = 4,3$ cm; $O = 380$ cm². Berechne r_2.

9. Ein Kegel mit $s = 15$ e und $h = 9$ e wird in halber Höhe durch einen Schnitt parallel zur Grundfläche in zwei Teilkörper zerlegt.
In welchem Verhältnis stehen die Mantelflächen der beiden Körper?

Anwendung der Strahlensätze (Wiederholung)

10. Ergänze aufgrund eines Strahlensatzes zu einer wahren Aussage. a ∥ b ∥ c

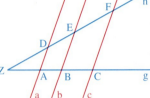

a. $\dfrac{\overline{ZD}}{\overline{ZE}} = \dfrac{\blacksquare}{\blacksquare}$ **c.** $\dfrac{\overline{AD}}{\overline{BE}} = \dfrac{\blacksquare}{\blacksquare}$ **e.** $\dfrac{\blacksquare}{\overline{ZB}} = \dfrac{\overline{ZF}}{\blacksquare}$ **g.** $\dfrac{\overline{DA}}{\overline{CF}} = \dfrac{\blacksquare}{\blacksquare}$

b. $\dfrac{\overline{ZA}}{\overline{ZB}} = \dfrac{\blacksquare}{\blacksquare}$ **d.** $\dfrac{\overline{ZC}}{\blacksquare} = \dfrac{\blacksquare}{\overline{ZD}}$ **f.** $\dfrac{\overline{FC}}{\blacksquare} = \dfrac{\blacksquare}{\overline{ZB}}$ **h.** $\dfrac{\overline{ZC}}{\blacksquare} = \dfrac{\blacksquare}{\overline{ZE}}$

11. Berechne die rot gekennzeichneten Größen.

a. 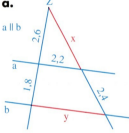   **b.** 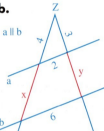   **c.**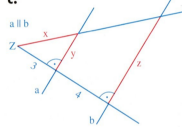

12. Von sechs Längen a_1, a_2, b_1, b_2, c_1, c_2 sind vier gegeben. Berechne die beiden nicht gegebenen Längen. d ∥ e

a. $a_1 = 13,8$ cm
  $b_1 = 4,6$ cm
  $b_2 = 5,1$ cm
  $c_1 = 2,3$ cm

c. $a_2 = 2$ m
  $b_1 = 6,4$ m
  $b_2 = 2,4$ m
  $c_1 = 0,9$ m

b. $a_2 = 18$ cm
  $b_2 = 0,9$ cm
  $c_1 = 6,3$ cm
  $c_2 = 4,5$ cm

d. $a_1 = 10,4$ km
  $b_2 = 2,4$ km
  $c_1 = 5,6$ km
  $c_2 = 2,8$ km

e. $a_1 = 5,4$ mm
  $a_2 = 3,6$ mm
  $b_1 = 6,3$ mm
  $c_1 = 8,4$ mm

f. $a_1 = 7,2$ dm
  $a_2 = 1,8$ dm
  $b_2 = 4,6$ dm
  $c_1 = 13,6$ dm

13. Um die Breite $\overline{DE}$ eines Flusses zu bestimmen, werden die Punkte D, C, A und B wie im Bild abgesteckt und folgende Strecken gemessen:
$\overline{DC} = 25$ m; $\overline{AB} = 35$ m; $\overline{AD} = 21$ m.
Wie breit ist der Fluß?

Volumen der Pyramide und des Kegels
Volumenberechnung bei Pyramide und Kegel

Information

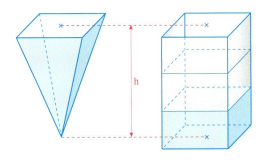
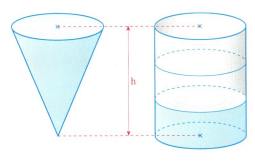

Das Wasser aus der Pyramide mit der Grundflächengröße G und der Körperhöhe h ist in den Quader mit gleich großer Grundfläche und derselben Höhe gegossen worden.
Aufgrund des Umfüllversuches erhalten wir:

$V_{Pyramide} = \frac{1}{3} V_{Quader}$
$= \frac{1}{3} G \cdot h$

Das Wasser aus dem Kegel mit der Grundflächengröße G und der Körperhöhe h ist in den Zylinder mit gleich großer Grundfläche und derselben Höhe gegossen worden.
Aufgrund des Umfüllversuches vermuten wir:

$V_{Kegel} = \frac{1}{3} V_{Zylinder}$
$= \frac{1}{3} \pi r^2 \cdot h$

Für das **Volumen V einer Pyramide** mit der Grundflächengröße G und der Höhe h gilt:

$$V = \frac{1}{3} G \cdot h$$

Beispiel: quadratische Grundfläche: a = 3 cm
Körperhöhe: h = 4 cm

$V = \frac{1}{3} \cdot (3 \text{ cm} \cdot 3 \text{ cm}) \cdot 4 \text{ cm}$
$V = \frac{1}{3} \cdot \quad 9 \text{ cm}^2 \quad \cdot 4 \text{ cm}$
$V = 12 \text{ cm}^3$

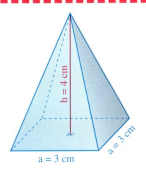

Für das **Volumen V eines Kegels** mit dem Grundkreisradius r und der Höhe h gilt:

$$V = \frac{1}{3} \pi r^2 \cdot h$$

Beispiel: r = 7 cm; h = 12 cm

$V = \frac{1}{3} \cdot \pi \cdot (7 \text{ cm})^2 \cdot 12 \text{ cm}$
$V = \pi \cdot 196 \text{ cm}^3$
$V \approx 616 \text{ cm}^3$

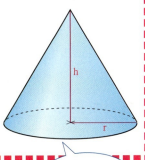

Volumen gleich $\frac{1}{3}$ Grundfläche mal Höhe

Kapitel 3

Zum Festigen und Weiterarbeiten

1. **a.** Berechne das Volumen der Pyramide. Stelle zunächst eine Formel auf, die die gegebenen Größen enthält.
   (1) Quadratische Grundfläche: a = 7,5 cm; Körperhöhe: h = 6,4 cm
   (2) Gleichseitige dreieckige Grundfläche: a = 27 m; Körperhöhe: h = 46 m
   (3) regelmäßige fünfseitige Grundfläche: a = 27 cm; Körperhöhe: h = 39 cm

   b. Löse die Formel $V = \frac{1}{3} G \cdot h$ nach jeder Variablen auf.

2. *Regelmäßige sechsseitige Pyramide*
   a. Das Dach eines Ausstellungspavillons hat die Form einer regelmäßigen sechseckigen Pyramide (Höhe h = 5,75 m; Grundkantenlänge a = 6,15 m). Berechne den umbauten Raum. Stelle zunächst eine Formel auf.

   b. Löse die Formel nach jeder Variablen auf.

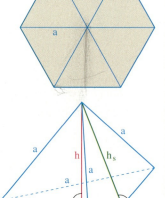

3. *Tetraeder*
   Berechne die Höhe und das Volumen eines Tetraeders (siehe Aufgabe 12, Seite 105) mit der Kantenlänge a = 5 m.
   Beachte Lösungshilfen im Bild.
   Stelle zunächst eine Formel für das Volumen auf.

4. Berechne das Volumen des Kegels.
   a. r = 3 cm   **c.** r = 51 mm   **e.** d = 3,50 m
       h = 9 cm   h = 12 cm   h = 4,75 m
   b. r = 8,9 cm **d.** d = 8,4 dm   **f.** d = 88 cm
       h = 4,3 cm   h = 7,6 dm   h = 3,15 m

5. Das kegelförmige Werkstück aus Stahl hat folgende Abmessungen:
   Durchmesser d = 84 mm;
   Länge einer Mantellinie s = 123 mm.
   1 cm³ des Stahls wiegt 7,8 g.
   Wie schwer ist das Werkstück?

6. Zeige: Für das Volumen eines Kegels gilt: $V = \frac{\pi d^2}{12} \cdot h$

7. *Berechnen von Höhe bzw. Radius (bei vorgegebenem Volumen)*
   Leite zunächst aus $V = \frac{1}{3} G \cdot h$ eine Formel zur Berechnung der gesuchten Größe her.
   a. Ein Kegel hat das Volumen V = 25,447 cm³ und den Radius r = 1,8 cm. Wie hoch ist der Kegel?
   b. Ein Kegel hat das Volumen V = 207,844 cm³ und die Höhe h = 5,9 cm. Welchen Radius hat seine Grundfläche?

8. Wie ändert sich das Volumen eines Kegels, wenn man
   a. den Radius verdoppelt, verdreifacht, …;
   b. die Höhe verdoppelt, verdreifacht, …;
   c. den Radius und die Höhe verdoppelt, verdreifacht, …;
   d. den Radius verdoppelt und die Höhe halbiert?

Pyramide   **Übungen**

9. Berechne das Volumen der Pyramide. Stelle zunächst eine Formel auf.
  a. Quadratische Grundfläche: a = 6,75 m;   Körperhöhe: h = 5,85 m
  b. Gleichseitige dreieckige Grundfläche: a = 36 m;   Körperhöhe: h = 32 m
  c. Regelmäßige sechseckige Grundfläche: a = 3,5 dm;   Körperhöhe: h = 3,5 dm
  d. Regelmäßige siebenseitige Grundfläche: a = 6,84 cm;   Körperhöhe: h = 4,9 cm
  e. Regelmäßige achtseitige Pyramide: a = 4,7 dm;   Seitenflächenhöhe: h_s = 9,4 dm
  f. Regelmäßige elfseitige Pyramide: a = 47,3 mm;   Körperhöhe: h = 5,8 cm

10. Die größte Pyramide ist die um 2600 v. Chr. erbaute Cheops-Pyramide. Sie war ursprünglich 146 m hoch, die Seitenlänge der quadratischen Grundfläche betrug ca. 233 m.
  a. Berechne die Größe der Grundfläche. Verwandle in ha.
  b. Berechne das Volumen der Cheopspyramide.
  c. Heute beträgt die Länge der Grundseite nur noch ungefähr 227 m, die Höhe nur ungefähr 137 m. Wie viel m³ Stein sind inzwischen verwittert? Gib diesen Anteil auch in Prozent an.

11. a. Ein quadratischer Turm (Seitenlänge a = 6,75 m) hat ein pyramidenförmiges Dach (h = 8,25 m). Wie groß ist der Dachraum?
  b. In 60 cm Höhe wird ringsum eine Seitenwand eingebaut. Welche Restfläche bleibt?

12. Stelle für die gesuchte Größe zunächst eine Formel auf, isoliere die gesuchte Variable, berechne dann.
  a. Eine quadratische Pyramide hat das Volumen 256 cm³ und die Kantenlänge 8 cm. Wie hoch ist die Pyramide.
  b. Eine quadratische Pyramide hat das Volumen 216 cm³ und die Höhe h = 8 cm. Wie lang ist eine Grundkante der Pyramide?
  c. Eine quadratische Pyramide hat das Volumen 384 cm³. Die Höhe h verhält sich zur Länge a der Grundkante wie 3 : 2.
  Berechne a und h.

Kegel

13. Berechne das Volumen des Kegels.
  a. r = 4,9 cm   b. r = 3,84 m   c. d = 12,75 m   d. d = 683 mm   e. d = 627 mm
     h = 3,7 cm   h = 4,76 m   h = 13,45 m   h = 475 mm   h = 37,5 cm

14. Berechne das Volumen der Kegel aus Aufgabe 7, Seite 109.

15. In verschiedene Werkstücke werden kegelförmige Hohlräume gefräst. Dem Schrägbild kann man die Art der Bohrung und die Maße (in mm) entnehmen.
Skizziere ggf. einen Achsenschnitt des Gesamtkörpers wie im Beispiel rechts.
Berechne das Volumen des Restkörpers.

a. 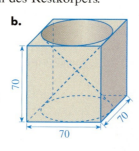   b.   c. 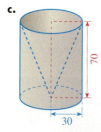   d.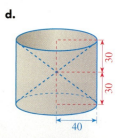

16. a. Ein Kegel hat das Volumen $V = 261{,}8 \text{ cm}^3$ und den Radius $r = 5$ cm.
Wie hoch ist der Kegel?

b. Ein Kegel hat das Volumen $V = 339{,}3 \text{ cm}^3$ und die Höhe $h = 9$ cm.
Welchen Radius hat der Kegel?

c. Ein Kegel hat das Volumen $V = 804{,}248 \text{ cm}^3$.
Seine Höhe verhält sich zum Radius wie 3 : 2.
Berechne h und r.

17. Zu wie viel Prozent ist das Sektglas gefüllt, wenn der Sekt 6 cm [4 cm; 3 cm; 8 cm; 10 cm] hoch steht?

18.

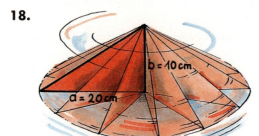

a. Ein rechtwinkliges Dreieck (Maße im Bild) rotiert
(1) um die kürzere Kathete ($b = 10$ cm);
(2) um die längere Kathete ($a = 20$ cm).

Als „Rotationskörper" entsteht jeweils ein Kegel.
Berechne das Volumen der beiden Kegel.
Stelle zunächst eine Formel auf.

b. Ein rechtwinkliges Dreieck rotiert um die Hypotenuse. Zeichne einen Schnitt des Rotationskörpers.
Wie kann man den entstehenden Körper nennen? Berechne sein Volumen.

19. Beim Abschütten von Getreide, Sand usw. entstehen Kegel mit charakteristischem Böschungswinkel α.
Berechne das Volumen der Schüttkegel.

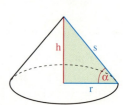

a. Sand ($\alpha \approx 25°$)
$h = 5{,}4$ m

c. Sägemehl ($\alpha \approx 45°$)
$u = 10{,}6$ m

b. Steinkohle ($\alpha \approx 35°$)
$s = 9{,}8$ m

d. Getreide ($\alpha \approx 40°$)
$r = 1{,}5$ m

Vermischte Übungen zu Pyramide und Kegel

1. Berechne das Volumen der Pyramide. Stelle zunächst eine Formel für die gesuchte Größe auf.
   a. Quadratische Grundfläche: $a = 37{,}5$ cm; Körperhöhe: $h = 42{,}5$ cm.
   b. Gleichseitige dreieckige Grundfläche: $a = 17{,}8$ cm; Körperhöhe: $h = 34{,}4$ cm.
   c. Regelmäßige sechseckige Grundfläche: $s = 8$ cm; Körperhöhe: $h = 12$ cm.

2. Berechne das Volumen und die Größe der Oberfläche des Kegels.
   a. $r = 15$ cm
      $h = 35$ cm
   b. $r = 27$ cm
      $h = 29$ cm
   c. $r = 17{,}4$ dm
      $h = 29{,}3$ dm
   d. $r = 27{,}75$ m
      $h = 54{,}35$ m
   e. $d = 348$ mm
      $h = 52{,}4$ cm

3. Bei einem Kegel ist r der Radius, h die Höhe, s die Länge einer Mantellinie, V das Volumen und O die Größe der Oberfläche.
   Berechne aus den angegebenen Größen alle anderen.
   a. $r = 8{,}5$ cm
      $V = 2\ l$
   b. $r = 0{,}45$ m
      $s = 117$ cm
   c. $h = 84$ cm
      $s = 9{,}1$ dm
   d. $h = 34$ cm
      $V = 1580$ cm^3
   e. $s = 7{,}8$ cm
      $O = 106{,}2$ cm^2

4. Bei einer quadratischen Pyramide ist a die Kantenlänge der Grundfläche, h die Körperhöhe, h_s die Höhe einer Seitenfläche, O die Größe der Oberfläche und V das Volumen. Berechne aus den gegebenen Größen alle anderen.
   a. $a = 14{,}3$ cm
      $h = 17{,}4$ cm
   b. $a = 7{,}3$ cm
      $h_s = 9{,}2$ cm
   c. $a = 15{,}5$ cm
      $V = 973{,}44$ cm^3

5. Gegeben ist eine quadratische Pyramide.

   zu a. 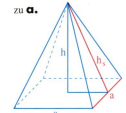 zu b. 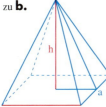 zu c. 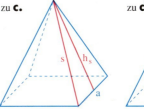 zu d.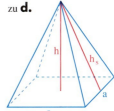

   a. Gegeben ist $a = 6e$ und $h_s = 5e$. Gib das Volumen V in Abhängigkeit von e an.
   b. Gegeben ist $a = 2e$ und $h = 6e$. Gib die Größe O der Oberfläche in Abhängigkeit von e an.
   c. Gegeben ist $s = 3e$ und $h_s = 2e$. Gib die Größe O der Oberfläche in Abhängigkeit von e an.
   d. Gegeben ist $h = 3e$ und $h_s = 4e$. Gib das Volumen V in Abhängigkeit von e an.

6. a. Bei einem Kegel sollen Durchmesser der Grundfläche und Höhe des Kegels übereinstimmen. Berechne Oberfläche und Volumen des Kegels.
   b. Wie groß muss die Höhe eines Kegels wie in Teilaufgabe a sein, damit sein Volumen 1 dm^3 [die Größe seiner Oberfläche 1 dm^2] beträgt?

7. a. Eine Pyramide soll in halber Höhe abgeschnitten werden.
      Wie viel Prozent des Pyramidenvolumens bleiben übrig?
   b. Ein Kegel soll in halber Höhe abgeschnitten werden.
      Wie viel Prozent des Kegelvolumens bleiben übrig?

8. Berechne das Volumen und die Größe der Oberfläche eines Tetraeders, dessen Kanten
  a. 6 cm;   **b.** 15 cm   lang sind.

9. *Oktaeder*
Ein *Oktaeder* ist eine „Doppelpyramide", deren 8 Seitenflächen gleichseitige Dreiecke sind.
Die Länge einer Seitenkante des Oktaeders rechts beträgt a = 8 cm.
  a. Berechne das Volumen des Oktaeders.
  Stelle für das Volumen zunächst eine Formel auf.
  Anleitung: Zeichne zur Berechnung von h einen geeigneten Achsenschnitt.
  b. Berechne die Größe der Oberfläche des Oktaeders.
  Stelle zunächst eine Formel auf.

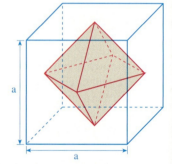

10. In einem Würfel mit der Kantenlänge a = 12 cm werden die Mittelpunkte der Seitenflächen miteinander verbunden.
  a. Zeige, dass der entstandene Körper ein Oktaeder ist und berechne das Volumen des Oktaeders.
  Stelle für das Volumen zunächst eine Formel auf.
  b. Wie viel Prozent beträgt das Volumen des Oktaeders vom Würfelvolumen?

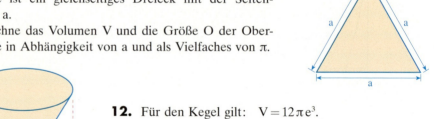

11. Die Schnittfläche eines Kegels mit einer Symmetrieebene ist ein gleichseitiges Dreieck mit der Seitenlänge a.
Berechne das Volumen V und die Größe O der Oberfläche in Abhängigkeit von a und als Vielfaches von π.

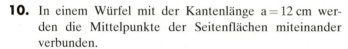

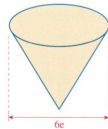

12. Für den Kegel gilt: $V = 12\pi e^3$.
Berechne die Größe O seiner Oberfläche.

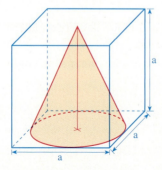

13. Ein Kegel ist einem Würfel mit der Kantenlänge a wie im Bild einbeschrieben.
  a. Berechne in Abhängigkeit von der Kantenlänge a das Volumen V und die Größe O der Oberfläche des Kegels.
  b. Wie viel Prozent vom Würfelvolumen beträgt das Kegelvolumen?

Satz des Cavalieri – Begründung der Volumenformeln

Information

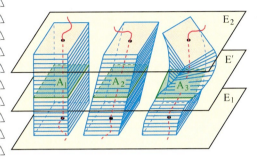
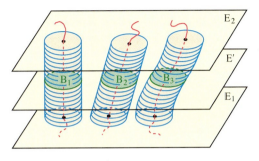

Wir fassen einen Stoß aufgeschichteter Spielkarten bzw. runder Bierdeckel als Modell eines *geraden* Prismas bzw. eines *geraden* Zylinders auf. Die Modelle werden durchbohrt und auf eine Schnur aufgezogen. Nun kann man aus ihnen verschiedene Körper erzeugen, insbesondere *schiefe* Prismen bzw. *schiefe* Zylinder. Der Anschauung entnehmen wir:

(1) Die erzeugten schiefen Körper haben dasselbe Volumen wie die geraden Ausgangskörper.
(2) Liegt eine Grundfläche eines aus den Modellen erzeugten Körpers in der Ebene $\mathbb{E}_1$, so liegt die andere Grundfläche in einer zu $\mathbb{E}_1$ parallelen Ebene $\mathbb{E}_2$.
(3) Schneidet man alle aus demselben Modell entstandenen Körper durch eine Ebene $\mathbb{E}'$, die zu $\mathbb{E}_1$ parallel ist, so haben die entstehenden Schnittflächen A_1, A_2, A_3 alle den gleichen Flächeninhalt; flächeninhaltsgleich sind auch die Schnittflächen B_1, B_2, B_3.

Diesen Sachverhalt hat Bonaventura CAVALIERI (italienischer Mathematiker 1598–1647) als grundlegenden Satz formuliert, den wir für die Volumenberechnung benutzen.

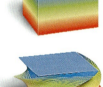

Satz des Cavalieri:

Liegen zwei Körper zwischen zueinander parallelen Ebenen E_1 und E_2 und werden sie von jeder zu E_1 parallelen Ebene E' so geschnitten, dass gleich große Schnittflächen entstehen, so haben die Körper das gleiche Volumen.

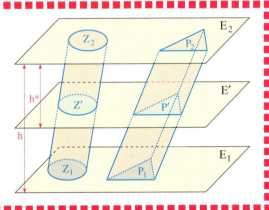

Zum Festigen und Weiterarbeiten

1. Begründe mithilfe des Satzes von Cavalieri:
   Jedes schiefe Prisma ist volumengleich zu einem geraden Prisma mit gleich großer Grundfläche und gleicher Höhe.

2. Begründe mithilfe des Satzes von Cavalieri:
   a. Jeder schiefe Zylinder ist volumengleich zu einem geraden Zylinder.
   b. Jeder schiefe Kegel ist volumengleich zu einem geraden Kegel.

   zu **b.**
   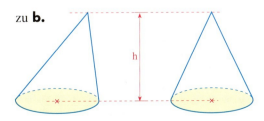

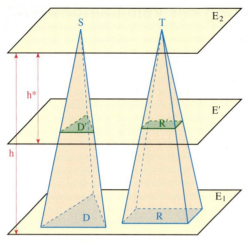

△ **3.** Begründe den Satz:
Zwei Pyramiden mit gleichem Grundflächeninhalt und gleicher Höhe sind volumengleich.
Hinweis:
Zeige an der Zeichnung, dass durch zentrische Streckung im Raum gilt:
$A_D = A_{D'} \cdot k^2$ und $A_R = A_{R'} \cdot k^2$ und aus $A_D = A_R$ folgt $A_{D'} = A_{R'}$.

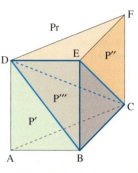

△ **4.** Zeige: Das Prisma Pr wird durch die eingezeichneten Schnitte in drei volumengleiche Pyramiden P′, P″ und P‴ zerlegt.
Leite dann eine Formel für das Volumen der Pyramide her.

1. Schnitt

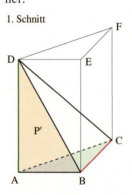

2. Schnitt

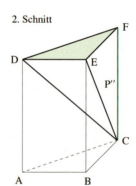

3. Schnitt

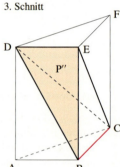

△ **5.** Begründe: Zu jeder Pyramide gibt es eine dreiseitige Pyramide mit gleichem Volumen und gleicher Höhe.

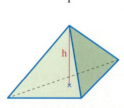
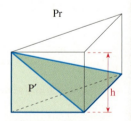

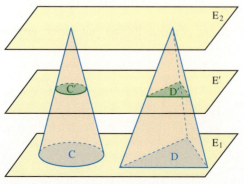

△ **6.** Die Grundflächeninhalte des Kegels K und der Pyramide P sind gleich, die Höhen sind ebenfalls gleich.
Zeige, dass der Kegel K und die Pyramide P auch das gleiche Volumen haben.
Leite dann die Formel für das Volumen des Kegels her.

Volumen des Pyramidenstumpfes und des Kegelstumpfes

1. Die Körper (Maße in mm) sollen als Sockel aus Bronze gegossen werden. 1 dm³ Bronze wiegt 9,7 kg. Wie viel kg Bronze werden für jeden Sockel benötigt?

Aufgabe

a. 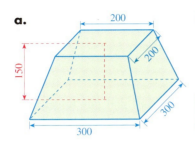   b.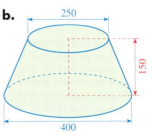

Lösung

Die Körper haben die Form eines Pyramidenstumpfes bzw. eines Kegelstumpfes.

(1) Ergänze den Pyramidenstumpf zu einer Pyramide P. Berechne die Höhe h* der Ergänzungspyramide P*.

(1) Ergänze den Kegelstumpf zu einem Kegel K. Berechne die Höhe h* des Ergänzungskegels K*.

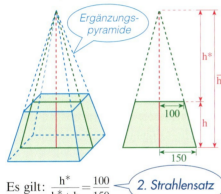   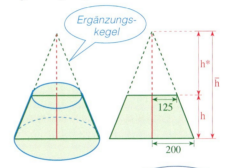

Es gilt: $\frac{h^*}{h^*+h} = \frac{100}{150}$ ← *2. Strahlensatz*

150 h* = 100 h* + 100 h

Durch Einsetzen (h = 150 mm) und Umformen erhält man: h* = 300 mm

Für die Pyramide P gilt:
$\overline{h} = h^* + h = 450$ mm

Es gilt: $\frac{h^*}{h^*+h} = \frac{125}{200}$ ← *2. Strahlensatz*

200 h* = 125 h* + 125 h

Durch Einsetzen (h = 150 mm) und Umformen erhält man: h* = 250 mm

Für den Kegel K gilt:
$\overline{h} = h^* + h = 400$ mm

(2) Berechne das Volumen der Pyramide P und der Ergänzungspyramide P*.

$V_P = \frac{1}{3} G_1 \cdot \overline{h}$

$V_P = \frac{1}{3} \cdot (300 \text{ mm})^2 \cdot 450 \text{ mm}$

$V_P = 13\,500\,000 \text{ mm}^3 = 13{,}5 \text{ dm}^3$

$V_{P^*} = \frac{1}{3} G_2 \cdot h^*$

$V_{P^*} = \frac{1}{3} \cdot (200 \text{ mm})^2 \cdot 300 \text{ mm}$

$V_{P^*} = 4\,000\,000 \text{ mm}^3 = 4 \text{ dm}^3$

(2) Berechne das Volumen des Kegels K und des Ergänzungskegels K*.

$V_K = \frac{1}{3} G_1 \cdot \overline{h} = \frac{1}{3} \pi r_1^2 \cdot \overline{h}$

$V_K = \frac{1}{3} \pi \cdot (200 \text{ mm})^2 \cdot 400 \text{ mm}$

$V_K \approx 16\,755\,161 \text{ mm}^3 \approx 16{,}755 \text{ dm}^3$

$V_{K^*} = \frac{1}{3} G_2 \cdot h^* = \frac{1}{3} \pi r_2^2 \cdot h^*$

$V_{K^*} = \frac{1}{3} \pi \cdot (125 \text{ mm})^2 \cdot 250 \text{ mm}$

$V_{K^*} \approx 4\,090\,615 \text{ mm}^3 \approx 4{,}091 \text{ dm}^3$

(3) Bestimme das Volumen des Pyramidenstumpfes als Differenz aus V_P und V_{P^*} und berechne das Gewicht.

$V_P - V_{P^*} = 13{,}5 \text{ dm}^3 - 4 \text{ dm}^3$
$= 9{,}5 \text{ dm}^3$

m = 9,5 · 8,7 kg = 82,65 kg

Ergebnis: Ungefähr 83 kg Bronze.

(3) Bestimme das Volumen des Kegelstumpfes als Differenz aus V_K und V_{K^*} und berechne das Gewicht.

$V_K - V_{K^*} = 16{,}755 \text{ dm}^3 - 4{,}091 \text{ dm}^3$
$= 12{,}664 \text{ dm}^3$

m = 12,664 · 8,7 kg ≈ 110,117 kg

Ergebnis: Ungefähr 110 kg Bronze.

Kapitel 3 126

Zum Festigen und Weiterarbeiten

2. Berechne das Volumen des Kegelstumpfes bzw. des Pyramidenstumpfes (Maße in mm).

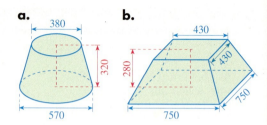

a.
b.

3. In Formelsammlungen findet man folgende Formeln:

> Für das **Volumen des Pyramiden- und des Kegelstumpfes** mit den Grundflächengrößen G_1 und G_2 sowie der Höhe h gilt:
>
> $$V = \frac{1}{3} h \cdot (G_1 + \sqrt{G_1 G_2} + G_2)$$
>
> Für den Kegelstumpf mit den Radien r_1 und r_2 der beiden Grundflächen gilt insbesondere:
>
> $$V = \frac{1}{3} \pi h \cdot (r_1^2 + r_1 r_2 + r_2^2)$$
>
> *Beispiel:* $r_1 = 5$ cm; $r_2 = 3$ cm; $h = 3{,}5$ cm
>
> $V = \frac{1}{3} \cdot \pi \cdot 3{,}5 \text{ cm} \cdot ((5 \text{ cm})^2 + 5 \text{ cm} \cdot 3 \text{ cm} + (3 \text{ cm})^2)$
>
> $V = \frac{1}{3} \cdot \pi \cdot 3{,}5 \text{ cm} \cdot 49 \text{ cm}^2$
>
> $V \approx 179{,}6 \text{ cm}^3$

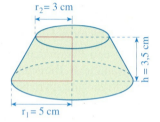

a. Berechne das Volumen der Stümpfe in den Aufgaben 1 und 2 mithilfe dieser Formeln.

▲ **b.** Zeige die Gültigkeit der Formeln.

4. Berechne das Volumen eines 12 cm hohen Pyramidenstumpfes,

a. dessen Grundflächen gleichseitige Dreiecke mit den Seitenlängen $a_1 = 15$ cm und $a_2 = 8$ cm sind;

b. dessen Grundflächen regelmäßige Sechsecke mit den Seitenlängen $a_1 = 4$ cm und $a_2 = 2$ cm sind.

Gib das Volumen V zunächst in Abhängigkeit von h, a_1 und a_2 an.

Übungen

5. Berechne das Volumen des abgebildeten Kegelstumpfes bzw. Pyramidenstumpfes (Maße in mm).

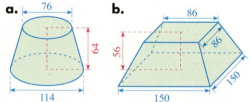

a.
b.

6. Aus dem Kegelstumpf wird ein Kegel wie im Bild herausgebohrt. Berechne das Volumen des Restkörpers.

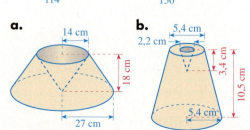

a.
b.

7. Eine Pyramide bzw. ein Kegel sollen parallel zur Grundfläche so zerschnitten werden, dass das Volumen der Teilkörper gleich groß ist.
Berechne die Höhe der beiden Teilkörper und die Seitenlängen bzw. den Radius der Schnittfläche.

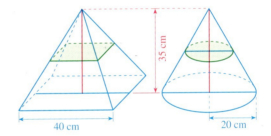

8. Berechne das Volumen des quadratischen Pyramidenstumpfes mit folgenden Maßen:

a. $a_1 = 6{,}8$ cm	**b.** $a_1 = 8{,}2$ cm	**c.** $a_2 = 7{,}5$ cm	**d.** $a_1 = 4{,}2$ cm	**e.** $a_2 = 5$ cm
$a_2 = 4{,}2$ cm	$h = 12$ cm	$h = 20$ cm	$h = 7{,}3$ cm	$h = 12$ cm
$h = 11{,}2$ cm	$h_s = 15$ cm	$h_s = 22$ cm	$s = 9{,}2$ cm	$s = 15$ cm

9. Berechne das Volumen des Kegelstumpfes mit folgenden Maßen:

a. $r_1 = 3$ cm	**b.** $r_1 = 4{,}1$ cm	**c.** $r_1 = 6{,}8$ cm	**d.** $r_2 = 4{,}8$ cm
$r_2 = 2{,}5$ cm	$r_2 = 5{,}8$ cm	$h = 4{,}9$ cm	$h = 6{,}5$ cm
$h = 6{,}3$ cm	$s = 7{,}8$ cm	$s = 6{,}1$ cm	$s = 7{,}9$ cm

10. Berechne das Volumen der Rührschüssel:
$d_1 = 16$ cm; $\quad d_2 = 28$ cm; $\quad h = 12$ cm

11. a. Wie viel Blumenerde fasst jeder Behälter?
b. Wie viel Beton wird jeweils zur Herstellung eines Behälters benötigt?
c. 1 cm³ Beton wiegt 2,5 g. Wie schwer ist jeder Behälter?

12. Der aus Marmor gefertigte regelmäßige achtseitige Pyramidenstumpf eines Reiterstandbilds mit den Maßen: Grundkante $a_1 = 2{,}25$ m; Deckkante $a_2 = 1{,}75$ m und $h = 75$ cm muss transportiert werden.
Welche Tragfähigkeit muss der Lkw, der den Sockel transportieren soll, mindestens haben? (Dichte von Marmor: 2,7 g/cm³)

13. Wie viel cm³ Wasser fasst ein Trinkglas von der Form eines Kegelstumpfes?
Der Durchmesser an der Öffnung beträgt 6,6 cm, der Durchmesser am Boden 5 cm. Das Glas ist innen 8,3 cm tief.

14. Von einem quadratischen Pyramidenstumpf ist bekannt:
a. $a_1 = 4{,}2$ cm; $\quad a_2 = 6{,}4$ cm; $\quad V = 100$ cm³. Berechne h.
b. $a_1 = 6{,}2$ cm; $\quad h = 7{,}5$ cm; $\quad V = 750$ cm³. Berechne a_2.

Vermischte Übungen

15. Von einem quadratischen Pyramidenstumpf ist bekannt:
   a. $V = 84\ cm^3$, $h = 9{,}6\ cm$ und $a_1 = 4{,}2\ cm$. Berechne die Größe der Mantelfläche.
   b. $O = 220\ cm^2$, $h_s = 5{,}8\ cm$ und $a_1 = 7{,}4\ cm$. Berechne das Volumen.

16. Von einem Kegelstumpf ist bekannt:
   a. $r_1 = 5{,}5\ cm$; $r_2 = 3{,}5\ cm$; $V = 80\ cm^3$. Berechne h.
   b. $r_1 = 7{,}2\ cm$; $h = 8{,}6\ cm$; $V = 820\ cm^3$. Berechne r_2.

17. Gegeben ist ein quadratischer Pyramidenstumpf mit $a_1 = 40\ cm$, $a_2 = 28\ cm$ und $h = 21\ cm$. Um wie viel cm muss man die Grundkante a_1 des Pyramidenstumpfes verkürzen, damit das Volumen des Stumpfes halbiert wird?

18. Ein Abfallkorb hat die Form eines oben offenen Pyramidenstumpfes. Er ist innen mit Blech ausgekleidet. Bei der Herstellung waren einschließlich 7% Verschnitt 0,85 m² Blech erforderlich.
Wie lang ist die untere Kante, wenn die obere 52 cm und die Seitenhöhe 41 cm lang sind?

19. Ein Kegelstumpf besitzt ein Volumen von 41,2 dm³. Er ist 36 cm hoch und sein unterer Durchmesser ist doppelt so lang wie der obere.
Berechne die Größe M seiner Mantelfläche.

20. Die Oberfläche eines Kegelstumpfes beträgt 3,6 m². Ferner sind die Größen $r_1 = 57{,}4\ cm$ und $s = 87{,}1\ cm$ bekannt. Berechne den Radius r_2.

21. Ein Kegelstumpf besitzt die Maße $r_1 = 20\ cm$; $r_2 = 15\ cm$; $h = 18\ cm$. Beide Radien sollen um den gleichen Betrag x verlängert werden, sodass das Volumen des Kegelstumpfes sich um 25% vergrößert. Wie groß muss x sein?

22. Ein oben offenes kegelstumpfförmiges Gefäß mit der Gesamthöhe $h = 35\ cm$ ist bis zu $\frac{2}{5}$ der Höhe gefüllt. Es befinden sich bei dieser Höhe 4 l Wasser im Gefäß. Die kreisrunde Fläche des Wasserspiegels nimmt eine Fläche von 4,5 dm² ein.
Berechne den Durchmesser der Bodenfläche.

23. Bei einem quadratischen Pyramidenstumpf sei $a_1 = 10e$, $a_2 = 6e$ und $h = 3e$.
Für welches e gilt $V = 1568$ (Volumeneinheiten)?

24. Bei einem Kegelstumpf sind $d_1 = 12e$, $d_2 = 18e$ und $h = 6e$.
Berechne das Volumen in Abhängigkeit von e.

25. Eine quadratische Pyramide mit $a = 6e$ und $h = 8e$ wird in halber Höhe durch einen Schnitt parallel zur Grundfläche in zwei Teilkörper zerlegt.
In welchem Verhältnis stehen die Volumen der beiden Teilkörper?

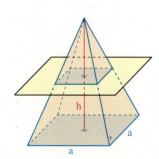

Bist du fit?

1. Berechne das Volumen und die Größe der Oberfläche der quadratischen Pyramide.
   - **a.** a = 12 cm; h = 17 cm
   - **b.** a = 23,5 cm; h = 34,7 cm

2. Berechne das Volumen und die Größe der Oberfläche des Kegels.
   - **a.** r = 15 cm h = 35 cm
   - **b.** r = 274 cm h = 29 cm
   - **c.** r = 17,4 dm h = 29,3 cm
   - **d.** r = 27,75 m h = 54,35 m
   - **e.** d = 348 mm h = 52,4 cm

3. Berechne den Radius der Grundfläche.
   - **a.** Kegel: h = 12 cm; V = 2412,7 cm³
   - **b.** Kegel: h = 15 cm; M = 1602 cm²

4. Berechne die fehlenden Größen einer quadratischen Pyramide.

	Kantenlänge a	Körperhöhe h	Höhe h_s einer Seitenfläche	Größe M der Mantelfläche	Größe O der Oberfläche	Volumen V
a.	7,4 cm	12,3 cm				
b.	5,9 cm		9,7 cm			
c.		15,3 cm	18,4 cm			
d.			7,6 cm	124,3 cm²		
e.		6,7 cm				25,1 cm³
f.	9,4 cm			300 cm²		
g.	14,8 cm					453 cm³

5. Berechne die fehlenden Größen eines Kegels.

	Radius r	Höhe h	Länge s einer Mantellinie	Größe M der Mantelfläche	Größe O der Oberfläche	Volumen V
a.	6,2 cm	19,4 cm				
b.	4,8 cm		6,9 cm			
c.		13,9 cm	18,5 cm			
d.			8,8 cm	124,9 cm²		
e.		4,3 cm				20,4 cm³
f.	8,4 cm				600 cm²	
g.	12,4 cm					345 cm³

6. Eine Kohlenhalde hat die Form eines Kegels. Sie ist 10 m hoch und bedeckt eine Kreisfläche mit 80 m Durchmesser.
   - **a.** Wie viel m³ Kohle liegen auf der Halde?
   - **b.** 1 m³ Kohle wiegt 1,3 t. Wie viele Güterwagen mit je 20 t Tragfähigkeit werden zum Abtransport der Kohle benötigt?

7. **a.** Bei einem Kegel sollen Durchmesser der Grundfläche und Höhe des Kegels übereinstimmen. Berechne Oberfläche und Volumen des Kegels.
   b. Wie groß muss die Höhe eines Kegels wie in Teilaufgabe a. sein, damit sein Volumen 1 dm³ [seine Oberfläche 1 dm²] beträgt?

8. Aus einem kegelförmigen Metallkörper (r = 10 cm; h = 25 cm) wird ein möglichst großes Metallteil hergestellt, das die Form einer regelmäßigen sechseckigen Pyramide hat.

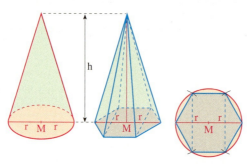

a. Der Metallkörper hat eine Dichte von $8{,}4 \frac{g}{cm^3}$.
Wie groß ist der Gewichtsunterschied der beiden Körper?
Schätze zuerst, rechne dann genau.

b. Die beiden Körper sollen auch als Hohlkörper aus Blech hergestellt werden. Das verwendete Blech ist 1 mm dick. Es hat eine Dichte von $7{,}6 \frac{g}{cm^3}$.
Berechne den Gewichtsunterschied der beiden Hohlkörper.

9. Berechne das Volumen und die Größe der Oberfläche eines Tetraeders, mit der Kantenlänge

a. 6 cm; **b.** 15 cm.

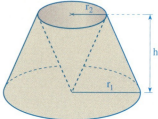

10. Aus dem Kegelstumpf wird ein Kegel wie im Bild herausgebohrt ($r_1 = 24$ cm; $r_2 = 12$ cm; h = 20 cm).
Berechne das Volumen des Restkörpers.

11. Die Schnittfläche eines Kegelstumpfes (Bild rechts) mit einer Symmetrieebene hat einen Flächeninhalt von 48 cm².
Berechne das Volumen V und die Größe M des Mantels.

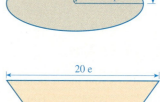

12. Die Skizze zeigt die Schnittfläche eines Körpers, der aus zwei gleichen Kegelstümpfen besteht. Das Gesamtvolumen beträgt $V = 222 \pi$ cm³.
Berechne den mittleren Durchmesser d.

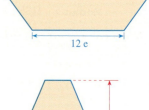

13. Bei einem quadratischen Pyramidenstumpf mit $a_1 = 15$ cm, $a_2 = 8$ cm und h = 4,5 cm wird die untere Kante auf zwei Drittel ihrer Länge verkürzt.
Um wie viel Prozent verringert sich das Volumen?

14. Die Schnittfläche eines Kegels mit einer Symmetrieebene ist ein gleichschenkliges Dreieck. Die Länge der Schenkel beträgt 5e, die Länge der Basis 6e.
Berechne das Volumen V und die Größe O der Oberfläche in Abhängigkeit von e und als Vielfaches von π.

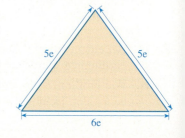

Zusammengesetzte Körper
Prisma, Zylinder und Kugel (Wiederholung)

(1) Prisma und Zylinder

Für das Volumen V, die Größe M der Mantelfläche und die Größe O der Oberfläche gilt:

$V = A \cdot h$
$M = u \cdot h$ (u: Grundflächenumfang)
$O = 2 \cdot A + M$

Für den Zylinder gilt insbesondere:

$V = \pi r^2 \cdot h$
$M = 2 \pi r \cdot h$
$O = 2 \pi r^2 + 2 \pi r \cdot h = 2 \pi r (r + h)$

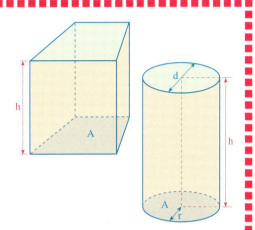

(2) Kugel

Für das Volumen V und die Größe O der Oberfläche gilt:

$V = \frac{4}{3} \pi r^3$
$O = 4 \pi r^2$

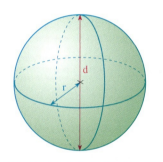

Übungen

1. Berechne das Volumen und die Größe der Oberfläche des Prismas (Maße in cm).

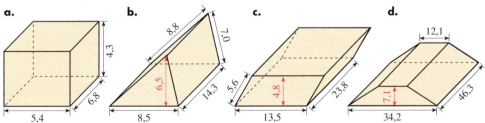

2. Berechne die fehlenden Größen des Zylinders.

	Radius	Höhe	Größe der Grundfläche	Größe der Mantelfläche	Größe der Oberfläche	Volumen
a.		3,6 dm	39 dm²			
b.		16 cm		623 cm²		
c.	3,1 dm			46,9 dm²		
d.		13,4 cm			98,6 cm²	
e.	6,2 cm					584 cm³

3. Berechne die Größe der Oberfläche und das Volumen des Kreiszylinders.

    a. r = 15 mm; h = 25 mm   **d.** r = 48,25 cm; h = 7,75 m   **g.** r = 0,78 m; h = 3,9 dm
    b. r = 7,5 cm; h = 13,4 cm   **e.** d = 27 cm; h = 2,5 dm   **h.** r = 2752 mm; h = 1,74 m
    c. r = 25,8 dm; h = 12,7 cm   **f.** d = 0,75 m; h = 87 cm   **i.** d = 156 cm; h = 2,75 m

4. Berechne die Größe der Oberfläche und das Volumen des Hohlzylinders.

    a. r_2 = 27 cm; r_1 = 16 cm;   h = 12 cm
    b. r_2 = 485 mm; r_1 = 390 mm;   h = 184 mm
    c. r_2 = 1,74 m; r_1 = 12,5 dm;   h = 85 cm
    d. r_2 = 0,87 m; r_1 = 4,9 dm;   h = 14 cm

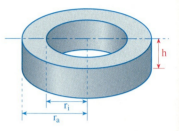

5. Berechne das Volumen und die Größe der Oberfläche des Körpers (Maße in mm).

a. 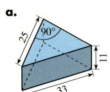   **b.** 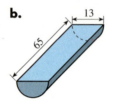   **c.** 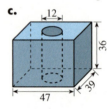   **d.**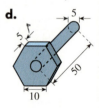

6. Berechne das Volumen und die Größe der Oberfläche der Kugel.

    a. r = 2 cm   **c.** r = 9 dm   **e.** r = 4,3 m   **g.** d = 53 mm   **i.** d = 25 m
    b. r = 18 mm   **d.** r = 9 m   **f.** r = 11 cm   **h.** d = 8 dm   **j.** d = 8.3 m

7. Bei einer Kugel sei r der Radius, V das Volumen und O die Größe der Oberfläche. Berechne die fehlenden Größen.

    a. r = 1,6 cm   **b.** O = 16 dm^2 **c.** V = 27 *l*   **d.** O = 8 m^2 **e.** V = 100 cm^3

8. Berechne das Volumen einer Schöpfkelle (Halbkugel). Der Öffnungsdurchmesser beträgt:

    a. 8 cm   **b.** 10 cm   **c.** 12 cm   **d.** 16 cm   **e.** 24 cm

9. Für ein Kugellager werden Stahlkugeln mit 12 mm Durchmesser benötigt. 1 cm^3 des Stahls wiegt 7,85 kg.

10. Eine Schaumgummiwalze soll doppelt so lang sein wie ihr Durchmesser.
Berechne das Volumen und die Größe der Oberfläche für folgende Fälle:

    a. Die Länge der Walze beträgt 36,0 cm
    b. Der Durchmesser der Walze beträgt 12,0 cm.

11. Für ein Spiel werden 100 halbkugelförmige Holzsteine hergestellt. Sie haben einen Durchmesser von 4 cm. Damit sie länger halten, werden sie lackiert. Eine kleine Dose Klarlack reicht für 0,3 m^2.
Kann man damit alle Spielsteine lackieren?

Berechnungen an zusammengesetzten Körpern

Aufgabe

1. In einem Neubaugebiet entstehen Häuser, die eine besondere Dachform besitzen (siehe Skizze).
Die Höhe des Dachraumes beträgt 3 m.
Die Grundflächen der Häuser sind quadratisch.

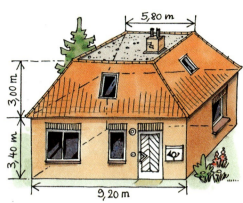

a. Bestimme für ein Haus das Volumen des gesamten umbauten Raumes.

b. Wie viel m² des Daches sind mit Dachziegeln zu decken, wenn vier rechteckige Dachfenster mit a = 60 cm und b = 95 cm eingeplant sind?

c. Unter welchem Winkel steigen die schrägen Dachkanten gegenüber dem Dachboden an?

Lösung

a. Das Haus besteht aus einem quadratischen Prisma und einem quadratischen Pyramidenstumpf. Das Volumen des umbauten Raumes ergibt sich durch Addition der beiden Teilvolumen. Also:

$V = V_{Prisma} + V_{Pyramidenstumpf}$

$V = a^2 \cdot h + \frac{h}{3}(a_1^2 + \sqrt{a_1^2 \cdot a_2^2} + a_2^2)$

$V = (9{,}2\,m)^2 \cdot 3{,}4\,m + \frac{3\,m}{3}[(9{,}2\,m)^2 + 9{,}2\,m \cdot 5{,}8\,m + (5{,}8\,m)^2]$

$V = 459{,}416\,m^3 \approx 459{,}4\,m^3$

Ergebnis: Das Volumen des umbauten Raumes beträgt ungefähr 459,4 m³.

b. Die Größe D der mit Dachziegel zu deckenden Fläche ergibt sich aus der Größe der Mantelfläche des Pyramidenstumpfes (vier Trapeze), von der man die Größe der Fläche der Dachfenster (vier Rechtecke) abziehen muss.

$D = 4 \cdot A_{Trapez} - 4 \cdot A_{Rechteck}$

$D = 4 \cdot \frac{a_1 + a_2}{2} \cdot h_s - 4 \cdot a \cdot b$

Die nicht bekannte Seitenhöhe h_s eines Trapezes muss noch nach dem Satz des Pythagoras berechnet werden:

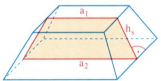

$h_s^2 = h^2 + \left(\frac{a_1 - a_2}{2}\right)^2$

$h_s = \sqrt{(3\,m)^2 + \left(\frac{9{,}2\,m - 5{,}8\,m}{2}\right)^2}$

$h_s \approx 3{,}45\,m$

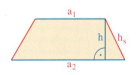

$D = 4 \cdot \frac{9{,}2\,m + 5{,}8\,m}{2} \cdot 3{,}45\,m - 4 \cdot 0{,}6\,m \cdot 0{,}95\,m \approx 101\,m^2$

Ergebnis: Für 101 m² Dachfläche werden Ziegel benötigt.

c. Der gesuchte Winkel α ist in einem Schnittbild (Diagonalschnitt) gut zu erkennen.
e_1 und e_2 sind Diagonalen der quadratischen Grundflächen.

$e_1 = a_1 \sqrt{2}$ $\qquad$ $e_2 = a_2 \sqrt{2}$
$e_2 = 9{,}2 \sqrt{2}$ m $\qquad$ $e_2 = 5{,}8 \sqrt{2}$ m
$e_2 = 13{,}01$ m $\qquad$ $e_2 = 8{,}20$ m

$\tan \alpha = \dfrac{h}{\frac{e_1 - e_2}{2}}$

$\tan \alpha = \dfrac{3 \text{ m}}{\frac{13{,}01 \text{ m} - 8{,}2 \text{ m}}{2}}$, also: $\alpha = 51{,}3°$

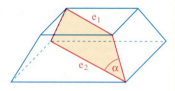
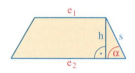

Ergebnis: Die Dachkanten steigen unter einem Winkel von 51° an.

Zum Festigen und Weiterarbeiten

2. Ein Kantenmodell aus Draht hat die Form einer regelmäßigen sechsseitigen Säule mit aufgesetzter Pyramide.

  a. Berechne die Gesamtlänge des Drahtes in Abhängigkeit von e.

  b. Erstelle eine Formel für das Gesamtvolumen in Abhängigkeit von e.

  c. Es soll $V_{gesamt} = 3410$ m² gelten. Welchen Wert (in m) muss e dann annehmen?

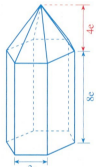

3. Der skizzierte Körper setzt sich aus zwei gleich großen quadratischen Pyramidenstümpfen zusammen. Sein Volumen ist 1272 cm³.

  a. Berechne seine Gesamthöhe h.

  △ **b.** Welchen Wert nimmt der Winkel α an, wenn die Gesamthöhe schrittweise um 4 cm kleiner wird? Erstelle eine Tabelle und zeichne das Schaubild. Entnimm dem Schaubild die Gesamthöhe für α = 80°.

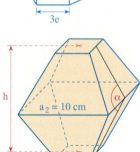

4. Eine Milchkanne wird als Blumenvase genutzt. Das Wasser steht darin 20 cm hoch.
Wie viel Prozent des gesamten Fassungsvermögens der Kanne nimmt es ein?

Rotationskörper

Durch Drehung (Rotation) einer Fläche um eine Achse entstehen **Drehkörper**, auch *Rotationskörper* genannt.

Zylinder 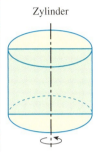 Kegel 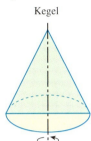 Kegelstumpf 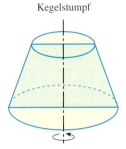 Kugel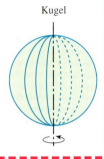

5. Gib eine Formel (wie im Beispiel unten) für das Volumen und die Größe der Oberfläche des folgenden Drehkörpers an.

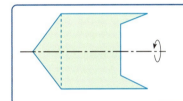

$V = V_{Kegel} + V_{Zylinder} - V_{Kegelstumpf}$

$O = M_{Kegel} + M_{Zylinder} - M_{Kegelstumpf} + A_{Kreis}$

a. 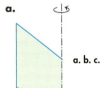 **b.** 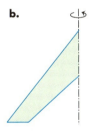 **c.**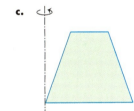

a. b. c.

Übungen

6. Ein Regenrückhaltebecken hat die Form eines quadratischen Prismas mit aufgesetztem Pyramidenstumpf (s. Schnitt parallel zu den Grundkanten). Das Becken ist unten 10,40 m und oben 13,60 m breit. Beide Höhen h_1 und h_2 sind gleich.

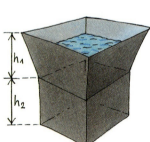

a. Wenn das Becken bis zum oberen Rand gefüllt ist, fasst es 715 m³ Wasser. Berechne die Gesamttiefe.

b. Die inneren Kanten des Beckens sind mit einer Kunststoffmasse abgedichtet. Wie viel laufende Meter Kanten müssen abgedichtet werden?

7. Ein Körper mit quadratischer Grundfläche und den Maßen $h = 42$ cm und $h_1 = 37$ cm besitzt ein Gesamtvolumen von 1 392 cm³.
Berechne jeweils das Volumen der Teilkörper (Prisma und Pyramide) und bestimme die Seitenlänge a der quadratischen Grundfläche.

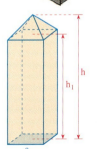

8. Ein Kerzenständer aus Holz hat die Form eines regelmäßigen sechseckigen Pyramidenstumpfs mit aufgesetztem Prisma. In der Skizze ist ein Diagonalschnitt gezeichnet.
Die Maße betragen:
h = 30 mm; $h_1 : h_2 = 2 : 1$;
$a_1 = 50$ mm; $a_2 = 40$ mm.
Berechne die Größe der Oberfläche.

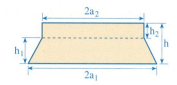

9. Ein zylindrisches Werkstück besitzt eine halbkugelförmige Vertiefung (s. Schnittfläche).
Berechne das Volumen und die Größe der Oberfläche des Werkstücks.

Kugel:
$V = \frac{4}{3}\pi r^3$
$O = 4\pi r^2$

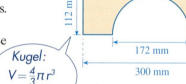

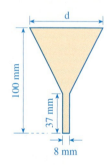

10. Ein kegelstumpfförmiger Trichter hat einen zylindrischen Abfluss.
Das Gefäß fasst 45 cm³.
Berechne den oberen Durchmesser d des Trichters (alle Maße sind Innenmaße).

11. Im Bild links ist die Schnittfläche eines Plastikkännchens mit einer Symmetrieebene dargestellt. Die im Kännchen befindliche Flüssigkeit steht 13,5 cm hoch.
Berechne den oberen Durchmesser d des Flüssigkeitsspiegels.
Wie viel Prozent des Gesamtvolumens sind gefüllt?

12. Eine quadratische Pyramide mit der Grundkantenlänge a wird parallel zur Grundfläche im Abstand 3e durchgeschnitten (s. Schnitt parallel zur Grundkante).
In welchem Verhältnis stehen die Größen der Mantelflächen der beiden entstehenden Teilkörper zueinander?

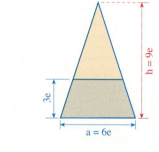

13. Beschreibe die entstehenden Körper
  a. bei der Rotation um die x-Achse;
  b. bei der Rotation um die y-Achse.

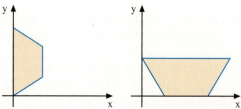

14. Der im Schnitt dargestellte Körper besteht aus einem Kegelstumpf mit aufgesetztem Kegel. Es soll gelten:
s = 2e; α = 60°; β = 45°; d₁ = 4e
Berechne die Größe der Mantelfläche dieses Körpers in Abhängigkeit von e.

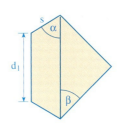

15. Ein Kegel besitzt eine kegelförmige Vertiefung. Bestimme das Volumen der Vertiefung in Abhängigkeit von α.
Wähle für α: 5°; 10°; 15°; ...; 40°.
Erstelle eine Tabelle und zeichne das Schaubild.

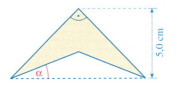

16. Berechne das Volumen und die Größe der Oberfläche des Rotationskörpers, der durch Rotation der grünen Fläche um die Achse entsteht (Maße in cm).

a.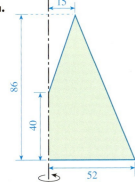

b.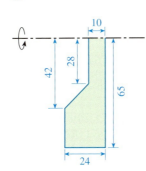

c.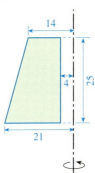

17. a. Welchen Wert muss a annehmen, sodass ein Rotationskörper entsteht, für den gilt:
(1) $V_{gesamt} = V_{Zylinder}$
(2) $V_{gesamt} = V_{Zylinder} - V_{Kegel}$
(3) $V_{gesamt} = V_{Zylinder} + V_{Kegel}$

b. Erstelle eine Formel für die Größe der Oberfläche des Körpers in Abhängigkeit von a (0 ≤ a ≤ 4).

c. Berechne mithilfe der Formel die Größen der Oberflächen für a = 0 [a = 1; a = 2; a = 3; a = 4]. Erstelle eine Tabelle.

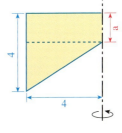

18. Die gelbe Fläche rotiert um die Achse.

a. Bestimme das Volumen des entstehenden Körpers in Abhängigkeit von e.

b. Wie groß muss e gewählt werden, damit V = 442 cm³ wird?

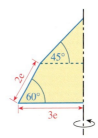

Vermischte Übungen

1. Berechne die Größe der Dachfläche und die Größe des Dachraumes.

    a. Satteldach   **b.** Turmdach   **c.** Kegeldach   **d.** Kuppeldach

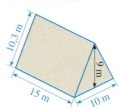
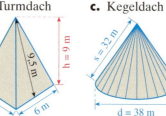
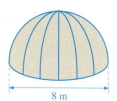

2. Eine Firma bietet Waschmittel in zylinderförmigen Behältern an (d = 20 cm; h = 25 cm). Berechne das Fassungsvermögen.

3. In einer regelmäßigen neunseitigen Pyramide mit der Kantenlänge a = 6,80 cm beträgt der Winkel γ an der Spitze eines Seitendreiecks 26,0°.
Berechne die Höhe der Pyramide.

4. Die Schnittfläche eines Kegels mit r = 5,70 cm ist ein gleichschenkliges Dreieck mit dem Basiswinkel α = 57,5° (s. Skizze).
Berechne Höhe h und Mantellinie s des Kegels.

5. Ein Kegel mit der Oberfläche O = 100 cm² wird senkrecht zur Grundfläche entlang der Körperhöhe h geschnitten, seine Schnittfläche ist ein gleichseitiges Dreieck. Berechne den Radius r dieses Kegels.

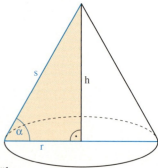

6. Berechne zuerst das Volumen und dann die Masse der Drähte.

    a. Kupferdraht: Länge 100 m; d = 1 cm; 1 cm³ wiegt 8,9 g.
    b. Eisendraht: Länge 50 m; d = 2 cm; 1 cm³ wiegt 7,85 g.

7. Eine Firma soll für verschiedene Zwecke zylinderförmige Blechdosen liefern. Alle Dosen sollen das Volumen $\frac{3}{4}$ l haben.

    a. Wie hoch muss eine Dose sein, wenn der Radius 5 cm [4 cm; 3,5 cm; 3 cm; 4,5 cm] sein soll?
    b. Welchen Radius muss eine Dose haben, wenn sie 10 cm [13 cm; 8 cm; 6 cm] hoch sein soll?
    c. Die Größe der Mantelfläche eines Zylinders ist 400 cm². Berechne die Höhe des Zylinders für folgende Radien:
    2,5 cm; 3,8 cm; 4,2 cm; 5,4 cm; 6,7 cm; 7,9 cm.

Stelle für die gesuchte Größe zunächst eine Formel auf.

8. Der alte Aschenbecher im Bild (Maße in mm) ist aus Messing. 1 cm³ Messing wiegt 8,6 g.
Wie schwer ist der Aschenbecher?

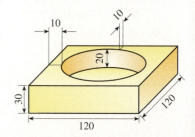

Kapitel 3

9. Berechne das Volumen eines Blumentopfes (Innenmaße: $r_1 = 6$ cm; $r_2 = 3$ cm; $h = 10$ cm).

10. Von einer Pyramide mit regelmäßiger sechseckiger Grundfläche ist bekannt:
    $a = 3$ cm; $s = 7$ cm.
    a. Zeichne die rote Schnittfläche.
    b. Berechne die Größe der Mantelfläche und der Oberfläche.
    c. Berechne das Volumen.
    d. Berechne den Winkel, den eine Seitenkante mit der Grundfläche bildet.
    e. Berechne den Winkel, den eine Seitenhöhe mit der Grundfläche bildet.

11. Von einer quadratischen Pyramide ist bekannt:
    a. $s = 5x$; $a = 2x$. Berechne h und dann V in Abhängigkeit von x.
    b. $h_s = 4t$; $h = 3t$. Berechne a und dann V in Abhängigkeit von t.
    c. $h = 6r$; $a = 2r$. Berechne h_s und dann O in Abhängigkeit von r.
    d. $h_s = 2r$; $s = 3r$. Berechne a und dann O in Abhängigkeit von r.

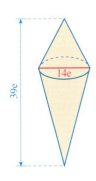

12. Die Gesamthöhe eines Doppelkegels wird durch die gemeinsame Grundfläche im Verhältnis 2:1 unterteilt. Berechne die Größe der Oberfläche in Abhängigkeit von e.
    Für welches e gilt O = 917 (Flächeneinheiten)?

13. Ein Viertelkreis mit einem Flächeninhalt von πe^2 wird zu einem Kegelmantel zusammengebogen.
    Berechne das Volumen des zugehörigen Kegels in Abhängigkeit von e.

14. Bei einem Kegel gilt $r = 6e$ und $h = 8e$.
    Wie groß ist der Mittelpunktswinkel der zugehörigen Mantelabwicklung?

15. Eine Boje hat die Form eines Doppelkegels. Sie ragt mit einem Drittel ihrer Gesamthöhe aus dem Wasser. Ihre Maße sind: $\alpha = 78°$; $h_1 = 38$ cm; $h = 69$ cm.
    Berechne die Größe der Fläche, die sich im Wasser befindet.

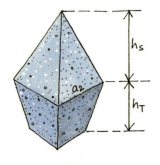

16. Im Technikunterricht fertigen Schüler Modelle aus Kunststoff an. Diese bestehen aus einem quadratischen Pyramidenstumpf mit aufgesetzter Pyramide.
    Ein Schüler verbraucht einschließlich 8% Abfall 38 dm² Material. Für die Seitenhöhen werden gemessen $h_s = 2,8$ dm; $h_T = 1,8$ dm. Die Kante a_2 ist 2,6 dm lang.
    Berechne den Flächeninhalt der unteren Stellfläche.

17.  Ein zylindrischer Pfosten aus Eisen erhält einen halbkugelförmigen Abschluss (s. Skizze).
Der Pfosten ist 70,74 kg schwer. 1 cm³ Eisen wiegt 7,86 g.
Berechne die Gesamthöhe des Pfostens.

18. a. Schüler wollen für den Erdkundeunterricht ein Regenauffanggefäß bauen. Dieses besteht aus einem oben offenen Kegelstumpf und einem zylindrischen Abflussstutzen. Die obere Öffnung besitzt einen Flächeninhalt von 1 m². Die weiteren Maße sind:
$\alpha = 30°$; $h = 40{,}5$ cm; $d_1 = 2$ cm.
Berechne den Materialbedarf.

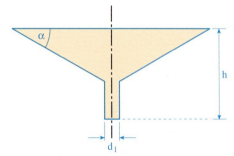

b.  Ein anderer Regenmesser setzt sich aus zwei kegelstumpfförmigen Plastikteilen zusammen. Die Maße des oberen Kegelstumpfs betragen $d_1 = 7{,}6$ cm; $d_2 = 7{,}0$ cm; $h = 6{,}0$ cm. Die Maße des unteren Kegelstumpfs betragen: $d_3 = 5{,}0$ cm; $d_4 = 4{,}1$ cm; $h = 13{,}7$ cm
(1) Berechne das Gesamtfassungsvermögen des Regenmessers. Welcher Niederschlagsmenge würde das entsprechen?
(2) Wo müssten die Skalenstriche für 5 l, 10 l, 20 l und 30 l angebracht sein?

c. Regenmesser sollen einigermaßen genau messen. Bewerte beide Modelle unter diesem Gesichtspunkt. Begründe deine Entscheidung.

19. Ein zylindrischer Silo (s. Zeichnung rechts) hat einen halbkugelförmigen Abschluss. Die Einfüllvorrichtung besteht aus einem Kegelstumpf mit zylindrischem Stutzen.
Berechne das Fassungsvermögen bis zum unteren Ende des Stutzens.

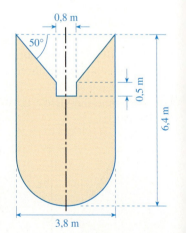

20. Ein Kerzenständer aus Holz hat die Form eines regelmäßigen achtseitigen Pyramidenstumpfes mit aufgesetztem Prisma.
Die untere Kante des Kerzenständers ist 2,6 cm lang, die obere Kante 1,8 cm.
Der Kerzenständer besitzt eine Höhe von 3,5 cm, wobei gilt: $h_{Pyramidenstumpf} : h_{Prisma} = 3:2$
Wie schwer ist der Kerzenständer, wenn 1 cm³ Holz 0,9 g wiegt?

21. Berechne das Volumen und die Größe der Oberfläche des abgebildeten Körpers.

a. 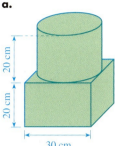 b. 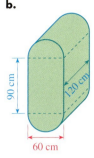 c.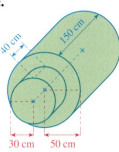

22. Der Umfang des Grundkreises eines Kegels beträgt $6\pi e$, seine Mantelfläche $M = 15\pi e^2$. Berechne das Volumen in Abhängigkeit von e.

23. Zeichne eine Schrägbildskizze und berechne das Volumen und die Größe der Oberfläche des Rotationskörpers, der durch Rotation der grünen Fläche um die Achse a entsteht (Maße in cm).

a. 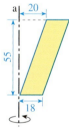 b. 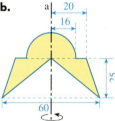 c.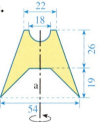

24. Wie groß ist x, wenn der Rotationskörper das angegebene Volumen hat (Maße in cm)?

a. $V = 10556 \text{ cm}^3$ b. $V = 22043 \text{ cm}^3$ c. $V = 34155 \text{ cm}^3$

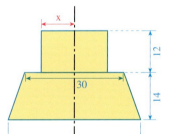 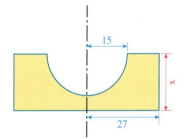

25. Bei einer Doppelpyramide ist die untere Pyramide doppelt so hoch wie die obere.
Zeige: Für $a = 18\,t$ und $s_1 = 15\,t$ gilt für die Größe der Mantelfläche die Formel:
$M = 108\,t^2\,(4 + \sqrt{37})$

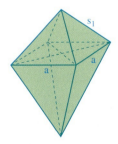

26. 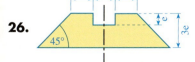 Zeige: Für das Volumen des Körpers mit dem nebenstehenden Achsenschnitt und einem Kreis als Grundfläche gilt die Formel: $V = 62\pi e^3$

△ **27.**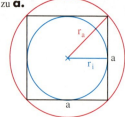

zu **a.** zu **b.** zu **d.**

a. Einem Würfel mit der Kantenlänge a ist eine Kugel K_i einbeschrieben und eine Kugel K_a umbeschrieben (linkes Bild).
  (1) In welchem Verhältnis stehen die Volumina der drei Körper zueinander?
  (2) In welchem Verhältnis stehen die Oberflächengrößen der drei Körper zueinander?

b. Einem Zylinder mit dem Radius r und der Höhe $h = 2r$ ist eine Kugel K_i einbeschrieben und eine Kugel K_a umbeschrieben (mittleres Bild).
  (1) In welchem Verhältnis stehen die Volumina der drei Körper zueinander?
  (2) In welchem Verhältnis stehen die Oberflächengrößen der drei Körper zueinander?

c. Einem Würfel mit der Kantenlänge a ist ein Zylinder $\left(r = \frac{a}{2}; h = a\right)$ einbeschrieben. Bestimme das Verhältnis des Zylindervolumens zum Volumen des Würfels.

d. Einem Zylinder ($h = 2r$) sind ein Kegel und eine Kugel einbeschrieben. Den obenstehenden Querschnitt (rechtes Bild) findet man auf dem Grabstein von Archimedes († 212 v. Chr.) auf Sizilien.
Wie verhalten sich die Volumina der drei Körper zueinander?

28. a. Eine Kugel mit dem Durchmesser d und ein Würfel mit der Kantenlänge a sollen dasselbe Volumen besitzen.
In welchem Verhältnis stehen ihre Oberflächengrößen zueinander?

b. Eine Kugel mit dem Durchmesser d und ein Würfel mit der Kantenlänge a sollen dieselbe Oberflächengröße besitzen.
In welchem Verhältnis stehen ihre Volumina zueinander?

29. Einem Zylinder mit dem Radius r und der Höhe h wird ein Prisma mit quadratischer Grundfläche ein- und umbeschrieben.

a. In welchem Verhältnis stehen die Volumina der drei Körper zueinander?

b. In welchem Verhältnis stehen die Oberflächengrößen von Zylinder und umbeschriebenem Prisma zueinander?

30. Einem Kegel mit dem Radius r und der Höhe h wird eine quadratische Pyramide ein- und umbeschrieben.
In welchem Verhältnis stehen die Volumina der drei Körper zueinander?

31. Einem Kegel, bei dem die Mantellinien genauso lang sind wie der Durchmesser der Grundfläche, wird jeweils eine Kugel ein- und umbeschrieben (s. rechts).
In welchem Verhältnis stehen die Volumina [Oberflächengrößen] der drei Körper zueinander?

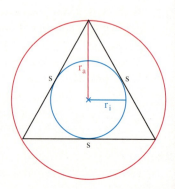

Bist du fit?

1. Ein Luftabzug aus Edelstahl hat die skizzierte Form. Für seine Herstellung wurden einschließlich 9% Bearbeitungszugabe 1,9 m² Stahlblech verwendet.
   Die Maße sind:
   $h = 124$ cm; $h_1 = 55$ cm;
   $a_1 = 28$ cm; $h_s = 57$ cm
   Wie breit ist die obere Öffnung?

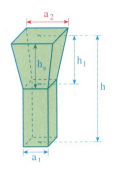

2. Aus einem kegelstumpfförmigen Metallteil wird oben ein Kegel herausgefräst (s. Schnittfläche). Der Restkörper ist 1,501 kg schwer. 1 cm³ Eisen wiegt 7,86 g. Welchen Durchmesser d besitzt die kegelförmige Vertiefung?

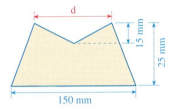

3. Eine Boje besitzt ein Volumen von 34 174 cm³. Berechne die Größe der Oberfläche.

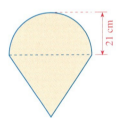

4. **a.** Bei der Fertigung eines Schornsteins aus verzinktem Blech wurden einschließlich 9% Materialzugabe 1,2 m² verbraucht.
   Die Innenmaße sind:
   $h_1 = 7,5$ dm; $s_2 = s_3 = 2,2$ dm;
   $h_4 = 1,1$ dm; $d_1 = 2,4$ dm.
   Berechne den Durchmesser d_2 und das Volumen des Innenraumes.

   b. Ein Körper mit quadratischer Grundfläche und den Maßen $h = 34$ cm und $h_1 = 27,4$ cm besitzt ein Gesamtvolumen von 522 cm³.
   Berechne die Länge s einer Kante (siehe Bild). Wie lang sind alle vier Kanten zusammen?

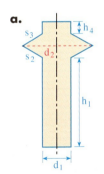
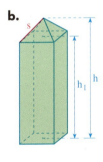

5. Auf einen Würfel mit der Kantenlänge e ist eine Pyramide mit der Höhe 2e gesetzt.

   a. Erstelle eine Formel für die Größe der Mantelfläche dieses Körpers in Abhängigkeit von e.

   b. Bestimme mithilfe dieser Formel die Größe der Mantelfläche für $e = 1$ [$e = 1,5$; $e = 2$; $e = 2,5$; ...; $e = 4$] und trage sie in eine Tabelle ein.

   △ **c.** Zeichne mithilfe der Tabelle von Teilaufgabe b ein Schaubild und entnimm diesem den Wert von e, für den $M = 60$ (Flächeneinheiten) beträgt.

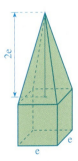

Im Blickpunkt

Sehr groß – sehr klein

Man nimmt an, dass das Weltall eine kugelförmige Gestalt hat. Der Durchmesser des Weltalls wird derzeit bei ca. $100 \cdot 10^{18}$ km vermutet. Demnach füllt das Universum ein Volumen von ca. $1{,}4 \cdot 10^{69}$ m³ aus.

Die Materie des Weltalls setzt sich aus winzig kleinen Bausteinen, den Atomen, zusammen. Ein Wasserstoffatom hat z. B. einen Radius von ca. $3 \cdot 10^{-13}$ m und ein Volumen von $1{,}1 \cdot 10^{-37}$ m³.

Zahlen dieser Größenordnung überschreiten unser Vorstellungsvermögen. Gerade deshalb üben sie aber auch eine besondere Faszination auf uns aus. Die folgenden Aufgaben vermitteln einen Eindruck von den riesigen Ausmaßen unseres Sonnensystems und von der unvorstellbar kleinen Welt der Bausteine unserer Materie wie Kristalle und Atome.

1. Die Tabelle enthält einige wichtige Angaben zu unserem Sonnensystem. Ihr könnt die Aufgaben dazu in Teamarbeit lösen.

Planet	Äquatordurch-messer (in km)	Volumen (in m³)	Dichte (in $\frac{kg}{dm^3}$)	Masse (in kg)	Vergleich mit dem Volumen der Erde	Vergleich mit der Masse der Erde
Merkur	4880		5,44			
Venus	12104		5,24			
Erde	12756	$1{,}086 \cdot 10^{21}$	5,52	$5{,}996 \cdot 10^{24}$	1	1
Mars	6787		3,93			
Jupiter	142200		1,33			
Saturn	119300		0,69			
Uranus	51800	$7{,}274 \cdot 10^{22}$	1,27	$9{,}238 \cdot 10^{25}$	67	15
Neptun	49500		1,66			
Pluto	3000		1,50			

a. Berechne für die übrigen Planeten unseres Sonnensystems jeweils das Volumen und die Masse.
Nimm bei den Planeten Kugelgestalt an. Verwende die Formel $\text{Dichte} = \frac{\text{Masse}}{\text{Volumen}}$

b. Vergleiche das Volumen der Planeten jeweils mit dem Volumen der Erde.

Beispiel: $\frac{V_{Uranus}}{V_{Erde}} = \frac{7{,}274 \cdot 10^{22} \text{ m}^3}{1{,}086 \cdot 10^{21} \text{ m}^3} = 67$ Das Volumen des Uranus ist 67 mal so groß wie das der Erde.

c. Vergleiche die Masse der Planeten jeweils mit der Masse der Erde.

Beispiel: $\frac{M_{Uranus}}{M_{Erde}} = \frac{9{,}238 \cdot 10^{25} \text{ kg}}{5{,}996 \cdot 10^{24} \text{ kg}} = 15$ Die Masse des Uranus ist 15 mal so groß wie die der Erde.

d. Vergleiche das Volumen der Sonne ($1{,}4 \cdot 10^{37}$ m³) mit dem Volumen der Erde, vergleiche beide Volumina anschließend jeweils mit dem Volumen des Weltalls.

2. Die Abbildung zeigt Kochsalzkristalle unter der Lupe. Jeder dieser Kristalle besteht aus Milliarden von einzelnen, würfelförmigen Natriumchlorid-Kristallen
(Kantenlänge $5{,}6 \cdot 10^{-10}$ m).

a. Wenn man 1 800 000 dieser winzigen Natriumchlorid-Würfel aneinanderlegt, erhält man eine Strecke von 1 mm.
Überprüfe diese Behauptung!

b. Wie viele Natriumchlorid-Kristalle sind demnach auf einem Teelöffel (≈ 2 cm^3) Kochsalz enthalten?

3. Der von einem Proton (Kern eines Wasserstoffatoms) erfüllte Raum hat ungefähr das Volumen von $4 \cdot 10^{-45}$ m^3.
Vergleiche dieses Volumen jeweils mit dem Volumen eines Fußballs (d = 25 cm), dem Volumen der Erde, dem Volumen der Sonne und dem Volumen des Weltalls.

Sachrechnen

In vielen Zeitschriften und Werbeprospekten finden wir Angaben wie in diesen Bildausschnitten.

- Um was geht es bei den einzelnen Ausschnitten? Erläutere.
- Suche weitere Ausschnitte zu diesen oder ähnlichen Sachbereichen in Zeitschriften oder bei Angeboten von Banken und Sparkassen.
- Gibt es dabei Begriffe, die dir unklar sind? Erkundige dich nach ihrer Bedeutung.

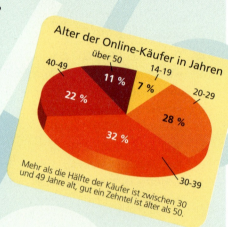

Im Jahr 2000 stiegen die Ausbildungsvergütungen im Westen um 2,2%; im Osten waren es rund 0,9% mehr.

Zweitstimme	
CDU	44,8%
SPD	33,3%
Grüne	7,7%
FDP/DVP	8,1%
REP	4,4%
Sonstige	1,7%

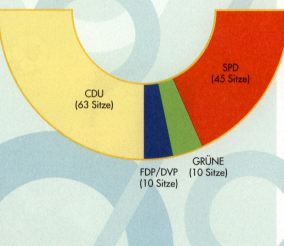

Sitzverteilung im Landtag von Baden-Württemberg nach den Ergebnissen der Wahlen vom 25. März 2001

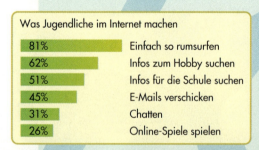

Was Jugendliche im Internet machen

- 81% Einfach so rumsurfen
- 62% Infos zum Hobby suchen
- 51% Infos für die Schule suchen
- 45% E-Mails verschicken
- 31% Chatten
- 26% Online-Spiele spielen

	Zinssatz für eine Anlagedauer von				
	1 Mon.	3 Mon.	6 Mon.	9 Mon.	12 Mon.
Niedrigster Zins	2,00	2,00	2,20	2,40	2,40
Höchster Zins	3,55	3,58	3,40	3,50	3,65
Durchschnitt heute	2,72	2,85	2,95	3,04	

In diesem Kapitel kannst du dein Wissen über Prozent- und Zinsrechnung auffrischen und ergänzen.

Prozentrechnung (Wiederholung)
Grundaufgaben der Prozentrechnung

1. (1) Eine Schule hat 760 Schüler. 27,5% der Schüler sind in einem Sportverein. Wie viele Schüler (S) sind das?

(2) Nach einem Wasserschaden bezahlte die Versicherung 70% des entstandenen Schadens. Das waren 5740 €. Wie hoch war der Schaden?

(3) Bei der letzten Mathematikarbeit gab es 40 mögliche Bewertungseinheiten (BE). Tim hat 33 davon erreicht. Wie viel Prozent sind das?

Aufgabe

a. Löse die Aufgaben (1) bis (3) mithilfe des Grundschemas der Prozentrechnung.

b. Stelle für Aufgabe (1) eine Formel auf. Löse die Aufgaben (1) bis (3) mithilfe dieser Formel.

Lösung

a. (1) *Gegeben:* Grundwert G = 760 S
   Prozentsatz p% = 27,5%

   Gesucht: Prozentwert P
   Ansatz: 760 S $\xrightarrow{\cdot 27{,}5\%}$ P,
   anders notiert:
   27,5% von 760 S = P

   Rechnung: P = 760 S $\cdot \frac{27{,}5}{100}$
   = 760 S $\cdot$ 0,275 = 209 S

   Ergebnis: 209 Schüler sind in einem Sportverein.

(2) *Gegeben:* Prozentsatz p% = 70%
   Prozentwert P = 5740 €

   Gesucht: Grundwert G
   Ansatz: G $\xrightarrow{\cdot 70\%}$ 5740 €
   Rechnung: G = 5740 € : $\frac{70}{100}$
   = 5740 € : 0,7 = 8200 €

   Ergebnis: Der Schaden betrug 8200 €.

(3) *Gegeben:* Grundwert G = 40 BE
   Prozentwert P = 33 BE

   Gesucht: Prozentsatz p%
   Ansatz: 40 BE $\xrightarrow{\cdot p\%}$ 33 BE
   Rechnung: p% = 33 BE : 40 BE
   = 0,825 = 82,5%

   Ergebnis: Tim hat 82,5% der Bewertungseinheiten erreicht.

b. Mit den Bezeichnungen aus dem Grundschema erhalten wir die Formel:
P = G · p%

(1) *Gegeben:* G = 760 S; p% = 27,5% = 0,275
Gesucht: P
Wir setzen in die Formel ein.
Ergebnis: 209 Schüler sind in einem Sportverein.

$$P = 760\ S \cdot 27{,}5\%$$
$$P = 760\ S \cdot 0{,}275$$
$$P = 209\ S$$

(2) *Gegeben:* p% = 70%; P = 5 740 €
Gesucht: G
Wir setzen in die Formel ein und isolieren G auf einer Seite.
Ergebnis: Der Schaden betrug 8 200 €.

$$5740\ € = G \cdot 0{,}7 \qquad |:0{,}7$$
$$5740\ € : 0{,}7 = G$$
$$G = 8200\ €$$

(3) *Gegeben:* G = 40 BE; P = 33 BE
Gesucht: p%
Wir setzen in die Formel ein und isolieren p% auf einer Seite.
Ergebnis: Tim hat 82,5% der Bewertungseinheiten erreicht.

$$33\ BE = 40\ BE \cdot p\% \qquad |:40\ BE$$
$$33\ BE : 40\ BE = p\%$$
$$0{,}825 = p\%$$
$$p\% = 82{,}5\%$$

Grundwert – Prozentsatz – Prozentwert
Von den 480 Schülern eines Schulzentrums kommen 168 Schüler mit dem Bus zur Schule. Das sind 35%.
Das *Ganze* (480 Schüler) ist der **Grundwert (G)**.
Der *Anteil am Ganzen* (35%) heißt **Prozentsatz (p%)**.
Die *Größe des Teils* (168 Schüler) heißt **Prozentwert (P)**.

35% von 480 Schülern = 168 Schüler

$$G \cdot p\% = P$$

Übungen

2. a. Im Jahr 2000 fuhren 62,2 Mio. Deutsche in den Urlaub. 14,1% wählten Spanien als Urlaubsziel. Wie viele Deutsche verbrachten ihren Urlaub in Spanien?

b. 4,2 Mio. Deutsche wählten Bayern als Urlaubsziel.
Wie viel Prozent der Deutschen fuhren nach Bayern?

c. Nach Thüringen zog es 750 000 Urlauber, das waren 4,1% aller Deutschlandurlauber. Wie viele Deutsche verbrachten den Urlaub in Thüringen?

3. Durch Werbemaßnahmen stieg die Zahl der Besucher in einem Kurort von 85 027 auf 97 341 im Folgejahr. Berechne den prozentualen Zuwachs.

4. Nur 4,2 Prozent der deutschen Urlauber buchten im Jahr 2000 eine Reise über das Internet, das waren 2,6 Millionen. Wie viele Reisen wurden insgesamt gebucht?

5. In einer Chip-Fabrik arbeiten 60 Angestellte im Reinst-Raum, das sind 37,5% der gesamten Belegschaft.

a. Wie viele Beschäftigte hat die Chip-Fabrik?

b. 15% sind in der Verwaltung tätig. Wie viele Personen sind das?

c. Unter den Beschäftigten sind 18 Auszubildende. Wie viel Prozent der Belegschaft sind das?

Darstellen von Prozentanteilen in Diagrammen

1. Die beiden Zeitungsausschnitte informieren über das Reiseverhalten der Deutschen.

Aufgabe

Am liebsten fahren die Deutschen mit dem eigenen Auto in Urlaub. 49,2% aller Reisenden benutzen den Pkw und 34,6% das Flugzeug. Die anderen sind mit Bus oder Bahn unterwegs.

Die Deutschen geben immer mehr für ihren Urlaub aus. 1999 wurden rund 10% und im Jahr 2000 sogar rund 23% mehr als 1998 ausgegeben.

a. Stelle die Verteilung der Verkehrsmittel in einem Kreisdiagramm dar.

b. Zeichne die Urlaubsausgaben als Säulendiagramm.

Lösung

a. Wir berechnen die Größe der Winkel am Mittelpunkt:
Pkw: 49,2% von 360° ≈ 177°
Flugzeug: 34,6% von 360° ≈ 125°

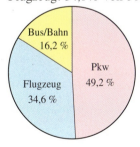

b.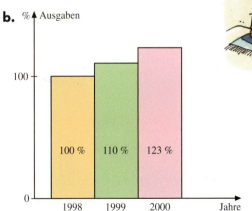

2. Lieblingsfarben beim Autokauf.

Übungen

| Silbergrau 31% | Blau 25% | Grün 9% | Schwarz 19% | Rot 9% | Sonst. 7% |

Hier werden Anteile in einem Streifendiagramm dargestellt.
Zeichne ein entsprechendes Kreisdiagramm.

3. Zulassung bzw. Anmeldung fabrikneuer Kraftfahrzeuge.

	August 2000	September 2000
PKW	6328	6406
LKW	667	567
Krafträder	488	284
insgesamt	7677	7424

a. Zeichne die prozentualen Anteile der Fahrzeuge vom August 2000 als Streifendiagramm.

b. Stelle die Verteilung für September 2000 in einem Kreisdiagramm dar.

c. Stelle die Veränderungen von August zum September in einem Säulendiagramm dar.

4. Waldzustandsbericht 2000.
(1) Der Anteil an Bäumen mit deutlichen Schäden stieg auf 23%, der Anteil der Bäume ohne Schäden sank dagegen auf 35%.
(2) Anteil der geschädigten Bäume bei ausgewählten Baumarten

Buche	Eiche	Fichte	Kiefer
40%	35%	25%	13%

Stelle jede Information in einem geeigneten Diagramm dar.

5. So nutzen die Deutschen das Internet (Angaben in Prozent).
Stelle das grafisch dar.

Preisvergleich: 58
Börsennachrichten: 53
Einkaufen: 39
Sportnachrichten: 30
Politiknachrichten: 29
Aktienkauf: 23
Versicherungen: 11

6. Briefporto im Vergleich (Deutschland = 100%).

Deutschland 100,0%
USA 56,3%
Schweden 83,0%
Italien 107,0%
Norwegen 62,0%
Frankreich 79,1%
Schweiz 75,3%
Neuseeland 29,7%
Spanien 40,5%

Stelle das Briefporto der einzelnen Länder in einem geeigneten Diagramm dar.

Prozentuale Veränderung des Grundwertes

Information

Der Preis (*Grundwert*) einer Ware kann sich dadurch verändern,
- dass ein bestimmter Prozentsatz des Preises als *Mehrwertsteuer* aufgeschlagen wird (*Erhöhung des Grundwertes*);
- dass eine Preiserhöhung erfolgt (*Erhöhung des Grundwertes*);
- dass ein *Preisnachlass* gewährt wird (*Verminderung des Grundwertes*).

Beim Preisnachlass unterscheidet man:

Rabatt: Preisnachlass aus einem besonderen Anlass, zum Beispiel:
- *Barzahlungsrabatt* (Preisnachlass bei Barzahlung),
- *Mengenrabatt* (Preisnachlass beim Einkauf größerer Mengen einer Ware),
- *Saisonrabatt* (Preisnachlass in der Vor- oder Nachsaison).

Skonto: Preisnachlass bei Zahlung in bar oder in einer bestimmten Frist, z.B. innerhalb von 10 Tagen.

1. Franziska vergleicht die Inserate für eine Urlaubsreise.
Welches Angebot ist in der Hauptsaison günstiger?

Reise-Shop
1 Woche: 240 €
Hauptsaison: 15% Aufschlag

Touristik-Center
1 Woche in der Hauptsaison: 280 €
Frühbucherrabatt: 4%

Aufgabe

erhöht *um* 15% bedeutet: erhöht *auf* 115%

Lösung

Angebot Reise-Shop

Der neue Preis beträgt 115% des alten Preises.

$$240\ \text{€} \xrightarrow[\cdot 1{,}15]{\cdot 115\%} \square$$

$240\ \text{€} \cdot 1{,}15 = 276\ \text{€}$

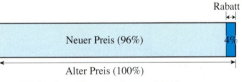

Alter Preis (100%) | Aufschlag 15%
Neuer Preis (115%)

Angebot Touristik-Center

Der neue Preis beträgt 96% des alten Preises.

$$280\ \text{€} \xrightarrow[\cdot 0{,}96]{\cdot 96\%} \square$$

$280\ \text{€} \cdot 0{,}96 = 268{,}80\ \text{€}$

vermindert *um* 4% bedeutet: gesunken *auf* 96%

Neuer Preis (96%) | Rabatt 4%
Alter Preis (100%)

Ergebnis: Das Angebot des Touristik-Centers ist in der Hauptsaison günstiger.

Information

Erhöhter Grundwert

Man erhält den erhöhten Grundwert, indem man den Grundwert G mit dem Zunahmefaktor $\left(1 + \frac{p}{100}\right)$ bzw. $(100\% + p\%)$ multipliziert.

Bei einer Erhöhung des Grundwertes ist der Faktor immer größer als 1.

Verminderter Grundwert

Man erhält den verminderten Grundwert, indem man den Grundwert G mit dem Abnahmefaktor $\left(1 - \frac{p}{100}\right)$ bzw. $(100\% - p\%)$ multipliziert.

Bei einer Verminderung des Grundwertes ist der Faktor immer kleiner als 1.

Kapitel 4

Zum Festigen und Weiterarbeiten

2. a. Franziska liest noch ein drittes Angebot. Vergleiche es mit den Angeboten in der Aufgabe 1 (Seite 151).

b. Franziska berechnet den Endpreis so: 95% von 285 €. Was meinst du dazu? Begründe.

1 Woche Urlaub in der Hauptsaison 285 €
Frühbucherrabatt: 3%
Bei sofortiger Bezahlung: 2% Nachlass

Rechnung
Reparaturarbeiten: 582 € zuzüglich Mehrwertsteuer
4% Skonto bei sofortiger Bezahlung

3. Familie Koch erhält eine Handwerkerrechnung. Wie hoch ist der Endpreis bei sofortiger Bezahlung?

4. Fülle die Tabelle aus (Preise in €). Runde sinnvoll.

a.

Alter Preis	72	150	225	62,50
Erhöhung	6%		8%	
Zunahmefaktor		1,08		1,12
Neuer Preis				

b.

Alter Preis	85	112	275	25,80
Rabatt	5%			7,5%
Abnahmefaktor		0,85	0,935	
Neuer Preis				

Übungen

5. Fülle die Tabelle aus. Die Mehrwertsteuer beträgt 16%.

	DVD-Player	Spielkonsole	Handy	Motorroller	Inliner
Listenpreis (in €)	180	275	20	1850	160
Mehrwertsteuer (in €)					
Verkaufspreis (in €)					

Preis ohne Mehrwertsteuer

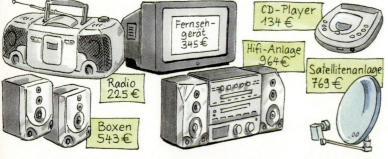

6. Elektrohändler Hartmann gewährt verschiedene Ermäßigungen.
Rabatt mit Kundenkarte: 3%
Angestelltenrabatt: 12%
Rabatt für Ausstellungsstücke: 25%
Berechne die Verkaufspreise für die einzelnen Rabatte.

7. Vergleiche die Angebote für ein Mountainbike.

(1) Rad-Fritz: 635 € zuzüglich MwSt; kein Rabatt
(2) Rad-Scheune: 758 € einschließlich MwSt; 9% Saisonrabatt; 3% Skonto
(3) Rad-Art: 654 € zuzüglich MwSt; 4% Barzahlungsrabatt

Prozentsatz bei verändertem Grundwert

1. Der Preis für ein Theaterabonnement stieg von 95 € auf 104 €. Berechne die prozentuale Erhöhung.

Aufgabe

Lösung

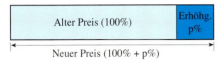

Der Grundwert (95 €) und der Prozentwert (104 €) sind gegeben. Du musst den Prozentsatz berechnen.
Du kannst auf zwei Wegen rechnen:

1. Weg: Du rechnest die Erhöhung (9 €) und den zugehörigen Prozentsatz aus.

Ansatz: $95\ € \xrightarrow{\cdot p\%} 9\ €$
Rechnung: $p\% = \frac{9}{95} \approx 0{,}095$
$p\% \approx 9{,}5\%$
Erhöhung: um 9,5%; auf 109,5%

2. Weg: Du rechnest sofort den Prozentsatz aus.

Ansatz: $95\ € \xrightarrow{\cdot p\%} 104\ €$
Rechnung: $p\% = \frac{104}{95}$
$p\% \approx 1{,}095 \approx 109{,}5\%$
Erhöhung: auf 109,5%; um 9,5%

Ergebnis: Der Preis wurde um 9,5%, also auf 109,5% erhöht.

2. a. Der Preis für ein Computerspiel wurde von 80 € auf 70 € gesenkt. Berechne den Preisnachlass in Prozent.

b. Die Miete für eine Wohnung wurde nach der Sanierung von 450 € auf 530 € erhöht. Auf wie viel Prozent erhöhte sich die Miete?

Zum Festigen und Weiterarbeiten

3. Innerhalb einer Woche stieg der Benzinpreis von 103,9 Cent auf 108,9 Cent pro Liter. Auf wie viel Prozent stieg der Preis?

Übungen

4. Nach Tarifverhandlungen wurden die Löhne um 50 € erhöht.
Hier siehst du das neue Gehalt. Um wie viel Prozent ist der Lohn gestiegen?
a. 940 €   **b.** 1950 €   **c.** 1630 €   **d.** 1840 €   **e.** 520 €   **f.** 1210 €

5. Ein Sporthaus wirbt mit kräftigen Preisermäßigungen.
Um wie viel Prozent wurden die Preise jeweils gesenkt?

6. Um wie viel Prozent wurde erhöht bzw. gesenkt?

alter Preis (in €)	76	76	528	1820	49
neuer Preis (in €)	70	96	530	2000	45

Vom erhöhten (verminderten) Grundwert zum Grundwert

Aufgabe

1. a. Lukas kauft einen Computer für 980 €. Dieser Preis setzt sich zusammen aus Listenpreis und 16% Mehrwertsteuer (MwSt). Wie hoch ist der Listenpreis?

b. Alle Wintersportartikel sind um 10% gesenkt. Antonia kauft ein Snowboard für 180 €. Wie viel kostete es vor der Preissenkung?

Lösung

a. Im Diagramm erkennst du: Zum Listenpreis (100%) kommt die MwSt (16%) dazu. Das bedeutet: Multipliziert man den gesuchten Listenpreis mit dem Faktor 1,16, so erhält man den Verkaufspreis.

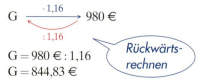

G = 980 € : 1,16
G = 844,83 €

Rückwärtsrechnen

Ergebnis: Der Listenpreis beträgt rund 845 €.

b. Im Diagramm erkennst du: Der alte Preis (100%) wird um 10% vermindert. Das bedeutet: Multipliziert man den gesuchten alten Preis mit dem Faktor 0,9, so erhält man den neuen Preis.

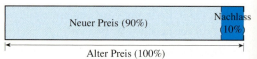

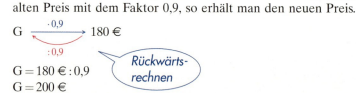

G = 180 € : 0,9
G = 200 €

Rückwärtsrechnen

Ergebnis: Vor der Preissenkung kostete das Snowboard 200 €.

Zum Festigen und Weiterarbeiten

2. Im Jahr 2001 war die Zahl der Kraftfahrzeuge gegenüber 2000 in Baden-Württemberg auf 102,8% gestiegen. Das waren 7,1 Mio. Fahrzeuge.
Wie viele Fahrzeuge waren es im Jahr 2000?

3. Berechne die fehlenden Angaben.

Alter Preis					
Erhöhung	15%	10%	12%	3%	
Faktor	1,15				1,16
Neuer Preis	530 €	83 €	770 €	32000 €	128,46 €

4. Berechne die fehlenden Angaben.

Alter Preis					
Ermäßigung	8%	10%	13%	30%	3%
Faktor	0,92				0,86
Neuer Preis	460 €	96 €	284 €	350 €	2476 €

5. Der Gewinn einer Fluggesellschaft betrug 42 Mio. Dollar. Damit sank der Gewinn auf 30% des letzten Quartals.
Berechne den Gewinn des letzten Quartals.

6. Die Angebote sind Endpreise, also einschließlich Mehrwertsteuer. Berechne die Listenpreise und den Betrag der Mehrwertsteuer.

Übungen

7. Frühstücksmargarine – Balance enthält 60 g Fett, das sind 25% weniger Fett als in der normalen Frühstücksmargarine.
Wie viel g Fett sind in dieser enthalten?

8. Berechne die fehlenden Angaben in der Tabelle.

	a.	b.	c.	d.	e.
Grundwert (in €)	130,00	149,00	400,00	1 585,00	2 175,00
Preisnachlass (in %)		15			16
Preisnachlass (in €)	23,40			237,75	
Verminderter Grundwert (in €)			368,00		

9. Aus den Wirtschaftsseiten. Berechne die Vergleichszahlen.

Die Apotheken in Deutschland haben im vergangenen Jahr ein Umsatzplus von 5% auf 26,9 Mrd. € erzielt.

Die japanische Tochterfirma hat im 2. Quartal 2001 ihren Gewinn gegenüber dem Vorjahreszeitraum um 122% auf 1,92 Billionen Yen gesteigert.

Bei unserem neuen Automodell brauchen sie nur noch 5,6 l Benzin. Damit haben wir den Kraftstoffverbrauch um 32% gesenkt.

Im Jahr 2000 betrug in Thüringen der tägliche Wasserverbrauch pro Person nur noch 72,2 l. Damit ist der Verbrauch in den letzten 5 Jahren um 18% gesunken.

10. Abbildungen von Banknoten müssen so gestaltet sein, dass sie nicht mit den echten Euro-Scheinen verwechselt werden können. Deshalb müssen die Abmessungen von Abbildungen mehr als 125% oder weniger als 75% der Originalabmessungen betragen. In der Tabelle werden die Maße in mm angegeben.

Nennwert	5 €	10 €	100 €	500 €
Original	120×62	127 ×67	147 × 82	160× 82
1. Abbildung	156×80,6	63,5×32,5	191,1×106,6	200×102,5
2. Abbildung	84×43,5	152,4×80,4	132,3× 73,8	120× 57,4

Überprüfe, ob die gesetzlichen Bestimmungen eingehalten wurden.

Verknüpfung von Prozenten

Aufgabe

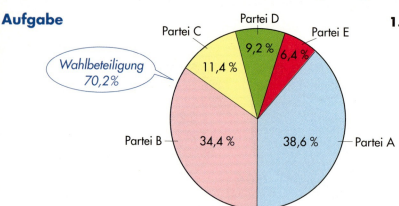

1. Politiker und Wahlforscher und viele Bürger beobachten eine gewisse Wahlmüdigkeit der Bürger mit Sorge:
„Bei niedriger Wahlbeteiligung können sich möglicherweise nur unter Beteiligung von Parteien mit extremen Ansichten parlamentarische Mehrheiten ergeben."

   a. Berechne am Wahlbeispiel links: Wie viel Prozent *aller* Wahlberechtigten haben die einzelnen Parteien gewählt?

   b. Aus einem Pressekommentar: „Die Partei der Nichtwähler ist die stärkste Partei." Ist diese Aussage richtig?

   Anmerkung: Zur Vereinfachung nehmen wir an, dass alle abgegebenen Stimmen gültig sind.

Lösung

a. *Beispiel für Partei A:*

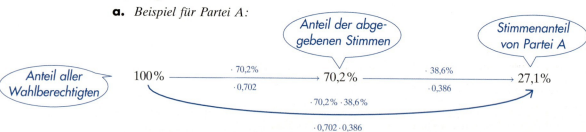

Für die übrigen Parteien ergibt sich:
Partei B: $70{,}2\% \cdot 34{,}4\% = 0{,}702 \cdot 0{,}344 \approx 0{,}241 = 24{,}1\%$
Partei C: $70{,}2\% \cdot 11{,}4\% = 0{,}702 \cdot 0{,}114 \approx 0{,}080 = 8{,}0\%$
Partei D: $70{,}2\% \cdot 9{,}2\% = 0{,}702 \cdot 0{,}092 \approx 0{,}066 = 6{,}6\%$
Partei E: $70{,}2\% \cdot 6{,}4\% = 0{,}702 \cdot 0{,}064 \approx 0{,}045 = 4{,}5\%$

b. Zur „Partei der Nichtwähler" gehören 29,8% der Wahlberechtigten, das sind mehr als die Stimmen der Partei A. Die Aussage „stärkste Partei" ist aber nur dann richtig, wenn man annimmt, dass *keiner* der Nichtwähler eine der Parteien A bis E gewählt hätte.

Zum Festigen und Weiterarbeiten

2. **a.** Wie viel Prozent der Wahlberechtigten haben Kandidat A bzw. Kandidat B gewählt?

   b. Kandidat A hatte sich im Wahlkampf für den Bau einer neuen Autobahn durch das Kreisgebiet ausgesprochen, Kandidat B war dagegen.
   Ein Vertreter der oppositionellen Umweltpartei:
   „Der neue Bürgermeister feiert seinen hohen Wahlsieg zu unrecht. Mehr als die Hälfte der Wahlberechtigten hat ihm die Zustimmung zu seiner umweltfeindlichen Politik versagt."
   Beurteile diese Deutung des Wahlergebnisses.

> *Bei der Direktwahl des Bürgermeisters erhielt Kandidat A 70,9% und Kandidat B 29,1% der abgegebenen Stimmen. Die Wahlbeteiligung betrug 51,5%.*

3. Bei einer Wahl erhielt die Mehrheitspartei 51,2% aller abgegebenen Stimmen. Ein Vertreter der Opposition: „Die Mehrheitspartei hat nur 33% der Stimmen aller Wahlberechtigten erhalten."
Wie hoch war die Wahlbeteiligung?

4. Eine Firma bezieht Waren zum Einkaufspreis von 230 €. Sie berechnet den Endpreis auf folgende Weise: Um die Geschäftskosten zu decken wird der Einkaufspreis um 25% erhöht, dies ergibt den Selbstkostenpreis. Der Selbstkostenpreis wird um weitere 20% erhöht, die als Gewinn eingeplant sind, dies ergibt den Nettoverkaufspreis. Hierzu werden noch 16% Mehrwertsteuer aufgeschlagen.
Wie hoch ist der Endpreis?

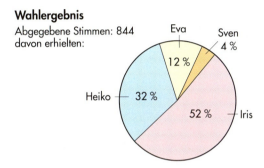

Wahlergebnis
Abgegebene Stimmen: 844
davon erhielten:
Eva 12%
Sven 4%
Heiko 32%
Iris 52%

5. Nach der Schulsprecherwahl der Schiller-Schule gibt die Wahlleitung das nebenstehende Wahlergebnis bekannt.
Wie viele Stimmen erhielten die einzelnen Kandidaten bzw. Kandidatinnen?

Übungen

6. Der Preis für eine Waschmaschine beträgt 950 €. Es wird zunächst um 10% gesenkt und anschließend wieder um 10% erhöht.
Ist die Waschmaschine jetzt genauso teuer wie ursprünglich?

7. Der Brotpreis hat sich in den vergangenen Jahren zunächst um 25% und dann um 12% erhöht. Ein Laib Brot wird im Laden zu einem Preis von 2,90 € verkauft.
Wie teuer war dieser vor den Preiserhöhungen?

8. Ein Reiseveranstalter bietet eine Urlaubsreise zunächst 10% billiger und dann noch einmal 5% günstiger an. Sie kostet daher nur 895,50 €.
Um wie viel € wurde der Preis gesenkt?

9. Auf den Listenpreis für ein Mofa kommen noch 16% Mehrwertsteuer. Der Händler gewährt dann noch 10% Rabatt. Sarah erwirbt das Mofa für 789,90 €.
Berechne den Listenpreis.

10. Frau Krämer verdient 2800 €. Durch Gehaltserhöhung steigert sich ihr Gehalt zuerst auf 2870 € im ersten Jahr, dann auf 2927,40 € im nächsten Jahr.
Um wie viel Prozent hat sich ihr Gehalt in den einzelnen Jahren erhöht?
Um wie viel Prozent ist es insgesamt angewachsen?

11. Der Einkaufspreis einer Maschine beträgt 12000 €. Die Firma rechnet mit Geschäftskosten von 18% und einem Gewinn von 12%. Hinzu kommt die Mehrwertsteuer von 16%. Wie hoch ist der Endpreis der Maschine?

12. Der Endpreis einer Ware beträgt 128 € (inklusive 16% Mehrwertsteuer). Bei der Preisgestaltung wurden die Geschäftskosten mit 23% und der Gewinn mit 28% veranschlagt. Wie hoch war der Einkaufspreis?

Vermischte Übungen zur Prozentrechnung

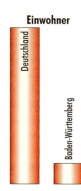

Einwohner
Deutschland
Baden-Württemberg

1. Erwerbstätigkeit in Baden-Württemberg (Angaben in Tausend).

Jahr	1997	1998	1999	2000
Bevölkerung insgesamt	10396,6	10426,0	10475,9	10489,3
Erwerbspersonen (15–65-jährige)	5025,6	5077,5	5134,2	5258,6
Erwerbstätige	4643,6	4726,2	4809,6	4977,2
Arbeitslose	382,0	351,3	324,6	281,4
weibliche Erwerbslose	169,2	162,2	153,7	136,5

a. Berechne die Arbeitslosenquote (Anteil der Arbeitslosen an den Erwerbspersonen in Prozent).
b. Um wie viel Prozent ist die Anzahl der Erwerbslosen von 2000 in Bezug auf 1997 gefallen?
c. Welchen Anteil an der Bevölkerung haben die Erwerbspersonen jeweils?
d. 1999 ist die Anzahl der Erwerbstätigen gegenüber 1996 um etwa 2,48% gestiegen. Wie viele Erwerbstätige waren es 1996?
e. Stelle die Entwicklung der Bevölkerung grafisch dar.
f. Formuliere selbst weitere Aufgaben und berechne.

2. Im Jahr 2000 gab es in Baden-Württemberg 5258600 Erwerbspersonen. 3,7% der Erwerbspersonen waren Jugendliche unter 20 Jahren. Davon waren 5,5% arbeitslos. Wie viel Prozent der Erwerbspersonen sind arbeitslose Jugendliche unter 20 Jahren?

3. 115 Millionen Reisen unternahmen die Deutschen 1999 innerhalb Deutschlands. 55 Millionen waren Urlaubsreisen. Der Rest der Reisen verteilt sich mit 30% auf Besuche von Freunden und Verwandten sowie 22% Geschäftsreisen.

a. Stelle diese Angaben in einem Kreisdiagramm dar.
b. Wie viele Geschäftsreisen wurden unternommen?
c. Für jede Reise werden durchschnittlich 720 € ausgegeben. Wie viel Euro investierten die Deutschen insgesamt für ihren Urlaub im eigenen Land?

4. Das Kinojahr 2000 verzeichnete 3,5 Millionen Besucher mehr als 1999, das entspricht einer Steigerung um 2,4%.
Berechne die Besucherzahlen für beide Jahre.

5. Für die Quotenmessung sind 5640 Haushalte mit rund 13000 Personen an die Computer der GfK (Gesellschaft für Konsumforschung) angeschlossen. So wird das Fernsehverhalten exakt aufgezeichnet und auf 33 Mio. TV-Haushalte hoch gerechnet.

a. Wie viele der angeschlossenen Haushalte sahen die angegebenen Sendungen?
b. 948 der angeschlossenen Haushalte sahen einen Dokumentarfilm. Berechne die Einschaltquote.
c. Wie viele Haushalte haben wahrscheinlich die Sendungen gesehen?

6. 1998 hatte die Handybranche in Deutschland einen Umsatz von 13,2 Milliarden Euro. 1999 stieg der Umsatz um 10%, und 2000 um 17% im Vergleich zum Vorjahr.

   a. Berechne den Umsatz im Jahr 2000.

   b. Stelle die Umsätze für alle 3 Jahre grafisch dar.

   c. Um wie viel Prozent wurde der Umsatz im Jahr 2000 gegenüber 1998 gesteigert?

7. a. Unten siehst du die Lohnabrechnung für Florians Lehrlingsentgelt im 1. Lehrjahr. Im 2. Lehrjahr steigt sein Grundlohn um 35,00 €. Stelle die neue Lohnabrechnung auf. Wie viel Prozent des Bruttolohnes beträgt der Nettolohn?

Grundlohn	485,00 €
+ vermögenswirksame Arbeitgeberzulage	14,00 €
+ Zulagen z. B. Schichtdienstzulage	
= **Bruttolohn**	**499,00 €**
− Lohnsteuer (lt. Steuertabelle)	0,00
− Kirchensteuer (8% der Lohnsteuer)	0,00
− Solidaritätszuschlag (7,5% der Lohnsteuer)	0,00
− Rentenversicherung (z. B.: 0,5 · 18,6% des Bruttolohnes)	46,41 €
− Krankenversicherung (z. B.: 0,5 · 13,2% des Bruttolohnes)	32,93 €
− Arbeitslosenversicherung (0,5 · 6,5% des Bruttolohnes)	16,22 €
− Pflegeversicherung (0,5 · 1% des Bruttolohnes)	2,50 €
= **Nettolohn**	**400,94 €**
− vermögenswirksame Arbeitgeberzulage	14,00 €
= **Auszahlungsbetrag**	**386,94 €**

   b. Außerdem hat Florian im 2. Lehrjahr eine tarifliche Steigerung des Grundlohnes um 2,5% zu erwarten. Um wie viel Prozent erhöht sich sein Nettolohn?

8. Die Tabelle unten zeigt die tariflichen Ausbildungsvergütungen in Euro im 1. Lehrjahr pro Monat (Auswahl; Stand: Jahresanfang 2001)

Branchen	**Westdeutschland**	**Ostdeutschland**
Druckindustrie	673	673
Metall- und Elektroindustrie	595	595
Öffentlicher Dienst	564	491
Chemische Industrie	555	444
Stahlindustrie	550	550
Baugewerbe	505	447
Süßwarenindustrie	490	459
Textilindustrie	487	383
Durchschnitt	529	451

   a. Stelle die Ausbildungsvergütungen in einem geeigneten Diagramm dar.

   b. Berechne die prozentuale Abweichung der Ausbildungsvergütungen im öffentlichen Dienst in Ost- und Westdeutschland vom Durchschnitt.

   c. Um wie viel Prozent weicht der höchste [niedrigste] Wert vom Durchschnitt ab?

   d. Von 1991 bis 2001 sind die durchschnittlichen Ausbildungsvergütungen für das 1. Ausbildungsjahr in Westdeutschland um 31% gestiegen – in Ostdeutschland sogar um 93%. Wie hoch waren die Löhne 1991?

   e. Im Jahr 2001 stiegen die Ausbildungsvergütungen im Westen im Schnitt um 2,2% und im Osten um rund 1,2%. Berechne die durchschnittlichen Ausbildungsvergütungen im Jahr 2000.

   f. Bilde selbst Aufgaben und rechne.

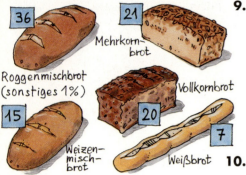

9. Links sind die Lieblingsbrotsorten der Deutschen im Jahr 2000 dargestellt.

  a. Stelle die Prozentangaben in einem Kreisdiagramm dar.

  b. Im Jahr 2000 verzehrte jeder Deutsche durchschnittlich 84,8 kg Brot. Wie viel kg Mehrkornbrot wurden durchschnittlich pro Person verzehrt?

  c. Gegenüber 1999 war der Verzehr um 2% pro Person angestiegen. Wie viel kg Brot verzehrte durchschnittlich jeder Deutsche 1999?

10. In den Niederlanden werden für Medikamente 8% Mehrwertsteuer berechnet. Ein Medikament kostet einschließlich MwSt 67,50 €. Berechne den Listenpreis.

11. Ein Jugendzimmer kostet laut Katalog 660 €. Bei Ratenzahlung kostet es insgesamt 690 €. Auf wie viel Prozent steigt der Preis bei Ratenkauf?

12. Ist der Vorteilspack von Vorteil?

13. Ein Sportgeschäft hat in einem Jahr lediglich 15 Paar Skier verkauft. Das waren 70% weniger als im Vorjahr. Wie viele Paare wurden im Vorjahr verkauft?

14. Die Einwohnerzahl von Ludwigsburg ist von 83 845 auf 85 522 (Stand 2001) gestiegen. Um wie viel Prozent ist sie gestiegen?

15. Durch Energiesparmaßnahmen ist der Stromverbrauch in einem Haushalt von 7719 kWh auf 7073 kWh gesunken. Um wie viel Prozent ist er gesunken?

16. Durch den Einbau einer Gasheizung stieg der Gasverbrauch in einem Einfamilienhaus von 1049 m³ auf 3479 m³. Um wie viel Prozent hat sich der Verbrauch erhöht?

17. Die Schülerzahl einer Realschule in Ludwigsburg ging innerhalb mehrerer Jahre von 420 auf 312 zurück. Um wie viel Prozent hat die Schülerzahl abgenommen?

18. a. Die Erdoberfläche ist zu 71% mit Wasser bedeckt. Davon entfallen 46% auf den Pazifischen Ozean, 23% auf den Atlantischen Ozean, 20% auf den Indischen Ozean. Wie viel Prozent der Erdoberfläche nimmt jedes Meer ein?

  b. Von der Landfläche entfallen 30% auf Asien, 28% auf Amerika, 20% auf Afrika und 7% auf Europa.
  Wie viel Prozent der Erdoberfläche entfallen auf die einzelnen Erdteile?

Zinsrechnung (Wiederholung)

Grundschema der Zinsrechnung

$$K \xrightarrow{\cdot p\%} Z_1 \xrightarrow{\cdot i} Z$$

Kapital — Zinssatz — Jahreszinsen — Zeitfaktor — Zinsen

Zinsformel

$$Z = K \cdot p\% \cdot i$$

Aufgabe

1. a. Die Auszubildende Ina Krause zahlt am 1. Juni 420 € und am 12. September 480 € auf ein Sparkonto ein. Der Zinssatz beträgt 1,5 %.
Wie viel € Zinsen erhält sie am 31. Dezember desselben Jahres?

b. Herr Harms hat sein Guthaben 10 Monate lang zu 2,35 % verzinst und dafür 101,83 € Zinsen erhalten.
Wie hoch war sein Guthaben?

c. Frau Stark hat für ein Sparguthaben von 8 400 € nach 8 Monaten 145,60 € Zinsen erhalten.
Mit welchem Zinssatz wurde ihr Guthaben verzinst?

d. Christina hat 6 450 € geerbt und zahlt das Geld auf ein Sparkonto ein. Die Bank gewährt einen Zinssatz von 2,2 %.
Wie lange muss Christina warten, bis sie sich von den Zinsen ein schickes Trainings-Outfit für 100 € kaufen kann?

e. Lisa hat im Alter von 11 Jahren von ihrer Großmutter 12 000 € geerbt. Ihre Eltern legen das Geld langfristig zu einem Zinssatz von 4,5 % an. Die Zinsen werden am Ende jedes Jahres gutgeschrieben und dann mitverzinst.
(1) Wie hoch ist Lisas Kapital einschließlich Zinsen nach 7 Jahren?
(2) Wie hoch ist ein Kapital bei einer Verzinsung von p % nach n Jahren?

Lösung

a. *Berechnen der Zinsen*
420 € werden 7 Monate lang verzinst,
480 € werden 108 Tage lang verzinst.

September: 18 Tage
Oktober: 30 Tage
November: 30 Tage
Dezember: 30 Tage
108 Tage

$$420 € \xrightarrow{\cdot 0{,}015} 6{,}30 € \xrightarrow{\cdot \frac{7}{12}} 3{,}68 €$$

$$480 € \xrightarrow{\cdot 0{,}015} 7{,}20 € \xrightarrow{\cdot \frac{108}{360}} 2{,}16 €$$

$$Z = 420 € \cdot 0{,}015 \cdot \tfrac{7}{12} = 3{,}68 €$$

$$Z = 480 € \cdot 0{,}015 \cdot \tfrac{108}{360} = 2{,}16 €$$

Ergebnis: Ina erhält insgesamt 5,84 € Zinsen.

b. *Berechnen des Kapitals*

$$101{,}83 \, € = K \cdot 0{,}0235 \cdot \tfrac{10}{12}$$
$$K = 101{,}83 \, € : 0{,}0235 \cdot 1{,}2$$
$$= 5200 \, €$$

Ergebnis: Das Guthaben von Herrn Harms betrug 5 200 €.

c. *Berechnen des Zinssatzes*

$$8400 \, € \xrightarrow{\cdot \, p\%} Z_1 \xrightleftharpoons[: \tfrac{8}{12}]{\cdot \tfrac{8}{12}} 145{,}60 \, € \qquad\qquad 145{,}60 \, € = 8400 \, € \cdot p\% \cdot \tfrac{8}{12}$$

(218,40 €)

$$p\% = \tfrac{145{,}60}{8400} \cdot \tfrac{12}{8} = 0{,}026 = 2{,}6\,\% \qquad\qquad p\% = \tfrac{218{,}40}{8400} = 0{,}026 = 2{,}6\,\%$$

Ergebnis: Das Guthaben von Frau Stark wurde zu 3% verzinst.

d. *Berechnen der Zeit*

$$6450 \, € \xrightarrow{\cdot \, 0{,}022} 141{,}90 \, € \xrightarrow{\cdot \, i} 100 \, € \qquad\qquad 100 \, € = 6450 \, € \cdot 0{,}022 \cdot i$$

$$i = \tfrac{100}{141{,}9} \approx 0{,}707 \text{ Jahre} \qquad\qquad i = \tfrac{100}{6450 \cdot 0{,}022} \approx 0{,}707 \text{ Jahre}$$

0,707 Jahre = 360 · 0,707 ≈ 255 Tage = 8 Monate und 15 Tage

Ergebnis: Christina muss 8 Monate und 15 Tage warten.

e. (1) *Berechnen der Zinsen für mehrere Jahre einschließlich Zinseszinsen*

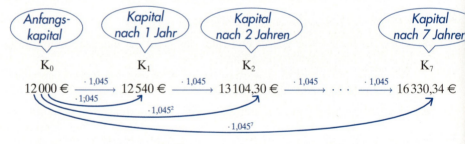

Es gilt also: $K_7 = K_0 \cdot 1{,}045^7$

Ergebnis: Nach 7 Jahren hat Lisa ein Kapital von 16 330,34 €.

(2) Für p% in n Jahren ergibt sich: $K_n = K_0 \cdot \left(1 + \tfrac{p}{100}\right)^n$

Wir setzen $q = 1 + \tfrac{p}{100}$ (q heißt *Zinsfaktor*) und erhalten die Formel: $K_n = K_0 \cdot q^n$.

Beim **Zinseszins** werden die Zinsen am Jahresende nicht ausgezahlt, sondern im folgenden Jahr mitverzinst.

Das Kapital K_0 wächst beim Zinseszins in n Jahren bei einem Zinssatz von p% auf $\mathbf{K_n = K_0 \cdot q^n}$, wobei $q = 1 + \tfrac{p}{100}$. Der Faktor q heißt **Zinsfaktor**.

2. a. Ein Kapital von 1950 € wird zu 1,25 % verzinst. Wie viel Zinsen erhält man nach 285 Tagen?

b. Ein Guthaben wird zu 2,4 % verzinst. Nach 11 Monaten erhält man 53,90 € Zinsen. Wie hoch ist das Kapital?

c. Für ein Kapital von 6340 € erhält man nach 8 Monaten 114,12 € Zinsen. Mit welchem Zinssatz wurde das Kapital verzinst?

Zum Festigen und Weiterarbeiten

3. *Berechnen des Zinssatzes bei mehrjähriger Verzinsung*
Ein Kapital von 9600 € wächst mit Zinsen und Zinseszinsen in 3 Jahren auf 10 721,01 € an. Wie hoch ist der Zinssatz?

4. *Mehrjährige Verzinsung mit unterschiedlichen Zinssätzen*

a. Bundesschatzbriefe haben eine Laufzeit von 7 Jahren. Der Zinssatz steigt von Jahr zu Jahr (siehe Diagramm).
Nimm an: Lisas Eltern (Aufgabe 1 e) hätten das Kapital (12 000 €) in Bundesschatzbriefe angelegt.
Wie hoch wäre Lisas Kapital bei dieser Geldanlage nach 7 Jahren?

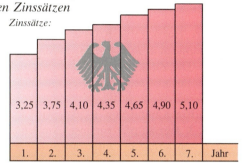

Zinssätze: 3,25 | 3,75 | 4,10 | 4,35 | 4,65 | 4,90 | 5,10
1. | 2. | 3. | 4. | 5. | 6. | 7. Jahr

b. Aus einer Werbeanzeige für Bundesschatzbriefe: „Ihr Geld bringt jährlich einen Zinsertrag von 4,3 %." Prüfe nach, ob das stimmt.

5. a. Ein Kapital von 3750 € wird zu 2,3 % verzinst. Wie viel Zinsen erhält man nach 290 Tagen?

b. Ein Guthaben wird zu 2,7 % verzinst. Nach 10 Monaten erhält man 90,20 € Zinsen. Wie hoch ist das Kapital?

c. Für ein Kapital von 7830 € erhält man nach 7 Monaten 127,83 € Zinsen. Mit welchem Zinssatz wurde das Kapital verzinst?

Übungen

6. a. Frau Reineke hat ein Guthaben von 3500 €. Sie erhält dafür 2,3 % Zinsen. Am Jahresende bekommt sie 50,31 € Zinsen gutgeschrieben.
Vor wie vielen Monaten hat sie das Guthaben eingezahlt?

b. Für ein Kapital von 5800 € hat man bei einer Verzinsung von 2,7 % insgesamt 110,93 € Zinsen erhalten. Wie lange wurde das Kapital verzinst?

1 Zinsjahr = 360 Zinstage
1 Zinsmonat = 30 Zinstage

7. Ein Kapital von 9600 € beträgt mit Zinsen und Zinseszinsen nach 2 Jahren 10 184,64 €. Wie hoch ist der Zinssatz?

8. a. Ein Kapital von 1280 € wird 17 Monate lang zu einem Zinssatz von 2,25 % verzinst. Berechne die Zinsen.

b. Ein Guthaben wird 467 Tage lang zu 2,35 % verzinst. Die Zinsen betragen 52,58 €. Wie hoch ist das Guthaben?

c. Ein Kapital von 3180 € wird 7 Monate lang verzinst. Die Zinsen betragen 46,38 €. Wie hoch ist der Zinssatz?

d. Ein Kapital von 1860 € wird zu 2 % verzinst. Die Zinsen betragen 32,55 €. Wie viele Monate wurde das Kapital verzinst?

9. a. Frau Steinert legt 1 280 € auf einem Sparkonto an, das jährlich mit 3,8 % verzinst wird. Die Zinsen werden jeweils nach einem Jahr gutgeschrieben und mit verzinst. Wie hoch ist das Sparguthaben nach 8 Jahren?

b. Frau Reents hat ein Kapital zu den gleichen Bedingungen angelegt wie Frau Steinert. Ihr Guthaben beträgt nach 5 Jahren 20 366,79 €. Wie hoch war ihr Anfangskapital?

10. Herr Haars zahlt 9 800 € auf ein Sparkonto mit wachsendem Zinssatz ein. Er bekommt im 1. Jahr 2,75 %, im 2. Jahr 3,6 %, im 3. Jahr 3,75 % und im 4. Jahr 4 % Zinsen. Die Zinsen werden nach jedem Jahr gutgeschrieben und mitverzinst.
Wie hoch ist sein Guthaben am Ende des 4. Jahres?

11. a. Ein Kapital von 1 250 € wird im 1. Jahr zu 2,75 %, im 2. Jahr zu 3,25 % und im 3. Jahr zu p % verzinst. Am Ende des 3. Jahres werden mit Zinsen und Zinseszinsen 1 372,53 € ausgezahlt.
Wie hoch war der Zinssatz im 3. Jahr?

b. Ein Kapital von 8 500 € wächst zusammen mit Zinsen und Zinseszinsen nach 2 Jahren auf 8 973,93 € an.
Wie hoch war der Zinssatz?

12. Eine Geschäftsfrau legt 8 000 € zu 3 % und 9 700 € zu 3,25 % für vier Jahre fest an.
Wie hoch ist ihr gesamtes Guthaben nach Ablauf dieser Frist?

13. Vor sieben Jahren hat Frau Graeber 3 000 € auf ein Sparbuch einbezahlt. Der Zinssatz betrug für die ersten drei Jahre 4 %, für weitere zwei Jahre 3,5 % und für die letzten beiden Jahre 3,25 %.
Die Zinsen wurden in jedem Jahr mitverzinst.
Um wie viel Prozent ist das Guthaben in dieser Zeit angewachsen?

14. Wie hoch muss man 25 000 € drei Jahre lang verzinsen, damit sich der Betrag um 20 % erhöht?

15. Ein Kapital von 6 400 € wurde vier Jahre lang mit 4,2 % verzinst. Danach weitere zwei Jahre mit einem neuen Zinssatz, so dass es nach sechs Jahren auf 8 035,45 € angewachsen war. Wie hoch war der neue Zinssatz?

16. Welches Anfangskapital wurde drei Jahre lang mit 2,5 % und weitere zwei Jahre mit 3,1 % verzinst, so dass ein Endkapital von 4 790 € erreicht wurde?

17. Pamela legte einen bestimmten Geldbetrag zu einem Zinssatz von 4,25 % drei Jahre lang fest an. Nach Ablauf dieser Zeit waren 9 063,96 € fällig. Dieser Betrag wird als Festgeldanlage noch zwei Monate mit 3,75 % verzinst.
Wie viel € an Zinsen hat sie insgesamt erzielt?

Wachstumsraten

Prozentuale Wachstumsraten

1. Im Jahre 1999 wurde die Erdbevölkerung mit 6,0 Mrd. Menschen angegeben. Eine Modellberechnung untersucht u.a. die voraussichtliche Entwicklung der Erdbevölkerung bis zum Jahr 2050. Danach wird die Erdbevölkerung pro Jahr durchschnittlich um 1,4% zunehmen, wenn nicht unvorhergesehene Entwicklungen eintreten.

Aufgabe

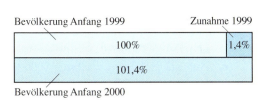

Herzlich willkommen, Nr. 6 000 000 000! 13.10.99 Er ist 52 Zentimeter groß, wiegt 3550 Gramm und ist offiziell der sechsmilliardenste Mensch der Welt. Geboren wurde der Junge in der bosnischen Hauptstadt Sarajevo.

a. Wie viele Menschen leben nach dieser Vorausberechnung voraussichtlich in den Jahren 2000, 2001, 2002, 2003, 2004, 2005, 2010, 2015, 2020, 2025, 2030, 2040 und 2050 auf der Erde?
Lege eine Tabelle an und zeige: Bei einer Vermehrung um gleiche prozentuale Wachstumsraten gehört zu gleichen Zeitspannen immer eine Vervielfachung mit dem gleichen Faktor.

b. Wie kann man aus der Wachstumsrate 1,4% den Wachstumsfaktor bestimmen?

c. Gib die Funktionsgleichung der Funktion *Anzahl x der Jahre seit 1999 → Anzahl y der Menschen auf der Erde* an.

Lösung

a. Dem Diagramm entnimmt man:
Die Bevölkerung wächst in jedem Jahr auf 101,4% des Vorjahres.
Das entspricht einer Vervielfachung mit dem Faktor $\frac{101,4}{100}$, also mit 1,014.

	Bevölkerung Anfang 1999	Zunahme 1999
	100%	1,4%
	101,4%	

Bevölkerung Anfang 2000

Jahr	Bevölkerungszahl (in Mrd.)
2000	6,000
2001	6,084
2002	6,169
2003	6,256
2004	6,343
2005	6,432
2010	6,895

+1 ·1,014
·1,014² also ungefähr ·1,0282
+5 ·1,014⁵ ≈ 1,0720

Jahr	Bevölkerungszahl (in Mrd.)
2010	6,895
2015	7,391
2020	7,923
2025	8,494
2030	9,105
2040	10,463
2050	12,024

+5 ·1,014⁵
+10 ·1,014¹⁰ ≈ 1,1492

Bei Vermehrung um gleiche prozentuale Wachstumsraten gehört zu gleichen Zeitspannen eine Vervielfachung mit dem gleichen Faktor (*Wachstumsfaktor*). Ein Wachstum dieser Art nennt man **exponentielles Wachstum.**
Die Bevölkerung wächst *durchschnittlich*

in 1 Jahr auf das $1,014$fache des Ausgangswertes G (also auf: $1,014 \cdot G$),
in 2 Jahren auf das $1,014^2$fache des Ausgangswertes G (also auf: $1,0282 \cdot G$),
in 5 Jahren auf das $1,014^5$fache des Ausgangswertes G (also auf: $1,0720 \cdot G$),
in 10 Jahren auf das $1,014^{10}$fache des Ausgangswertes G (also auf: $1,1492 \cdot G$).

b.

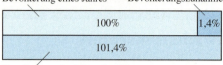

Wachstumsfaktor:

$101{,}4\% = \frac{101{,}4}{100} = 1{,}014$

c. Anhand der obigen Tabellen erkennen wir:

Anzahl x der Jahre seit 1999	Bevölkerungszahl y (in Mrd.)
0	6,000
x	6,000 · 1,014^x

Funktionsgleichung:

$y = 6{,}000 \cdot 1{,}014^x$

Zum Festigen und Weiterarbeiten

△ **2.** Wie würde die Bevölkerungszahl bei gleicher Zunahme bis zum Jahr 3050 wachsen?
   a. Rechne in 50-Jahres-Schritten ($1{,}014^{50} \approx 2{,}0040$).
   b. Stelle die Entwicklung grafisch im Koordinatensystem dar.
   c. Wie realistisch ist eine solche Vorausberechnung?

△ **3.** *Zinseszinsformel.* Du hast bereits Zinseszinsen kennengelernt; auch bei der mehrjährigen Verzinsung eines Kapitals, bei dem die Zinsen am Ende des Jahres gutgeschrieben und mit verzinst werden, handelt es sich um exponentielles Wachstum.
   a. Zeige: Bei der mehrjährigen Verzinsung eines Kapitals von 1 000 € zu 6 %, wobei die Zinsen am Ende eines jeden Jahres gutgeschrieben und mitverzinst werden (Zinseszins), gehört zu gleichen Zeitspannen (in Jahren) immer der gleiche Faktor.
   b. Welche Variable der Zinseszinsformel $K_n = K_0 \cdot q^n$ gibt den Wachstumsfaktor (pro Jahr) an?
   (K_0: Anfangskapital; q: Zinsfaktor; n: Anzahl der Jahre; K_n: Kapital nach n Jahren)
   c. Auf wie viel Euro wachsen 1 000 € bei einer Verzinsung von 5 % [4 %; 6,5 %] in 5 Jahren, in 10 Jahren, in 15 Jahren an?

△ **4.** Erstelle für die Berechnung des Kapitalwachstums in Aufgabe 3 eine Tabellenkalkulation.

> Bei einer Vermehrung um gleiche prozentuale Wachstumsraten liegt exponentielles Wachstum vor.
> Zur Wachstumsrate p% gehört der Wachstumsfaktor $(1 + \frac{p}{100})$;
> d.h.: „wächst um p%" bedeutet „wird multipliziert mit dem Faktor $(1 + \frac{p}{100})$".

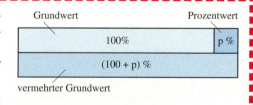

Wachstumsfaktor: $(100 + p)\% = (1 + \frac{p}{100})$

△ **5.** Bei Radium ist nach 948 Jahren 30 % der Ausgangsmasse zerfallen.
   a. Zeige: Bei gleichmäßiger prozentualer Abnahme eines Stoffes liegt exponentieller Zerfall vor.
   b. Gib für Radium den Zerfallsfaktor zur Zeitspanne 948 Jahre an.
   c. Nach wie vielen Jahren ist noch die Hälfte [$\frac{1}{10}$; $\frac{1}{100}$; $\frac{1}{1000}$] der Ausgangsmasse übrig?
   d. Gib den Zerfallsfaktor für die Zerfallsraten an: 40 %; 7 %; 12 %; 5,8 %; p %.

Information

Bei einer Verminderung um gleiche prozentuale Raten liegt ein exponentieller Abnahmeprozess (Zerfall) vor.
Eine Abnahme um p% entspricht der Abnahmefaktor $(1 - \frac{p}{100})$.

Beachte: Exponentielle Zunahme und exponentielle Abnahme werden oft einheitlich als exponentielles Wachstum bezeichnet.

Übungen

6. Die Bevölkerung des Staates Atlantis (50 Mio.) wächst jährlich um 3%, die des Staates Utopia (100 Mio.) wächst jährlich um 1%.

   a. Nach wie vielen Jahren hat Atlantis ebenso viele [doppelt so viele] Einwohner wie Utopia? Rechne gegebenenfalls in 5-Jahres- bzw. 10-Jahres-Schritten.

   b. Stelle die Bevölkerungsentwicklung der beiden Staaten in einem Koordinatensystem dar.

7. Ein Kapital von 50 000 € wird zu einem Zinssatz von 5% verzinst.

   a. Bei der Sparkasse werden die Zinsen am Ende eines jeden Jahres zum Kapital addiert und dann mitverzinst (Zinseszinsen).
   Auf wie viel Euro wächst das Kapital nach 1 Jahr, nach 2 Jahren, ..., nach 10 Jahren an?

   b. Nimm an: Für jedes Jahr werden nur 5% des Anfangskapitals (50 000 €) als Zinsen berechnet, die Zinsen werden also *nicht* mitverzinst.
   Auf wie viel Euro wächst das Kapital bei dieser Annahme nach 1 Jahr, nach 2 Jahren, ..., nach 10 Jahren an?

   c. Begründe: In Teilaufgabe a liegt exponentielles, in b lineares Wachstum vor.

8. Der Holzbestand eines Waldes beträgt etwa 50 000 Festmeter; das sind 50 000 m³ feste Holzmasse ohne Zwischenräume. Bei natürlichem Wachstum nimmt der Holzbestand jährlich um 3,5% zu. Er wächst dabei annähernd exponentiell.

   a. Auf wie viel Festmeter wächst der Holzbestand bei natürlichem Wachstum nach 4 Jahren [nach 8, 12, 16, 20 Jahren]?
   Gib auch die Funktionsgleichung an.

   b. Durch schädliche Umwelteinflüsse verlangsamt sich das Wachstum so, dass der Holzbestand jährlich nur um 2,5% zunimmt.
   Auf wie viel Festmeter wächst der Holzbestand des Waldes nach 4 Jahren [nach 8, 12, 16, 20 Jahren]? Gib auch die Funktionsgleichung an.

9. Ein Lichtstrahl dringt in eine Flüssigkeit ein. Die Lichtintensität nimmt je 1 cm Eindringtiefe um 35% ab.

   a. Auf wie viel Prozent ist die Lichtintensität in 4 cm Tiefe gesunken?

   b. Gib den Abnahmefaktor je 1 cm [je 5 cm; je 10 cm] Flüssigkeitstiefe an.

   c. In welcher Tiefe beträgt die Lichtintensität nur noch 1% der ursprünglichen?

Wachstumsrate und Verdopplungszeit

Aufgabe

△ 1. Die Tabelle gibt den jährlichen Zuwachs eines Kapitals bei Sparkassenbriefen mit unterschiedlicher Laufzeit an. Die Zinsen werden jeweils am Jahresende gutgeschrieben und mitverzinst.

a. Nach wie vielen Jahren verdoppelt sich ein Kapital bei den einzelnen Laufzeiten?

b. Bilde das Produkt aus dem Zinssatz p und der Anzahl d der Jahre, in denen sich das Kapital verdoppelt.
Entwickle eine Faustregel zur Berechnung der Verdopplungszeit.

Lösung

a. Zu einer prozentualen Zunahme (Wachstumsrate) von p% gehört der Wachstumsfaktor $q = 1 + \frac{p}{100}$.

Wachstumsrate	3,5%	4%	4,5%	5%
Wachstumsfaktor q	1,035	1,04	1,045	1,05

Zu zwei Jahren gehört der Wachstumsfaktor q^2, zu drei Jahren q^3, ..., zu n Jahren q^n.
Zu einer Verdopplung des Kapitals gehört der Wachstumsfaktor 2.
Wir berechnen mit dem Taschenrechner zu jedem Zinssatz die Potenzen q^1, q^2, q^3, ... und bestimmen die Anzahl d der Jahre, nach denen $q^d \approx 2$.

Ergebnis: Ein Kapital verdoppelt sich bei einer Verzinsung
– von 3,5% in ungefähr 20 Jahren,
– von 4% in ungefähr 18 Jahren,
– von 4,5% in ungefähr 16 Jahren,
– von 5% in ungefähr 14 Jahren.

Zinssatz p%	Wachstumsfaktor q	Probe: $q^d \approx 2$
3,5	1,035	$1,035^{20} \approx 1,99$
4,0	1,040	$1,040^{18} \approx 2,03$
4,5	1,045	$1,045^{16} \approx 2,02$
5,0	1,050	$1,050^{14} \approx 1,98$

b. Als Produkte aus p und d ergeben sich:
$3,5 \cdot 20 = 70$ $\qquad$ $4 \cdot 18 = 72 \approx 70$ $\qquad$ $4,5 \cdot 16 = 72 \approx 70$ $\qquad$ $5 \cdot 14 = 70$

> Als Faustregel für die Berechnung der Verdopplungszeit kann man die Formel $p \cdot d \approx 70$ verwenden (nur gültig bei kleinen Prozentsätzen bis etwa 12%).
>
> *Beispiel:*
> Für p = 6% ergibt sich d = 12 Jahre, denn $6 \cdot 12 \approx 70$

Zum Festigen und Weiterarbeiten

△ 2. Nach wie vielen Jahren verdoppelt sich ein Kapital bei einer jährlichen Verzinsung von 7%, 8%, 10%, 12%, 15%, 20%, 50%?
Berechne die Verdopplungszeit mit dem Taschenrechner wie in der Lösung zu Aufgabe 1a, überprüfe anschließend die Gültigkeit der Faustregel $p \cdot d \approx 70$.

△ 3. Berechne mithilfe der Faustregel p·d ≈ 70 jeweils für die verschiedenen Prognosen:
Nach wie vielen Jahren würde sich die Bevölkerung verdoppeln, wenn die vorausberechnete Wachstumsrate sich als richtig erweist?

	Prognose A	**Prognose B**
Erde	1,5% pro Jahr	1,3% pro Jahr
Europa	0,1% pro Jahr	0,07% pro Jahr
Afrika	2,9% pro Jahr	2,75% pro Jahr

△ 4.
Die Bevölkerung eines Landes wird sich bei gleichmäßig prozentualem Wachstum nach einer Prognose A in 25 Jahren, nach einer Prognose B in 32 Jahren verdoppeln. Von welchen prozentualen Wachstumsraten gehen die Prognosen aus?

△ 5. Ein Kapital von 1 000 € verzinst sich zu 2,5 % [3,5 %; 4,5 %; 6,5 %].
  a. Zeichne den Graphen der Funktion *Anzahl der Jahre → Kapital (in €)*.
  b. Wie hoch ist das Kapital nach 5 [nach 10; 15; 20] Jahren?
  c. Nach wie vielen Jahren wächst das Kapital auf 1 500 € [2 000 €; 4 000 €] an?
  d. Berechne mit der Faustregel p·d ≈ 70 die Verdopplungszeit des Kapitals. Vergleiche das Ergebnis mit Teilaufgabe b.

△ 6. **a.** Auf wie viel Dollar wären 100 Dollar bis heute angewachsen, wenn sie seit dem Jahr der Unabhängigkeitserklärung der Vereinigten Staaten (1776) zu 5 % verzinst worden wären?
  b. Wie viel Jahre beträgt die Verdopplungszeit des Kapitals?

△ 7. **a.** Sparkassen schenken Kindern oft zu Werbezwecken bei ihrer Geburt ein Sparguthaben von 5 €.
Auf wie viel Euro würde dieses Guthaben anwachsen, wenn es sich bis zum 80. Geburtstag mit durchschnittlich 4 % verzinst?
  b. Berechne die Verdopplungszeit des Kapitals.

△ 8. Ein Arbeiter erhält eine Lohnerhöhung von 4,3 %. Seine Lebenshaltungskosten erhöhen sich im selben Jahr um 3,4 %.
In wie vielen Jahren würden sich bei gleichbleibenden Zuwachsraten sein Lohn bzw. seine Lebenshaltungskosten verdoppeln?

△ 9. Die Bevölkerung eines Landes wird sich bei gleichmäßigem prozentualem Wachstum nach einer Prognose in 28 Jahren verdoppeln.
Welche prozentuale Wachstumsrate wurde angenommen?

Bist du fit?

1. Es wurden 1 170 222 Krafträder auf Mängel untersucht. 21,4% wiesen geringfügige Mängel und 8,9% erhebliche Mängel auf.
   a. Stelle dies in einem geeigneten Diagramm dar.
   b. Wie viele Krafträder waren ohne Mängel?

2. Die Sozialabgaben (Renten-, Kranken-, Pflege-, Arbeitslosenversicherung) betragen 22,25% vom Lohn bzw. Gehalt.
   a. Frau Schneider verdient 1 625 €. Berechne die Sozialabgaben.
   b. Herr Schäfer hat Sozialabgaben in Höhe von 281,50 €. Wie viel verdient er?

3. Sarah hat ein Bruttolehrlingsentgelt von 430 €. Netto erhält sie aber nur 337,55 €.
Berechne den Prozentsatz der Abzüge.

4. Bei einem Räumungsverkauf wurden alle Waren um 12% gesenkt. Lisa kauft ein Paar Schlittschuhe, das ursprünglich 50 € kostete. Wegen eines Farbfehlers gewährte der Händler nochmals 8% Nachlass.
Wie viel musste Lisa noch für die Schlittschuhe zahlen?

5. Frau Werner hat für 56 € Bücher gekauft. Im Preis sind 7% Mehrwertsteuer enthalten. Wie hoch ist der Preis ohne Mehrwertsteuer?

6. Die Tabelle zeigt die Anzahl der insgesamt in Deutschland verkauften Pkw sowie des Bestsellers VW-Golf.

	1999	2000
Insgesamt	3 802 176	3 378 343
VW-Golf	355 646	327 341

   a. Um wie viel Prozent verringerte sich die Anzahl der insgesamt verkauften Pkw?
   b. Auf wie viel Prozent sank der Verkauf des VW-Golf?
   c. Gib den prozentualen Anteil des Bestsellers am Gesamtverkauf an.
   d. Stelle die Angaben der Tabelle in einem geeigneten Diagramm dar.

7. a. Frau Neumann hat in ihrer Wohnung ein neues Fenster einbauen lassen. Sie erhält eine Rechnung über 697 €. Auf der Rechnung steht:
„Bei Zahlung innerhalb von 10 Tagen 2% Skonto."
Frau Neumann begleicht nach 4 Tagen die Rechnung. Wie viel muss sie zahlen?
   b. Ein Auto kostet 17 200 €. Der Preis wird um 4,5% erhöht.
Wie viel kostet es dann?

8. a. Die Schülerzahl einer Schule ist im letzten Schuljahr von 640 auf 691 Schüler gestiegen. Um wie viel Prozent ist die Anzahl der Schüler gestiegen?
   b. Die Anzahl der Geburten einer Gemeinde ist im letzten Jahr von 376 auf 354 Geburten zurückgegangen.
Um wie viel Prozent ist die Anzahl der Geburten zurückgegangen?

9. Die Bundesrepublik Deutschland hat etwa 82,26 Mio. Einwohner. Davon entfallen 81,1% auf das frühere Bundesgebiet.

a. In Baden-Württemberg leben 15,8% der Einwohner des früheren Bundesgebietes. Wie viel Prozent der Einwohner der Bundesrepublik sind das?

b. In Sachsen leben 5,4% aller Einwohner der Bundesrepublik. Wie viel Prozent der Einwohner der neuen Bundesländer sind das?

10. Der Einkaufspreis eines Fotokopierers beträgt 12 000 €. Die Einzelhandelsfirma rechnet mit Geschäftskosten von 22% und einem Gewinn von 15%. Hinzu kommt die Mehrwertsteuer von 16%.
Wie hoch muss nach dieser Kalkulation der Endpreis des Fotokopierers sein?

11. Lena hat am Jahresanfang 240 € auf ihrem Sparbuch (Zinssatz 1,5%). Am 17. April löst sie das Sparbuch auf. Sie bekommt das Geld zusammen mit den Zinsen ausgezahlt. Wie viel Euro bekommt sie ausgezahlt?

12. Frau Michel hat im Lotto gewonnen. Der Bankangestellte sagt: „Wenn sie den Gewinn zu 5,5% anlegen, dann erhalten sie nach einem Vierteljahr bereits 104,50 € Zinsen."
Berechne aus dieser Äußerung, wie viel Euro Frau Michel gewonnen hat.

13. a. Frau Schubert hat ein Guthaben von 6500 €. Sie erhält dafür 2,8% Zinsen. Am Jahresende bekommt sie 136,50 € Zinsen gutgeschrieben.
Vor wie vielen Monaten hat sie das Guthaben eingezahlt?

b. Für ein Kapital von 4800 € hat man bei einer Verzinsung von 2,5% insgesamt 100 € Zinsen erhalten. Wie lange wurde das Kapital verzinst?

14. Kathrin schließt zu Jahresbeginn einen Prämiensparvertrag über einen Betrag von 4200 € ab. Dieser hat eine Laufzeit von drei Jahren. Die Zinsen werden mitverzinst.
Es gilt folgende Verzinsung: 1. Jahr 2,25%; 2. Jahr 3,75%; 3. Jahr 4,0%.
Welcher Betrag steht Kathrin nach drei Jahren zur Verfügung?

15. Herr Samos legt bei seiner Bank 15 000 € auf vier Jahre zu folgenden Bedingungen an: Die Zinsen werden mitverzinst. Der Zinssatz im 1. Jahr beträgt 3,5%. Dieser erhöht sich in jedem Jahr um einen halben Prozentpunkt.
Wie viel € an Zinsen fallen insgesamt an? Um wie viel Prozent hat das Kapital zugenommen?

16. Frau Flasch möchte einen bestimmten Geldbetrag drei Jahre lang anlegen. Anschließend möchte sie 18 000 € zur Verfügung haben. Sie vereinbart mit der Bank: Zinsen werden mitverzinst.
Zinssätze: 1. Jahr 2,75%; 2. Jahr 3,50%; 3. Jahr 4,25%.
Welchen Geldbetrag muss sie anlegen?

17. Herr Maurer legt bei seiner Bank 17 000 € an. Er erhält für das erste Jahr einen Zinssatz von 3%. Die Zinsen werden mitverzinst. Am Ende des zweiten Jahres ist sein Guthaben auf 18 332,97 € angewachsen. Wie hoch war der Zinssatz für das zweite Jahr?

Im Blickpunkt

Entwicklung der Weltbevölkerung – Grenzen des Wachstums

Nach Berechnungen von Experten bietet die Erde ausreichenden Platz für circa 11,5 Milliarden Menschen. Bei 20 Milliarden Menschen ist nach diesen Berechnungen die absolute Obergrenze erreicht. Wie wird sich die Weltbevölkerung entwickeln, wenn sie weiterhin in dem gleichen Maße wächst wie in den letzten Jahren? Was bedeutet das für die verschiedenen Länder und Erdteile?

1. Bei der Modellrechnung auf Seite 165 sind wir von einer durchschnittlichen Wachstumsrate von 1,4 % ausgegangen. Bei einer niedrigeren Wachstumsrate - z. B. bei 1,3 % - bekommen wir andere Werte und andere Prognosen.
Einen Überblick über die Entwicklungen bei verschiedenen Wachstumsraten kann man sich am besten mit einem Tabellenkalkulationsprogramm eines Computers verschaffen.

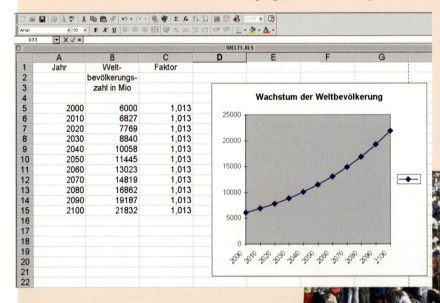

In unserem Beispiel ist die Entwicklung der Weltbevölkerung für die Kalenderjahre 2000 bis 2100 in Zehnjahresschritten dargestellt.

a. Erzeugt das oben angegebene Blatt auf einem Tabellenkalkulationsprogramm.
Hinweis: Da die Tabelle in Zehnjahresschritten angelegt ist, erhält man den Wert des Feldes B6 auf folgende Weise: Man muss den Wert des Feldes B5 zehn mal mit dem Wachstumsfaktor (Feld C5) - d.h. mit (Wert von C5)^{10} - multiplizieren. Das Feld B6 hat daher die Formel B5*C5^10. Die Schreibweise ^10 bedeutet dabei "hoch 10".

b. Untersucht, wie sich die Entwicklung der Weltbevölkerung ändert, wenn man andere Wachstumsraten einsetzt, beispielsweise 1,5 %, 1,2 %, 1 %, 0,5 %. Wann sind die Grenzen des Wachstums von 11,5 Millarden [20 Milliarden] jeweils erreicht?

Info: Bei den bisherigen Rechnungen gingen wir von einer Wachstumsrate aus, die für den gesamten Zeitraum der Modellrechnung gleich bleibt. In Wirklichkeit ändern sich die Wachstumsraten jedoch. Nach den derzeitigen Prognosen werden die Wachstumsraten in den nächsten Jahrzehnten weltweit fallen:

Jahr	2000	2010	2020	2030	2040	2050
Wachstumsrate in %	1,3	1,15	0,95	0,8	0,65	0,5

2. Führt mit einem Tabellenkalkulationsprogramm eine Modellrechnung bis zum Jahre 2050 durch, bei der die Änderung der Wachstumsraten berücksichtigt wird. Auf diese Weise könnt ihr euch ein realistischeres Bild über die Entwicklung der Weltbevölkerung verschaffen als mit gleichbleibenden Wachstumsraten.

3. Das Bevölkerungswachstum verläuft in den einzelnen Gebieten der Erde sehr unterschiedlich. Die Bevölkerung in Afrika betrug z. B. im Jahr 2000 circa 832 Millionen Menschen. Sie wuchs in diesem Jahr mit einer Wachstumsrate von ca. 2,71 %.

a. Wie viele Menschen kamen bei dieser Wachstumsrate im Jahre 2001 hinzu?

b. Um wie viele Menschen wuchs Afrika bei dieser Wachstumsrate an jedem Tag (in jeder Stunde, in jeder Sekunde) dieses Jahres?

c. Mit welcher Exponentialfunktion kann man dieses Wachstum beschreiben?
Hinweis: Überlege, welcher Wachstumsfaktor einer jährlichen Wachstumsrate von 2,71 % entspricht.

d. Fertige einen Graphen für die Funktion *Jahreszahl → Bevölkerungszahl in Afrika* an.

e. Wie groß wird die Bevölkerung Afrikas im Jahr 2010 [2020; 2050; 2100] sein, wenn die Weltbevölkerung mit der gleichen Rate von 2,71 % weiter wächst?

f. Nach wie vielen Jahren verdoppelt sich die Bevölkerung Afrikas bei dieser Wachstumsrate?

4. Aktuelle Daten zum Bevölkerungsstand und die aktuellen Wachstumsraten zu fast allen Ländern der Welt könnt ihr euch unter folgender Internet-Adresse des U.S. Census Bureaus besorgen:
http://www.census.go /ipc/www/idbsum.html
Teilt euch in Gruppen auf und untersucht unterschiedliche Länder bzw. Gebiete der Erde. Ihr könnt die verschiedenen Informationen, Modellrechnungen und Graphen auch zu einer Ausstellung zusammenstellen.

Aufgaben zur Vorbereitung auf die Abschlussprüfung

Algebra – Pflichtbereich
Lineare Funktionen

P 1. Zeichne die Gerade zu der linearen Funktion.
- **a.** $3y + 1{,}5x - 12 = 0$
- **b.** $6y - 30 + 6x = 0$
- **c.** $4y - 3x - 1 = 0$
- **d.** $7y + 3{,}5x - 28 = 0$

P 2. Die Gerade zu einer linearen Funktion geht durch den Punkt P und hat die Steigung m. Notiere die Funktionsgleichung.
- **a.** $P(0|4)$; $m = 0{,}5$
- **b.** $P(0|-2)$; $m = -1{,}5$
- **c.** $P(0|1)$; $m = -2{,}4$
- **d.** $P(0|-1)$; $m = 1{,}2$

P 3. Die Gerade zu einer linearen Funktion geht durch den Punkt P und hat die Steigung m. Berechne den Achsenabschnitt b.
- **a.** $P(1|4)$; $m = 1$
- **b.** $P(-3|-2{,}5)$; $m = 0{,}5$
- **c.** $P(-2|2)$; $m = -1$
- **d.** $P(3|10{,}5)$; $m = 1{,}5$

P 4. Die Gerade zu einer linearen Funktion geht durch die Punkte P und Q. Berechne die Steigung m und den Achsenabschnitt b. Notiere die Funktionsgleichung.
- **a.** $P(1|2)$; $Q(2|4)$
- **b.** $P(2|-2)$; $Q(3|-5)$
- **c.** $P(-2|-3)$; $Q(3|1)$
- **d.** $P(4|0)$; $Q(0|-2)$

P 5. Gegeben ist eine lineare Funktion. Berechne die Koordinaten der Schnittpunkte der zugehörigen Geraden mit den Koordinatenachsen.
- **a.** $y = -3x + 4{,}5$
- **b.** $1 = 3(x + y)$
- **c.** $3{,}6x + y = 1{,}5 - 0{,}5y$
- **d.** $4x + y = -2$

P 6. Berechne die Koordinaten des Schnittpunkts beider Geraden.
- **a.** $y = -3x + 16$
  $y = 2x - 4$
- **b.** $y = -3x - 2$
  $3x + 2y = 2$
- **c.** $6x + 3y = 15$
  $y = 2x - 7$
- **d.** $3y - x = 2$
  $x - 2y = -1$

P 7. Die beiden Koordinatenachsen und die Gerade g begrenzen das Dreieck OAB. Berechne den Flächeninhalt des Dreiecks.
- **a.** $g\colon y = -x + 5$
- **b.** $g\colon 2x - y = 8$
- **c.** $g\colon y = 2x - 5$
- **d.** $g\colon y - 4x = 12$

Lineare Gleichungssysteme mit zwei Variablen

P 8. Bestimme die Lösungsmenge grafisch.
- **a.** $\left| \begin{array}{l} y = -\frac{3}{2}x + 6 \\ y = 2x - 1 \end{array} \right|$
- **b.** $\left| \begin{array}{l} 4x + y - 11 = 0 \\ 3x + 3y - 15 = 0 \end{array} \right|$
- **c.** $\left| \begin{array}{l} 3x - 4y = 24 \\ 5x + 2y = 14 \end{array} \right|$

Berechne in den Aufgaben P 9 bis P 12 die Lösungsmenge.

P 9.
- **a.** $\left| \begin{array}{r} 9x - y = 41 \\ y = 3x - 11 \end{array} \right|$
- **b.** $\left| \begin{array}{l} 4x + 2y = 6 \\ 3x + 6y = 9 \end{array} \right|$
- **c.** $\left| \begin{array}{r} 10x - 7y = 44 \\ 7y = 3x - 23 \end{array} \right|$

Pflichtbereich Algebra

P 10. a. $\begin{vmatrix} x = \frac{1}{2}y - 3 \\ x = \frac{1}{7}y - \frac{1}{7} \end{vmatrix}$ b. $\begin{vmatrix} 3x - 4y = 4 \\ 5x - 4y = 20 \end{vmatrix}$ c. $\begin{vmatrix} 40x - 10y = 140 \\ 10y = 4x + 40 \end{vmatrix}$

P 11. a. $\begin{vmatrix} 4x + 3y = 57 \\ 7x + 3y = 69 \end{vmatrix}$ b. $\begin{vmatrix} 10x + 7y + 4 = 0 \\ 6x + 5y + 2 = 0 \end{vmatrix}$ c. $\begin{vmatrix} 3x - 9y = 20 \\ 15x - 45y = 100 \end{vmatrix}$

P 12. a. $\begin{vmatrix} 2{,}4x - 1{,}7y = 1{,}6 \\ 3{,}3x - 4{,}2y = 17{,}1 \end{vmatrix}$ b. $\begin{vmatrix} 3\frac{1}{2}x + 1\frac{1}{3}y = 11 \\ 4\frac{1}{2}x + 1\frac{2}{3}y = 14 \end{vmatrix}$ c. $\begin{vmatrix} (3x+1):(3y-7) = 5:4 \\ (3x-1):(3y-5) = 4:5 \end{vmatrix}$

Quadratische Gleichungen

Löse die quadratische Gleichung rechnerisch. (Als Grundmenge nehmen wir die Menge der reellen Zahlen; wir schreiben $G = \mathbb{R}$.)

P 13. a. $(3x+7)(5x-2) = (5x+1)(8x-3)$ b. $(2x+3)(x-4) = (3x-8)(x-3)$

P 14. a. $\frac{5}{6}x^2 - 4x + \frac{24}{5} = 0$ b. $\frac{4}{9}x^2 + 2{,}5 = 2x$

P 15. a. $3{,}2x^2 + 8{,}16x - 14{,}4 = 0$ b. $12{,}5x^2 + 35x = -24{,}5$

P 16. a. $(3x + 3\sqrt{2})(x - \sqrt{2}) = 2(x^2 + 2)$ b. $(2x+3)^2 + (2x-3)^2 = 5x(3x-1)$

P 17. a. $(x+3)^2 - (x-6)^2 + (x-4)^2 = 17x + 7$ b. $(x+5)^2 - (4-3x)^2 = 9(x^2+1)$

Quadratische Funktionen

P 18. Zeichne das Schaubild der Funktion und lies die Koordinaten der Schnittpunkte des Schaubildes mit der x-Achse ab (1 LE = 1 cm).

a. $y = x^2 + 1{,}6$ b. $y = 1\frac{1}{2} - x^2$ c. $y = x^2 - 4{,}5$

P 19. Zeichne das Schaubild (1 LE = 0,5 cm) der Funktion.

a. $y = \frac{1}{2}x^2$ b. $y = \frac{3}{2}x^2 + 2$ c. $y = 3x^2 - 1$

P 20. Von einer nach oben offenen verschobenen Normalparabel ist der Scheitelpunkt bekannt. Zeichne die Parabel, lies die Koordinaten ihrer Schnittpunkte mit der x-Achse ab und gib ihre Funktionsgleichung in der Form $y = x^2 + px + q$ an.

a. $S(-1 \mid -2)$ b. $S(3 \mid -4)$ c. $S(\frac{1}{2} \mid -3\frac{1}{2})$

P 21. Von einer nach oben offenen verschobenen Normalparabel sind die Koordinaten des Scheitelpunkts S bekannt. Die Punkte P_1 und P_2 sollen auf der Parabel liegen. Berechne die fehlenden Koordinaten.

a. $S(-2 \mid 4)$
$P_1(-4 \mid \square)$
$P_2(\square \mid 8)$

b. $S(3 \mid -1)$
$P_1(-2 \mid \square)$
$P_2(\square \mid 3)$

c. $S(-3 \mid -5)$
$P_1(3 \mid \square)$
$P_2(\square \mid 4)$

22. Zeichne das Schaubild der Funktion (1 LE = 1 cm).
   a. $y = (x-2)^2$
   b. $y = (x+4)^2$
   c. $y = \left(x + \frac{1}{2}\right)^2$

Pflichtbereich Algebra

23. Der Punkt R(2|2) liegt auf dem Schaubild einer quadratischen Funktion mit der Gleichung $y = x^2 + px + 6$. Berechne p und bestimme dann die Koordinaten des Scheitelpunkts.

24. Der Punkt R(−1|−6) liegt auf dem Schaubild einer quadratischen Funktion mit der Gleichung $y = x^2 + 6x + q$. Berechne q und bestimme dann die Koordinaten des Scheitelpunkts.

25. Der Punkt R(−4|−8) liegt auf dem Schaubild einer quadratischen Funktion mit der Gleichung $y = x^2 + px + q$. Ferner gilt $q = 3p$. Berechne p und bestimme dann die Koordinaten des Scheitelpunkts.

26. Von einer verschobenen Normalparabel sind zwei Punkte bekannt. Stelle die Funktionsgleichung auf und zeichne die Parabel.
   a. $P_1(-4|0)$ und $P_2(-1|3)$ **b.** $P_1(0|5)$ und $P_2(4|5)$ **c.** $P_1(0,5|2,5)$ und $P_2(4,5|2,5)$

27. Berechne den Scheitelpunkt der Parabel und ihre Schnittpunkte mit den Koordinatenachsen.
   a. $y = x^2 - 10x - 5$
   b. $y = x^2 + 6x + 8$
   c. $y = x^2 - 2,4x - 0,81$

28. Eine verschobene Normalparabel hat die Gleichung $y = x^2 - 4x - 8$. Berechne die Koordinaten der Schnittpunkte mit den Koordinatenachsen. Bestimme den Flächeninhalt des Dreiecks, das von den drei Schnittpunkten gebildet wird.

29. Die Schaubilder zweier quadratischen Funktionen mit den Gleichungen $y = x^2 - 5x + 13$ und $y = x^2 + x + 1$ schneiden sich im Punkt Z. Berechne die Entfernung des Punktes Z vom Ursprung des Koordinatensystems.

30. Die Schaubilder zweier quadratischen Funktionen mit den Gleichungen $y = -x^2 + 5$ und $y = x^2 - 3$ schneiden sich in den Punkten P_1 und P_2. Berechne die Koordinaten der beiden Schnittpunkte. Gib die Gleichung der Geraden an, die durch die Punkte P_1 und P_2 verläuft.

31. Zwei Parabeln mit den Gleichungen $y = (x+3)^2$ und $y = x^2 - 3$ besitzen einen gemeinsamen Punkt Q. Berechne die Koordinaten des Punktes Q. Berechne den Umfang des Dreiecks, das von den beiden Scheitelpunkten und dem Punkt Q gebildet wird.

32. Berechne die Koordinaten der Schnittpunkte der Schaubilder der quadratischen Funktion $y = x^2 + 4x + 2$ und der linearen Funktion $y = x + 6$.

33. Eine Parabel mit dem Scheitelpunkt S(−2|−1) wird von der Geraden $y = x + 3$ geschnitten. Berechne die Koordinaten der beiden Schnittpunkte.

34. Eine Parabel mit der Gleichung $y = x^2 - 2x + 1$ wird von der Geraden $y = 2x + 1$ in den Punkten P_1 und P_2 geschnitten. Berechne die Koordinaten der beiden Schnittpunkte. Berechne den Umfang des Dreiecks, das von den Punkten P_1, P_2 und dem Scheitelpunkt der Parabel gebildet wird.

Pflichtbereich Algebra

Bruchgleichungen

Bestimme die Definitions- und Lösungsmenge der Bruchgleichung (G = ℝ).

P 35. a. $\dfrac{13}{3x+5} = \dfrac{16}{5x-3}$ \hspace{2em} b. $\dfrac{4x}{3x+5} = \dfrac{8x-5}{6x}$

P 36. a. $\dfrac{1}{x-2} = \dfrac{2}{x(x-2)}$ \hspace{2em} b. $\dfrac{2}{x+1} = \dfrac{2 \cdot (2x+1)}{x(x+1)} - \dfrac{2}{x}$

P 37. a. $\dfrac{x}{x+7} + \dfrac{x-4}{x-5} = 2$ \hspace{2em} b. $\dfrac{2}{x+1} + \dfrac{3}{5-x} = 2$

P 38. a. $\dfrac{4x}{5x-10} + \dfrac{x+2}{2x-4} = \dfrac{19}{10} + \dfrac{5x-3}{4x-8}$ \hspace{2em} b. $\dfrac{x-2}{2x-10} - \dfrac{x+2}{3x-15} = 3 + \dfrac{9-5x}{4x-20}$

P 39. a. $\dfrac{2x+3}{x+1} - \dfrac{3x}{x-1} = \dfrac{1}{x^2-1}$ \hspace{2em} b. $\dfrac{3}{x-2} + \dfrac{2x-10}{x+2} = \dfrac{21}{x^2-4}$

Algebra – Wahlbereich

W 1.1 Bestimme die Definitionsmenge und die Lösungsmenge (G = ℝ).
$\dfrac{3x+1}{x-3} + \dfrac{x-7}{x+3} = \dfrac{20x}{x^2-9}$

1.2 Eine Parabel hat die Gleichung $y = x^2 + 4x + 3$.
   a. Forme die Gleichung in die Scheitelform um, bestimme die Scheitelkoordinaten und zeichne die Parabel.
   b. Die Parabel hat zwei Punkte mit dem y-Wert 10.
      Berechne ohne zu runden die x-Werte dieser Punkte.
   c. Zwischen welchen Parabelpunkten mit gleichem y-Wert beträgt der Abstand acht Längeneinheiten?

Lösung

1.1 $\dfrac{3x+1}{x-3} + \dfrac{x-7}{x+3} = \dfrac{20x}{(x+3) \cdot (x-3)}$ \hspace{1em} $| \cdot (x-3)(x+3)$ \hspace{1em} $D = \mathbb{R}\setminus\{-3; 3\}$

$(3x+1) \cdot (x+3) + (x-7) \cdot (x-3) = 20x$
$3x^2 + 10x + 3 + x^2 - 10x + 21 = 20x$
$4x^2 - 20x + 24 = 0$ \hspace{1em} $|:4$
$x^2 - 5x + 6 = 0$
$x_1 = 3; \quad x_2 = 2$

Ergebnis: Die erste Lösung der gemischtquadratischen Gleichung scheidet wegen der Definitionsmenge aus. Wir erhalten also L = {2}.

1.2 a. $y = x^2 + 4x + 3$
$y = x^2 + 2 \cdot 2x + 2^2 + 3 - 2^2$

Ergebnis:
$y = (x+2)^2 - 1$ \hspace{1em} (Scheitelpunktsform)
$S(-2 | -1)$ \hspace{1em} (Scheitelpunkt)

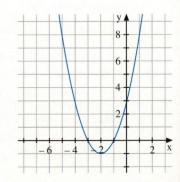

Wahlbereich Algebra

b. $10 = x^2 + 4x + 3$
$0 = x^2 + 4x - 7$
$x_1 = -2 + \sqrt{11}; \quad x_2 = -2 - \sqrt{11}$

c. Die gesuchten Punkte liegen 4 LE links bzw. 4 LE rechts von der Symmetrieachse (x = –2), sie haben also die Werte $x_1 = -6$ und $x_2 = 2$.
Einsetzen von x_1 bzw. x_2 in die Gleichung $y = x^2 + 4x + 3$ liefert die zugehörigen Werte $y_1 = 15$ und $y_2 = 15$.
Ergebnis: Die gesuchten Punkte sind $P_1(-6 \mid 15)$ und $P_2(2 \mid 15)$.

W 2.1 Zeichne das Schaubild der Funktion zu $y = x^2 - 4x + 3$ im Bereich $-1 \leq x \leq 5$. Ermittle den Scheitelpunkt und die Symmetrieachse des Schaubilds.

2.2 Bestimme die Definitionsmenge und die Lösungsmenge der Gleichung für die Grundmenge $G = \mathbb{R}$.
$$\frac{x}{x-4} - \frac{x}{x+4} = \frac{40}{x^2 - 16}$$

2.3 Eine Gerade g_1 geht durch die Punkte $V(4 \mid -1)$ und $W(1 \mid 0{,}5)$. Eine andere Gerade g_2 steht senkrecht auf g_1 und hat $M(-1 \mid 4)$ als weiteren Punkt. Bestimme die Gleichungen beider Geraden. Zeichne sie in ein Koordinatensystem und berechne den Flächeninhalt, den die beiden Geraden mit der y-Achse bilden.

W 3.1 Gegeben ist eine Parabel mit der Gleichung $y = (x - 0{,}1)(x + 1{,}5)$.
Bestimme die Koordinaten der Schnittpunkte mit der x-Achse sowie den Scheitelpunkt der Parabel.

3.2 Berechne die Lösungsmenge des Gleichungssystems:
$$\left| \begin{array}{l} \dfrac{x-7}{5} = \dfrac{y-6}{3} \\ \dfrac{x+9}{7} = \dfrac{y+3}{4} \end{array} \right|$$

3.3 Eine Parabel P_1 hat die Gleichung $y = -(x+2)^2 + 4$. Eine andere Parabel P_2 geht durch die Punkte $A(-1 \mid 3)$ und $B(-4{,}5 \mid -2{,}25)$. Berechne den Scheitel von P_2 und zeichne beide Parabeln in ein Koordinatensystem. Lies die Schnittpunkte der beiden Parabeln aus der Zeichnung ab und überprüfe durch Rechnung.

W 4.1 Zwei verschiedene Parabeln der Form $y = (x - d)^2 + c$ verlaufen durch $P(-1 \mid 4)$.
Die eine Parabel hat ihren Scheitelpunkt auf der x-Achse, die andere hat ihren Scheitelpunkt auf der y-Achse.
Ermittle mithilfe einer Zeichnung für jede Parabel die Werte von d und c und schreibe die Funktionsgleichung in der Form $y = x^2 + px + q$.

4.2 Bestimme die Definitionsmenge und die Lösungsmenge der Gleichung für die Grundmenge $G = \mathbb{R}$.
$$\frac{2x-3}{2x+3} - \frac{2x+3}{2x-3} = \frac{48}{4x^2 - 9}$$

4.3 Wenn man in einem Dreieck die Grundseite um 2 cm und die zugehörige Höhe um 3 cm verlängert, so vergrößert sich sein Flächeninhalt um 23,5 cm².
Wenn man aber die Grundseite um 3 cm und die zugehörige Höhe um 2 cm verlängert, so vergrößert sich der Flächeninhalt nur um 22,5 cm².
Berechne Grundseite und Höhe des ursprünglichen Dreiecks.

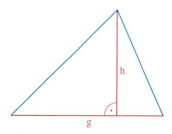

Wahlbereich Algebra

W 5.1 Eine Parabel mit einer Gleichung der Form $y = x^2 + px + q$ hat die Punkte $N_1(-4,5|0)$ und $N_2(-0,5|0)$ als Schnittpunkte mit der x-Achse. Berechne p und q und die Scheitelpunktkoordinaten.

5.2 Berechne die Lösungsmenge des Gleichungssystems:
$$\left| \begin{array}{l} 2,4x - 1,7y = 1,6 \\ 3,3x - 4,2y = 17,1 \end{array} \right|$$

5.3 Wenn man den Radius eines Kreises um 30 cm vergrößert, so wird der Flächeninhalt dieses Kreises 2,25mal so groß. Berechne den Radius des Kreises.

W 6.1 Eine verschobene Normalparabel hat den Scheitelpunkt $S(2|-3)$. Sie wird von der Geraden mit $y = x + 1$ geschnitten. Berechne ohne Verwendung gerundeter Werte die Entfernungen der Schnittpunkte vom Scheitelpunkt.

6.2 Bestimme die Definitionsmenge und die Lösungsmenge der Gleichung für die Grundmenge $G = \mathbb{R}$.
$$\frac{2x+4}{5x+15} + \frac{2x-4}{4x-12} = \frac{x^2+21}{10x^2-90}$$

6.3 Die Parabel $y = -x^2 + 3$ wird von der Geraden $g_1: y = -1,5x + 0,5$ in zwei Punkten geschnitten. Berechne diese Schnittpunkte. Eine zur Geraden g_1 parallele Gerade g_2 geht durch den Punkt $A(3|-1)$. Wie lautet die Funktionsgleichung von g_2? Zeichne alle drei Schaubilder in ein Koordinatensystem und bestimme den Abstand der Geraden zeichnerisch (rechnerisch).

W 7.1 Bestimme die Definitionsmenge und die Lösungsmenge der Gleichung für die Grundmenge $G = \mathbb{R}$.
$$\frac{10x}{x-3} = \frac{9-2x}{3-x} \cdot 6 - 2$$

7.2 Die Gleichungen $y = x^2 + 4x + 1$ und $y = x^2 - 3x + 1,25$ gehören zu Parabeln. Zeichne die Parabeln mithilfe einer Schablone. Berechne die Entfernung ihrer Scheitelpunkte.

7.3 a. Gegeben ist ein regelmäßiges Sechseck mit der Seitenlänge a.
Gib die Funktion zur Berechnung des Flächeninhaltes des Sechsecks in Abhängigkeit von der Seitenlänge an. Stelle eine Wertetabelle auf für $0 \leq a \leq 6$ mit $a \in \mathbb{N}$. Zeichne ein Schaubild.
x-Achse: 1 LE = 1 cm;   y-Achse: 1 LE = 10 cm²
b. Markiere im Schaubild, welcher Flächeninhalt sich für $a = 4,5$ cm ergibt.

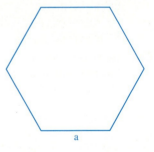

W 8.1 Bestimme die Lösungsmenge des Gleichungssystems ohne die Werte zu runden.
$$\left| \begin{array}{l} \frac{x+1}{5} - \frac{y+3}{2} = 5 \\ \frac{x+2y}{2} = 11 \end{array} \right|$$

8.2 Von zwei verschobenen Normalparabeln ist bekannt:
– Die Gerade mit der Gleichung $y = -4$ berührt die eine Parabel.
– Die Gerade mit der Gleichung $x = 1$ ist Symmetrieachse der anderen Parabel.
– Die beiden Parabeln schneiden sich im Punkt $T(-1|5)$.
Stelle die Parabelgleichungen in der Scheitelpunktform auf und zeichne die Parabeln.
(2 Lösungen!)

Wahlbereich Algebra

W 9.1 Zwei Parabeln haben die Gleichungen:
$y = x^2 - 4x + 6$ und $y = -x^2 + 6$
Berechne die Schnittpunkte der Parabeln.
Welche Rolle spielen diese Punkte für die Parabeln?
Überprüfe dies in einer Zeichnung.

9.2 Berechne die Definitionsmenge und die Lösungsmenge der Gleichung für die Grundmenge $G = \mathbb{R}$.
$$\frac{2x+3}{x+1} - \frac{3x}{x-1} = -\frac{8}{x^2-1}$$

9.3 a. Eine nach unten geöffnete Normalparabel hat den Scheitel $S(0|4)$. Zeichne die Parabel im Intervall $-4 \leq x \leq 4$.
b. Eine Gerade g schneidet diese Parabel in zwei Punkten. Wähle zwei Punkte A und B einer solchen Geraden. Die Punkte A und B sollen nicht auf der Parabel liegen.
Zeichne Punkte und Gerade ein.
Bestimme die Funktionsgleichung der Geraden rechnerisch.
Lies die Schnittpunkte der Geraden mit der Parabel aus der Zeichnung ab und bestätige durch Rechnung.

10.1 Bestimme die Lösungsmenge des Gleichungssystems rechnerisch (ohne Verwendung von Dezimalbrüchen).
$$\left| \begin{array}{l} \frac{2}{3}x - \frac{1}{3}y - \frac{5}{6} = 0 \\ \frac{1}{2}x + \frac{1}{5}y - \frac{3}{4} = 0 \end{array} \right|$$

10.2 Die Punkte $P_1(-3{,}5 | 4{,}75)$ und $P_2(-2 | 5{,}5)$ liegen auf einer Parabel mit der Gleichung $y = x^2 + px + q$.
Bestimme die Koordinaten des Scheitelpunktes S rechnerisch und zeichne die Parabel.
Berechne die Entfernung des Scheitelpunktes S vom Schnittpunkt O der Koordinatenachsen.

10.3 Bestimme die Definitionsmenge und die Lösungsmenge der Gleichung (ohne die Werte zu runden) mit der Grundmenge $G = \mathbb{R}$.
$$\frac{13 + 8x}{7 + 6x} = \frac{9x + 2}{7x - 2}$$

11.1 Bestimme die Definitionsmenge und die Lösungsmenge der Gleichung für die Grundmenge $G = \mathbb{R}$.
$$\frac{4}{a} - \frac{12a - 3}{a} - \frac{6}{-a} - a = 0.$$

11.2 Zeichne die Schaubilder der Funktionen mit den Gleichungen
$y = x^2$ bzw. $y = 6 - 0{,}5x$.
Gib die Koordinaten ihrer Schnittpunkte an.
Bestätige die Koordinaten rechnerisch.

Wahlbereich Algebra

W 12.1 Bestimme die Definitionsmenge und die Lösungsmenge der Gleichung für die Grundmenge $G = \mathbb{R}$.
$$\frac{(x+2)(x-4)}{x+3} - \frac{(x+5) \cdot 3}{-3-x} - \frac{13}{x+3} = 0$$

12.2 Eine Parabel hat die Gleichung $y = x^2 - x + \frac{15}{4}$.
Berechne die Koordinaten des Scheitelpunkts und zeichne die Parabel. Die Parabel wird von einer Geraden mit der Gleichung $y = 6 - x$ geschnitten. Berechne die Länge der Strecke auf der Geraden, die von der Parabel eingeschlossen wird.

W 13.1 Gegeben ist das Gleichungssystem:
$$\left| \begin{array}{l} 2x - y - 11 = 0 \\ x + y - 2 = 0 \end{array} \right|$$
Löse das Gleichungssystem zeichnerisch.
(Überprüfe die abgelesene Lösung durch eine Rechenprobe.)

13.2 Das Schaubild einer quadratischen Funktion mit der Gleichung $y = x^2 + px + q$ geht durch die Punkte $P_1(0|0,5)$ und $P_2(1|-2,5)$.
Bestimme p und q der Funktionsgleichung.
Zeichne das Schaubild im Intervall $-1 \leq x \leq 5$.
Wie heißt die Scheitelpunktform der Gleichung?

W 14.1 Löse die Gleichung.
Welche Zahlen müssen als Lösung ausgeschlossen werden?
$$\frac{x+2}{x+3} + \frac{x+3}{x-5} = \frac{13}{(x+3)(x-5)}$$

14.2 Das Schaubild einer quadratischen Funktion mit der Gleichung $y = ax^2 + c$ hat mit der x-Achse den Schnittpunkt $N(-3|0)$ und geht durch den Punkt $P(2|3,75)$.
Bestimme die Funktionsgleichung.
Zeichne das Schaubild der Funktion im Intervall $-3 \leq x \leq 3$.

W 15.1 Bestimme die Lösungsmenge des Gleichungssystems zeichnerisch.
$$\left| \begin{array}{l} 2x + 10y - 45 = 0 \\ 2x - 6y - 15 = 0 \end{array} \right|$$
Bestätige die Lösung rechnerisch.

15.2 a. Eine verschobene Normalparabel hat die Gleichung $y = x^2 + 7x + 8\frac{3}{4}$. Berechne die Koordinaten des Scheitelpunkts. Zeichne die Parabel im Intervall $-6 \leq x \leq 0$.
Berechne die Koordinaten der Schnittpunkte mit der x-Achse.
b. Die Parabel aus Teilaufgabe a. wird an der Symmetrieachse so nach oben verschoben, dass sie die Schnittpunkte $N_1(-4,5|0)$ und $N_2(-2,5|0)$ mit der x-Achse hat.
Um wie viele Einheiten ist die Parabel verschoben?
Wie heißt die neue Parabelgleichung?

15.3 Der Preis für eine Taxifahrt (bis zu 3 Personen) setzt sich zusammen aus Grundgebühr 3 €, Abholung 1,80 € und 1,52 € je Kilometer.
Ein Fahrdienst verlangt einen Grundpreis von 2,20 € pro Person und 1,32 € je Kilometer.
a. Bei wie viel Kilometer stimmt für eine 3-köpfige Familie der Preis der beiden Angebote überein?
b. Berechne den Preisunterschied bei einer Fahrt von 32 km.

Wahlbereich Algebra

16.1 Eine Parabel mit der Gleichung
$$y = x^2 + px + q$$
hat den Scheitelpunkt S(−2,5 | −1). Zeichne die Parabel und gib ihre Gleichung an. Berechne die Koordinaten der Schnittpunkte mit der x-Achse.

16.2 Bestimme Definitionsmenge und Lösungsmenge der Gleichung (ohne die Werte zu runden) für $G = \mathbb{R}$.
$$\frac{2}{x} - \frac{x}{x^2 - 4} = \frac{8}{x - 2}$$

17.1 Löse das Gleichungssystem:
$$\left| \begin{array}{l} \frac{x}{4} - \frac{y}{8} = 8 \\ \frac{y+3}{3} - \frac{x}{4} = \frac{y-2}{5} \end{array} \right.$$

17.2 a. Die Wertetabelle gehört zu einer quadratischen Funktion mit der Gleichung $y = ax^2 + c$.

x	−3	−2	−1	0	1	2	3
y	2	−0,5	−2	−2,5			

Ergänze die Tabelle und zeichne das Schaubild der Funktion. Stelle die Funktionsgleichung auf.

b. Spiegele das Schaubild an der Geraden x = 2,5. Bestimme den Scheitelpunkt und die Gleichung der neuen Funktion.

c. Berechne den Schnittpunkt T der beiden Schaubilder.

18.1 In einem Koordinatensystem (1 LE ≙ 1 cm) ist ein Viereck ABCD festgelegt durch die Punkte
A(−4 | 0); B(1,5 | −4); C(5 | 4,5); D(−1 | 6).
Zeichne das Viereck mit seinen Diagonalen.
Stelle dir die Diagonalen zu Geraden verlängert vor und bestimme aus der Zeichnung die Funktionsgleichungen für diese Geraden.
Berechne dann den Schnittpunkt E der Diagonalen.

18.2 Zeichne das zum Viereck ABCD ähnliche Bildviereck A′B′C′D′, dessen Flächeninhalt nur $\frac{1}{4}$ des Urbildvierecks ist (Streckzentrum E).
a. Wie lang sind die Seiten des Bildvierecks?
b. Entnimm die Koordinaten A′ und B′ der Zeichnung.
c. Begründe: $\overline{AB}$ und $\overline{A'B'}$ sind parallel zueinander.

19.1 In einem Koordinatensystem (1 LE = 1 cm) ist ein Rechteck mit A(2 | 1), B(5 | 7) und C(2 | 8,5) gegeben.
Bestimme die Funktionsgleichungen der vier Geraden, auf denen die Rechteckseiten liegen.
Berechne die Koordinaten des Eckpunkts D.

19.2 Eine nach oben offene, verschobene Normalparabel geht durch die Punkte B und C. Berechne die Funktionsgleichung, zeichne die Parabel und das Rechteck in ein Koordinatensystem und berechne den Abstand des Scheitels von A.

Trigonometrie – Pflichtbereich

P 1. In einem Rechteck ABCD mit $\overline{AB} = 15$ cm und $\overline{AC} = 17$ cm soll der Winkel CAE berechnet werden. E ist Halbierungspunkt der Seite $\overline{DC}$.

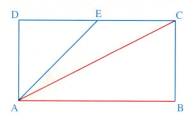

P 2. In einem rechtwinkligen Dreieck ABC mit $\gamma = 90°$ sind bekannt: $h_c = 4,8$ cm und $\beta = 28°$. Berechne den Umfang des Dreiecks.

P 3. In einem gleichschenkligen Dreieck ABC kennt man die Basiswinkel $\alpha = \beta = 21°$ und die Basis $\overline{AB} = 4,5$ m.
Berechne die Höhe h_c des Dreiecks und den Flächeninhalt.

P 4. Von einem Drachenviereck ABCD mit $\overline{AB} = \overline{AD}$ sind die Diagonalen $\overline{AC} = 8$ cm und $\overline{BD} = 7$ cm sowie die Seite $\overline{BC} = 6,5$ cm bekannt.
Berechne die Innenwinkel des Drachenvierecks.

P 5. In einem rechtwinkligen Trapez ABCD ($\alpha = 90°$; $\overline{AB} \parallel \overline{CD}$) kennt man $\overline{CD} = 8,5$ cm, $\overline{DA} = 7$ cm und $\beta = 55°$. Berechne den Flächeninhalt des Trapezes.

P 6. Die Höhe im gleichseitigen Dreieck kann mit der Formel $h = \frac{a}{2}\sqrt{3}$ berechnet werden.
Zeige damit am gleichseitigen Dreieck, dass $\tan 60° = \sqrt{3}$ ist.

P 7. Eine Raute hat die Seitenlänge 12 cm. Die größere der beiden Diagonalen ist 18 cm lang. Welche Winkel bildet diese Diagonale mit den Seiten der Raute?

P 8. Gegeben ist das Quadrat ABCD. E ist Mittelpunkt der Seite $\overline{BC}$.
Unter welchem Winkel schneiden sich die Diagonale $\overline{BD}$ und die Strecke $\overline{AE}$?

P 9. In einem Parallelogramm ABCD ist $\alpha = 34°$, $h = 15$ cm und der Umfang $u = 72$ cm.
Berechne die Seitenlängen des Parallelogramms.

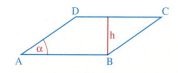

P 10. In einem regelmäßigen Sechseck mit der Seitenlänge a ist der Streckenzug ABCD eingetragen.
Berechne dessen Länge ohne Verwendung gerundeter Werte.

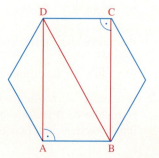

11. Im Netz einer regelmäßigen dreiseitigen Pyramide mit der Grundkante a = 4,6 cm ist der Streckenzug ABC eingetragen. Seine Länge beträgt 27,4 cm.
Berechne die Höhe h der Pyramide.

Pflichtbereich Trigonometrie

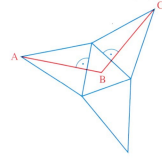

12. In einem rechtwinkligen Dreieck ABC mit $\gamma = 90°$ kennt man die Höhe $h_c = 12,3$ cm und den Hypotenusenabschnitt $p = 4,1$ cm. Berechne die Größe des Winkels α.

13. Von einem Dreieck ABC sind die Seite $\overline{BC} = 34$ cm und die Höhe $h_c = 18$ cm bekannt. Weiterhin gilt: Winkel CAB $= \alpha = 76°$.
Berechne die restlichen Seiten und Winkel des Dreiecks.

14. Im Parallelogramm ABCD ist $\overline{AB} = 9,45$ cm, $\alpha = 48°$ und die Höhe h = 5,73 cm.
Berechne den Winkel zwischen der Diagonalen $\overline{BD}$ und der Seite $\overline{AB}$ sowie den Umfang des Parallelogramms.

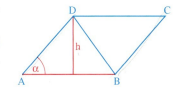

15. Im Dreieck ABC sind gegeben: $\overline{AB} = 8,4$ cm; $\overline{AC} = 6,7$ cm; $\alpha = 51,5°$. Berechne die Höhe h_c, die 3. Dreiecksseite sowie die fehlenden Winkel des Dreiecks.

16. Ein Straßenabschnitt ist 1200 m lang und hat 4% Steigung. Berechne den Steigungswinkel und den Höhenunterschied zwischen Anfang und Ende des Straßenabschnitts.

17. Ein Quader hat die Kantenlängen a = 8 cm, b = 6,5 cm und c = 4,5 cm. Die zwei längsten Diagonalen der Seitenflächen laufen in einer Quaderecke zusammen. Welchen Winkel bilden sie?

Trigonometrie – Wahlbereich

W 1.1 Von einem Viereck ABCD sind bekannt:
$\overline{AB} = 7,00$ m
$\overline{CD} = 6,00$ m
$\alpha = 27°$
$\gamma = 21°$
$\beta = 90°$
Berechne den Umfang des Vierecks.

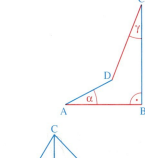

1.2 Im Dreieck ABC ist $\alpha = 60°$ und $\beta = 45°$.
Erstelle eine Formel zur Berechnung des Umfangs u in Abhängigkeit von e, ohne gerundete Werte zu verwenden.

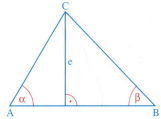

Kapitel 5

Wahlbereich Trigonometrie

Lösung

1.1 (1) Wir zeichnen die Hilfslinie $\overline{DE}$ mit DE ∥ AB ein.

(2) Im Dreieck DEC gilt:

$$\cos 21° = \frac{\overline{CE}}{6\text{ m}}, \text{ also: } \overline{CE} = 5{,}60 \text{ m}$$

$$\sin 21° = \frac{\overline{DE}}{6\text{ m}}, \text{ also: } \overline{DE} = 2{,}15 \text{ m}$$

(3) Wir zeichnen die Hilfslinie $\overline{DF}$ mit DF ∥ EB ein; wir erhalten das Rechteck FBED.

(4) Im Dreieck AFD gilt:
$\overline{AF} = 7 \text{ m} - \overline{FB}$, wobei $\overline{FB} = \overline{DE} = 2{,}15 \text{ m}$
$\overline{AF} = 4{,}85 \text{ m}$

$$\cos 27° = \frac{4{,}85 \text{ m}}{\overline{AD}}, \text{ also: } \overline{AD} = 5{,}44 \text{ m}$$

$$\tan 27° = \frac{\overline{DF}}{4{,}85 \text{ m}}, \text{ also: } \overline{DF} = 2{,}47 \text{ m} = \overline{EB}$$

(5) $\overline{BC} = \overline{CE} + \overline{EB} = 8{,}07 \text{ m}$

(6) $u = \overline{AB} + \overline{BC} + \overline{CD} + \overline{DA}$
$u = 7{,}00 \text{ m} + 8{,}07 \text{ m} + 6{,}00 \text{ m} + 5{,}44 \text{ m} = 26{,}51 \text{ m}$

Ergebnis: Der Umfang u beträgt 26,51 m.

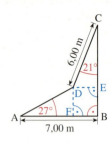

1.2 (1) $\sin 60° = \frac{1}{2}\sqrt{3} = \frac{e}{\overline{AC}}$, also: $\overline{AC} = \frac{2}{3}e\sqrt{3}$

(2) $\tan 60° = \sqrt{3} = \frac{e}{\overline{AD}}$, also: $\overline{AD} = \frac{1}{3}e\sqrt{3}$

(3) Wegen β = 45° gilt: $\overline{BC} = e\sqrt{2}$ und $\overline{DB} = e$

(4) $u = \frac{1}{3}e\sqrt{3} + e + e \cdot \sqrt{2} + \frac{2}{3}e\sqrt{3}$
$u = e\sqrt{3} + e\sqrt{2} + e$
$u = e(\sqrt{3} + \sqrt{2} + 1)$

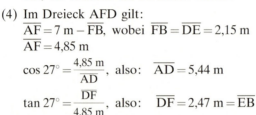

W 2.1 Im abgebildeten Rechteck ist M Halbierungspunkt der Seite $\overline{AD}$.
Berechne den Umfang u des Rechtecks.

2.2 Der Flächeninhalt des Parallelogramms beträgt $A = \frac{4}{3}e^2\sqrt{3}$.
Berechne den Umfang u in Abhängigkeit von e, ohne gerundete Werte zu verwenden.

W 3.1 Im Trapez ABCD mit AB ∥ CD und $\overline{BC} = \overline{EC}$ sind bekannt:
$\overline{AB} = 8 \text{ cm}$; $\overline{BC} = 5{,}3 \text{ cm}$; $\overline{AD} = 6{,}5 \text{ cm}$; $\overline{BF} = 3{,}2 \text{ cm}$.
Berechne die vier Innenwinkel und den Flächeninhalt des Trapezes.

3.2 Gib eine Formel an, mit der der Flächeninhalt A dieses rechtwinkligen Dreiecks in Abhängigkeit von α und h berechnet werden kann.

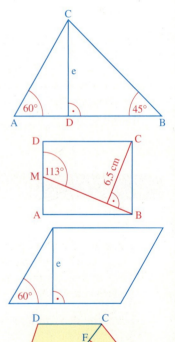

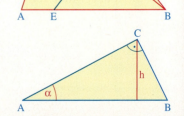

Wahlbereich Trigonometrie

4. Von einem Viereck ABCD ist bekannt:
$\overline{AB} = 4{,}5$ cm; $\overline{CD} = 7{,}0$ cm;
$\measuredangle BCD = 110°$; $\measuredangle CDA = 40°$
Berechne die fehlenden Seitenlängen des Vierecks.

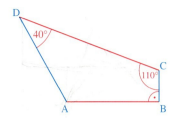

5.1 Eine Turmuhr wird aus 35 m Entfernung am oberen und unteren Rand des kreisförmigen Zifferblatts angepeilt. Es ergeben sich die Höhenwinkel 29° und 24°.
Berechne daraus den Flächeninhalt des Zifferblattes.

5.2 Metallteile werden in solchen oben offenen Behältern wie im Bild aufbewahrt.
Gib eine Formel zur Berechnung des Behältervolumens in Abhängigkeit von e an, ohne gerundete Werte zu verwenden.

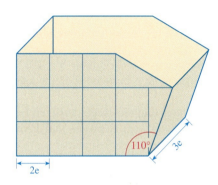

6. Von einem Fünfeck ABCDE ist bekannt:
$\overline{AB} = 7{,}20$ cm, $\overline{DE} = 5{,}90$ cm,
$\gamma_1 = 124°$, $\delta_2 = 49{,}0°$;
$\overline{AD}$ halbiert $\overline{CE}$.
Berechne $\overline{BC}$.

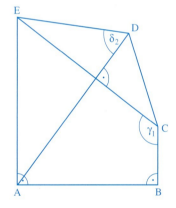

7. Gegeben ist die skizzierte Figur. Berechne ohne Verwendung gerundeter Werte ihren Umfang und weise für das Dreieck ACD nach:
$A = \dfrac{e^2}{2}(1 - \sqrt{3})$

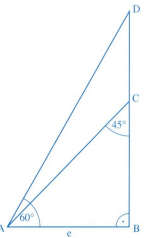

Kapitel 5

Stereometrie – Pflichtbereich

Körperberechnungen

P 1. Von einem Kegel sind gegeben:
  a. $V = 0{,}75\,l$; $r = 12{,}0$ cm. Berechne die Größe der Oberfläche.
  b. $M = 434$ cm²; $s = 15{,}0$ cm. Berechne das Volumen.

P 2. Ein Halbkreis ($d = 15{,}4$ cm) wird zu einem Kegelmantel zusammengebogen. Berechne den Radius des Kegels.

P 3. Von einem Kegel sind der Radius $r = 7{,}8$ cm und der Öffnungswinkel an der Spitze $\gamma = 42°$ bekannt. Berechne die Höhe und die Länge s der Mantellinie.

P 4. Ein Kegel hat das Volumen $V = 190{,}9$ cm³. Der Durchmesser des Grundkreises und die Körperhöhe h besitzen dieselbe Länge. Berechne d und h.

P 5. Ein Zylinder und ein Kegel besitzen beide das gleiche Volumen $V = 50$ cm³ und dieselbe Höhe $h = 4{,}0$ cm. Um wie viel Prozent ist die Mantelfläche des Kegels größer als die Mantelfläche des Zylinders?

P 6. Zeichne ein Schrägbild einer quadratischen Pyramide mit der Grundkantenlänge $a = 5{,}0$ cm und der Höhe $h = 6{,}5$ cm. (Verzerrungswinkel $\alpha = 45°$; Verkürzungsfaktor $q = \frac{1}{2}$). Berechne die Länge einer Seitenkante s.

P 7. Von einer quadratischen Pyramide sind gegeben:
  a. $O = 320$ cm²; $a = 10{,}6$ cm. Berechne das Volumen.
  b. $V = 472$ cm³; $a = 15{,}2$ cm. Berechne die Größe der Mantelfläche.

P 8. zu **a.** 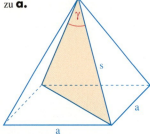 zu **b.** 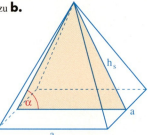 zu **c.**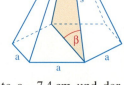

  a. Gegeben ist eine quadratische Pyramide mit der Grundkante $a = 7{,}4$ cm und der Seitenkante $s = 11{,}2$ cm. Berechne den Winkel γ.
  b. Gegeben ist eine quadratische Pyramide mit der Grundkante $a = 6{,}2$ cm und der Höhe einer Seitenfläche $h_s = 9{,}9$ cm. Berechne den Winkel α.
  c. Gegeben ist eine regelmäßig sechsseitige Pyramide mit der Grundkante $a = 4{,}8$ cm und der Seitenkante $s = 8{,}4$ cm. Berechne den Winkel β.

P 9. Von einer regelmäßigen sechseckigen Pyramide sind die Körperhöhe $h = 14{,}0$ cm und die Seitenkante $s = 17{,}5$ cm bekannt. Berechne das Volumen.

Pflichtbereich Stereometrie

10. Von einem quadratischen Pyramidenstumpf sind gegeben:
  a. $V = 200\text{ cm}^3$; $a_1 = 5{,}2\text{ cm}$; $a_2 = 7{,}8\text{ cm}$. Berechne die Länge einer Seitenkante s.
  b. $O = 440\text{ cm}^3$; $a_1 = 8{,}6\text{ cm}$; $a_2 = 11{,}4\text{ cm}$. Berechne die Körperhöhe h.

11. Von einem Kegelstumpf sind gegeben:
  a. $V = 60\text{ cm}^3$; $r_1 = 3{,}2\text{ cm}$; $r_2 = 1{,}9\text{ cm}$. Berechne die Mantellinie s.
  b. $M = 105\text{ cm}^2$; $r_1 = 2{,}5\text{ cm}$; $r_2 = 3{,}5\text{ cm}$. Berechne die Körperhöhe h.

12. Zeichne das Schrägbild eines quadratischen Pyramidenstumpfes mit den Grundkanten $a_1 = 6{,}0\text{ cm}$; $a_2 = 4{,}0\text{ cm}$ und der Körperhöhe $h = 3{,}5\text{ cm}$. (Verzerrungswinkel $\alpha = 45°$; Verkürzungsfaktor $q = \tfrac{1}{2}$).
Berechne den Winkel zwischen einer Seitenkante s und der anliegenden Grundkante a_1.

13. Zeichne eine Schrägbildskizze eines Kegelstumpfes mit den Grundkreisradien $r_1 = 3{,}0\text{ cm}$; $r_2 = 2{,}0\text{ cm}$ und der Körperhöhe $h = 3{,}5\text{ cm}$.
Zeichne den dazugehörigen Ergänzungskegel und berechne seine Höhe.

14. Eine quadratische Pyramide mit der Grundkante $a = 8{,}4\text{ cm}$ und der Höhe $h = 8{,}8\text{ cm}$ wird in halber Höhe durch einen Schnitt parallel zur Grundfläche in zwei Teilkörper zerlegt. In welchem Verhältnis stehen die Volumina der beiden Teilkörper?

15. Von einem quadratischen Pyramidenstumpf sind gegeben:

  a. $a_1 = 6{,}4\text{ cm}$; $a_2 = 4{,}4\text{ cm}$; $s = 3{,}8\text{ cm}$.
  Berechne den Winkel β, den eine Seitenkante mit der unteren Grundfläche bildet.

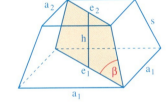

  b. $a_1 = 5{,}2\text{ cm}$; $a_2 = 8{,}4\text{ cm}$; $s = 4{,}0\text{ cm}$.
  Berechne den Winkel α, den die obere Kante mit der Seitenkante bildet.

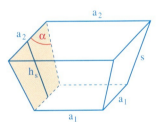

  c. $a_1 = 7{,}4\text{ cm}$; $a_2 = 4{,}2\text{ cm}$; $h_s = 4{,}4\text{ cm}$.
  Berechne den Winkel γ, den eine Seitenhöhe mit der unteren Grundfläche bildet.

  d. $a_1 = 7{,}50\text{ cm}$; $a_2 = 4{,}75\text{ cm}$; $h = 3{,}90\text{ cm}$.
  Der Stumpf wird zu einer Pyramide ergänzt. Zeichne ein maßgerechtes Schrägbild und berechne das Volumen und die Größe der Oberfläche der Ergänzungspyramide.

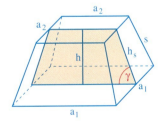

Pflichtbereich Stereometrie

Berechnungen an zusammengesetzten Körpern

P 16. Ein Zylinder besitzt eine halbkugelförmige Vertiefung (siehe Schnittfläche).
Berechne das Volumen des Körpers.

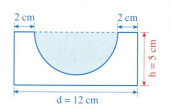

P 17. Ein Körper besteht aus einem Kegelstumpf mit aufgesetztem Zylinder. Er besitzt ein Gesamtvolumen $V = 48,8 \text{ cm}^3$.
Berechne den Radius des Zylinders.

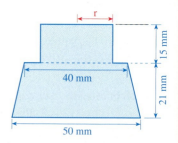

P 18. Ein Körper besteht aus einem Zylinder mit aufgesetztem Kegel. Er besitzt ein Gesamtvolumen von $V = 60,96 \text{ dm}^3$.
Berechne die Höhe des Kegels.

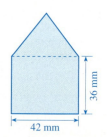

P 19. Einem Würfel mit der Kantenlänge $a = 9,6$ cm wird eine quadratische Pyramide einbeschrieben (s. Skizze). Wie viel Prozent des Würfelvolumens nimmt die Pyramide ein?

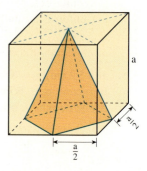

P 20. In verschiedene Werkstücke werden kegelförmige Hohlräume gebohrt (Maße in mm).

a. Berechne die Größe der Innenfläche der Vertiefung.

b. Berechne die Größe der Oberfläche des Hohlkörpers.

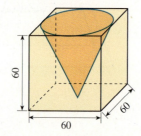
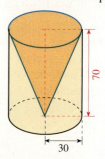

Stereometrie – Wahlbereich

W 1.1 Eine quadratische Pyramide wird parallel zur Grundfläche geschnitten.
Gegeben sind:
$e_1 = 7{,}4$ cm
$e_2 = 4{,}5$ cm
$\alpha = 70{,}4°$
Berechne die Größe der Oberfläche des Pyramidenstumpfes.

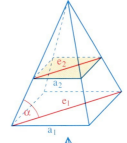

1.2 Eine quadratische Pyramide wird parallel zur Grundfläche geschnitten.
Gegeben sind:
$e_1 = 7\,e\sqrt{2}$
$e_2 = 4\,e\sqrt{2}$
$h_s = \dfrac{3\,e}{2}\sqrt{5}$
Berechne die Höhe der Ergänzungspyramide in Abhängigkeit von e ohne Verwendung gerundeter Werte.

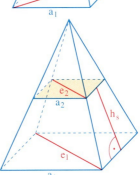

Lösung

1.1 (1) *Berechnen der Grundkanten*

$e_1 = a_1\sqrt{2}$ $\qquad$ $e_2 = a_2\sqrt{2}$

$a_1 = \dfrac{e_1}{\sqrt{2}}$ $\qquad$ $a_2 = \dfrac{e_2}{\sqrt{2}}$

$a_1 = \dfrac{7{,}4\text{ cm}}{\sqrt{2}} = 5{,}2$ cm $\qquad$ $a_2 = \dfrac{4{,}5\text{ cm}}{\sqrt{2}} = 3{,}2$ cm

(2) *Berechnen der Höhe des Pyramidenstumpfes*

Gesamthöhe h der Pyramide: $\tan\alpha = \dfrac{h}{\frac{e_1}{2}}$

$h = \dfrac{e_1}{2} \cdot \tan\alpha = 3{,}7\text{ cm} \cdot \tan 70{,}4°$
$h = 10{,}4$ cm

Höhe h_2 der Ergänzungspyramide:
$\tan\alpha = \dfrac{h_2}{\frac{e_2}{2}}$

$h_2 = \dfrac{e_2}{2} \cdot \tan\alpha = 2{,}25\text{ cm} \cdot \tan 70{,}4°$
$h_2 = 6{,}3$ cm

Höhe h_1 des Pyramidenstumpfes:
$h_1 = h - h_2 = 10{,}4\text{ cm} - 6{,}3\text{ cm} = 4{,}1$ cm

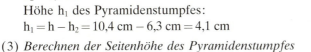

(3) *Berechnen der Seitenhöhe des Pyramidenstumpfes*

$h_s = \sqrt{h_1^2 + \left(\dfrac{a_1 - a_2}{2}\right)^2}$

$h_s = \sqrt{(4{,}1\text{ cm})^2 + \left(\dfrac{5{,}2\text{ cm} - 3{,}2\text{ cm}}{2}\right)^2}$

$h_s = 4{,}2$ cm

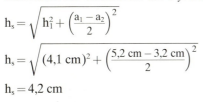
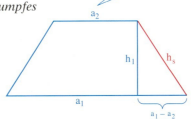

Wahlbereich Stereometrie

(4) *Berechnen der Oberfläche*
$$O = a_1^2 + 2(a_1 + a_2) \cdot h_s + a_2^2$$
$$= (5{,}2 \text{ cm})^2 + 2(5{,}2 \text{ cm} + 3{,}2 \text{ cm}) \cdot 4{,}2 \text{ cm} + (3{,}2 \text{ cm})^2$$
$$O = 107{,}8 \text{ cm}^2$$

1.2 (1) *Berechnen der Grundkanten*

$$e_1 = a_1 \sqrt{2} \qquad\qquad e_2 = a_2 \sqrt{2}$$
$$a_1 = \frac{7e\sqrt{2}}{\sqrt{2}} \qquad\qquad a_2 = \frac{4e\sqrt{2}}{\sqrt{2}}$$
$$a_1 = 7e \qquad\qquad a_2 = 4e$$

(2) *Berechnen der Höhe des Pyramidenstumpfes*

$$h_s^2 = h_1^2 + \left(\frac{a_1 - a_2}{2}\right)^2$$

$$h_1 = \sqrt{h_s^2 - \left(\frac{a_1 - a_2}{2}\right)^2}$$

$$h_1 = \sqrt{\left(\frac{3e}{2}\sqrt{5}\right)^2 - \left(\frac{7e - 4e}{2}\right)^2}$$

$$h_1 = \sqrt{\frac{45e^2}{4} - \frac{9e^2}{4}} = \sqrt{9e^2} = 3e$$

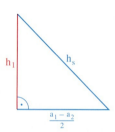

(3) *Berechnen der Höhe der Ergänzungspyramide*

$$\frac{h_2}{h_2 + h_1} = \frac{a_2}{a_1}$$

$$\frac{h_2}{h_2 + 3e} = \frac{4e}{7e}$$

$$\frac{h_2}{h_2 + 3e} = \frac{4}{7}$$

$$7h_2 = 4h_2 + 12e$$
$$3h_2 = 12e$$
$$h_2 = 4e$$

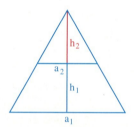

W 2.1 Für einen quadratischen Pyramidenstumpf gilt:
$M = 76{,}5 \text{ dm}^2$
$a_1 = 48{,}0 \text{ cm}$
$h_s = 51{,}0 \text{ cm}$
Berechne die Höhe h und den Winkel, den eine Seitenkante mit der unteren Grundfläche einschließt.

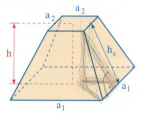

2.2 Für einen quadratischen Pyramidenstumpf gilt:
$a_1 = 2e$; $a_2 = 5e$; $s = 3e$

a. Stelle eine Formel zur Berechnung des Volumens auf.

b. Der Pyramidenstumpf soll zur Pyramide ergänzt werden. Berechne die Höhe der Ergänzungspyramide in Abhängigkeit von e.

Wahlbereich Stereometrie

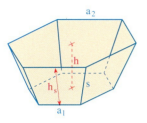

W 3.1 Eine Firma fertigt Blumenkübel in Form eines regelmäßigen sechsseitigen Pyramidenstumpfes. Die Innenmaße sind:
$a_1 = 3{,}5$ dm; $a_2 = 5{,}5$ dm; $s = 4$ dm.
Der Kübel wird zunächst mit einer 10 cm hohen Kiesschicht und dann mit Blumenerde gefüllt.
Wie viel dm³ Kies und wie viel dm³ Erde sind nötig?

3.2 Die Skizze zeigt den Parallelschnitt eines Blumenkübels in Form eines quadratischen Pyramidenstumpfes. Berechne ohne Verwendung gerundeter Werte das Volumen in Abhängigkeit von k.
Wie groß ist k, wenn $V = 28{,}3$ dm³ sein soll?

W 4.1 Ein Körper besteht aus einem Kegelstumpf mit aufgesetzter Halbkugel (Maße in mm).
Berechne die Größe der Oberfläche des Körpers und den Winkel β.

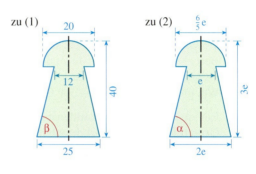

4.2 Berechne ohne Verwendung gerundeter Werte das Volumen des Körpers in Abhängigkeit von e als Vielfaches von π.
Wie groß ist der Winkel α?

W 5.1 Ein kreisrunder Teich wird mit Wasser gefüllt. Die Maße sind in der Skizze angegeben. In den Teich sind 6,66 m³ Wasser eingelassen. Die gesamte Wassertiefe beträgt 1,20 m.
Wie groß ist der Durchmesser d_2 des Wasserspiegels?

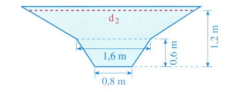

5.2 Die Skizze zeigt einen kreisrunden Teich im Achsenschnitt.
Berechne ohne Verwendung gerundeter Werte das Volumen in Abhängigkeit von a als Vielfaches von π.

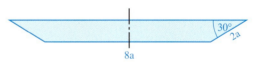

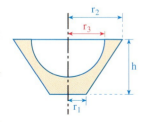

W 6.1 Die nebenstehende Zeichnung zeigt den Achsenschnitt eines Kegelstumpfes, aus dem eine Halbkugel herausgeschnitten wurde. Die Maße des Kegelstumpfes sind $r_1 = 1{,}5$ cm, $r_2 = 3 r_1$ und $h = 3 r_1$.
Wie groß ist der Radius r_3 der Halbkugel, wenn das Volumen des Restkörpers $V_R = 25{,}875\,\pi$ cm³ beträgt?
Berechne die Größe der Oberfläche des Körpers.

6.2 Von einem Kegelstumpf sind die Radien $r_1 = 3{,}5$ cm, $r_2 = 6{,}5$ cm bekannt. Die Höhe h des Kegelstumpfes ist abhängig von dem Neigungswinkel ε, den der Radius r_2 mit einer Mantellinie bildet. Das Volumen des Kegelstumpfes beträgt $V = 103\,\pi$ cm³. Berechne die Höhe h in Abhängigkeit vom Winkel ε.

Wahlbereich Stereometrie

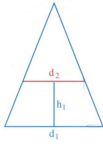

W 7.1 Ein Kegel wird in der Höhe h_1 durch einen Schnitt parallel zur Grundfläche in einen Kegel und einen Kegelstumpf zerlegt.
Es gelten die Maße:
$h_1 = 4{,}8$ dm
$d_1 = 10{,}8$ dm
$V_{Kst} = 349{,}2$ dm³
Berechne d_2 sowie das Volumen des oberen Kegels.

7.2 Bei einem Kegel beträgt der Öffnungswinkel $\gamma = 60°$ und die Höhe $h = 6\,e$.
Berechne ohne Verwendung gerundeter Werte die Oberflächengröße und das Volumen in Abhängigkeit von e als Vielfaches von π.

W 8.1 Die Oberflächengröße eines quadratischen Pyramidenstumpfes beträgt $O = 184$ cm², die Grundkante ist $a_1 = 8$ cm und die Seitenhöhe $h_s = 3$ cm lang.
Berechne die Länge der Grundkante a_2 und die Körperhöhe des Pyramidenstumpfes.
Der quadratische Pyramidenstumpf soll zu einer Pyramide ergänzt werden.
Wie groß ist die Höhe h_E der Ergänzungspyramide?

8.2 Ein quadratischer Pyramidenstumpf ist durch seine Oberflächengröße $O = 64\,e^2$, die Grundkante $a_1 = 5\,e$ und die obere Grundkante $a_2 = 2\,e$ gegeben.
Berechne die Körperhöhe und das Volumen des Pyramidenstumpfes in Abhängigkeit von e.
Wie groß wird e, wenn das Volumen des Pyramidenstumpfes 406,25 cm³ beträgt?

W 9.1 Ein Körper besteht aus einer Halbkugel mit aufgesetztem Zylinder und aufgesetztem Kegel. Er hat die Maße:
$O = 219{,}6$ cm²
$d = 7{,}4$ cm
$h_1 = 6{,}5$ cm
Berechne die Höhe h_2 und den Winkel γ.

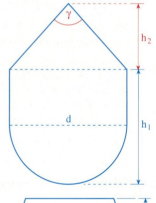

9.2 Ein Körper besteht aus einer Halbkugel mit aufgesetztem Kegelstumpf. Er besitzt das Volumen $V = \frac{5}{4}\pi\,e^3$.

a. Berechne den oberen Durchmesser ohne Verwendung gerundeter Werte in Abhängigkeit von e.

b. Berechne den Winkel α.

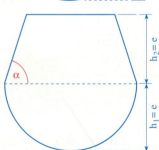

Wahlbereich Stereometrie

10.1 Einem quadratischen Prisma ist eine quadratische Pyramide mit gleicher Höhe einbeschrieben.
Vom Prisma ist bekannt: a = 6,8 cm.
Von der Pyramide ist bekannt: M = 104 cm².
Berechne die Größe der Mantelfläche des Prismas.

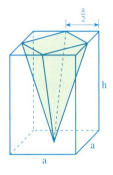

10.2 Einem Würfel ist eine quadratische Pyramide mit gleicher Höhe einbeschrieben.
Von der Pyramide sind bekannt:
$M = 16 e^2 \sqrt{5}$
$h_s = 2 e \sqrt{5}$
Berechne ohne Verwendung gerundeter Werte die Summe aller Kantenlängen der Pyramide in Abhängigkeit von e. Berechne den Winkel γ, der von zwei Seitenkanten eingeschlossen ist.

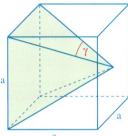

11.1 Von einem regelmäßigen fünfseitigen Pyramidenstumpf sind bekannt:
Höhe der Seitenfläche: $h_s = 8{,}30$ cm
Grundkante: $a_1 = 6{,}30$ cm
Deckkante: $a_2 = 4{,}90$ cm
Berechne die Höhe einer volumengleichen siebenseitigen (regelmäßigen) Pyramide, deren Grundkante a_1 beträgt.

11.2 a. Die Oberfläche eines Kegels mit dem Radius r = 2,50 cm beträgt 74,9 cm².
Zeichne das Netz dieses Kegels. Zeichne Klebekanten ein.

b. Fertige ein Kartonmodell dieses Kegels an. Beschreibe deine Vorgehensweise beim Bau des Körpers.

12.1 Von einer regelmäßigen fünfseitigen Pyramide sind folgende Maße bekannt:
a = 8,20 cm und h = 18,40 cm
Diese Pyramide wird parallel zur Grundfläche geschnitten. Die Höhe des Pyramidenstumpfes beträgt dann 11,3 cm.

a. Welche Länge hat die Grundkante der kleinen Pyramide?

b. Wie groß ist der Mantel der kleinen Pyramide?

12.2 Eine fünfseitige Pyramide hat folgende Flächen:

Schnitt: Grundfläche:

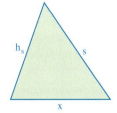 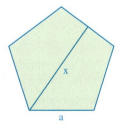

Bekannt sind: a = 4,8 cm und s = 8,4 cm.

a. Wie groß ist die Schnittfläche?

b. Berechne die Größe der Oberfläche der Pyramide.

c. Wie groß ist der Winkel α, unter dem sich die Seitenfläche zur Grundfläche neigt?

Wahlbereich Stereometrie

W 13.1 Von einer regelmäßigen achtseitigen Pyramide sind folgende Bestimmungsstücke bekannt:
h = 7,7 cm
h_s = 8,9 cm
Berechne die Oberfläche der Pyramide.

13.2 Der Diagonalschnitt eines achtseitigen Pyramidenstumpfs hat die Maße:
$\overline{MN}$ = 7,7 cm
$\overline{OP}$ = 5,1 cm
α = 57,2°
Berechne die Oberfläche des Pyramidenstumpfs und die Höhe der Ergänzungspyramide.

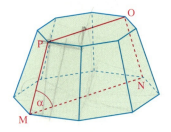

W 14.1 Von einem dreiseitigen Pyramidenstumpf sind a_1 = 3,75 cm; a_2 = 1,55 cm und die Seitenhöhe h_s = 4,80 cm bekannt. Berechne das Volumen des Pyramidenstumpfs.

14.2 Auf diesen Pyramidenstumpf wird eine Pyramide (Grundfläche dieser Pyramide = Deckfläche des Pyramidenstumpfs) aufgesetzt. Wähle die Höhe dieser Pyramide so, dass das Pyramidenvolumen größer ist als das Volumen des Pyramidenstumpfs (maximal doppeltes Volumen). Weise dies durch Rechnung nach.

W 15.

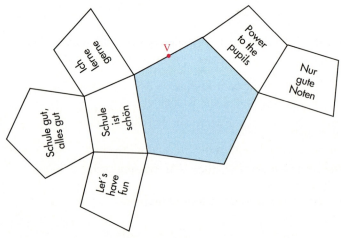

Die blaue Fläche ist die Grundfläche des in der Abwicklung gezeichneten Werbekörpers.

15.1 Skizziere ein Schrägbild des Körpers.

15.2 Berechne den Materialbedarf, wenn die längere Grundseite 25,3 cm, die kürzere 16,7 cm und die Höhe 15,0 cm misst.

15.3 Auf die schraffierte Fläche soll eine Pyramide aufgeklebt werden, deren Werbefläche größer ist als die des obigen Körpers.
  a. Gib eine mögliche Höhe an und weise nach, dass die Forderung gilt.
  b. Zeichne das Netz im Maßstab 1:5 und ergänze es maßstabsgerecht durch deinen Körper aus Teilaufgabe a.
  c. Ein solcher zusammengesetzter Körper soll an Punkt V mit einem Nylonfaden aufgehängt werden. Er soll sich im Gleichgewicht befinden. Wie hoch muss die Pyramide sein, wenn der verwendete Karton 1 mm stark ist und ein Gewicht von 500 g/m² hat? Löse auf zwei unterschiedliche Arten.

Sachrechnen

Sparen

P 1. **a.** Eine Spareinlage ist am Ende des 3. Jahres auf 8 557,96 € angewachsen.
Welcher Geldbetrag wurde zu Beginn des 1. Jahres eingezahlt?

b. Auf wie viel € wird die Spareinlage aus Teilaufgabe a. bis zum Ende der Laufzeit anwachsen? Wie viel Prozent Zuwachs (Zinsen) werden mit der Spareinlage insgesamt erzielt?

Spareinlage ab 5 000 €

bei einer Laufzeit von 6 Jahren;
Verzinsung im 1. Jahr 3,5 %;
ab 2. Jahr
jährlich 0,25 Prozentpunkt mehr.

P 2.

Sparen mit Prämie Zinssatz: 2% pro Jahr auf das gesamte Guthaben

Prämie auf den Einzahlungsbetrag zu Beginn des 2. Jahres: 3%
zu Beginn des 3. Jahres: 5%

a. Zu Beginn eines jeden Jahres wird eine Einzahlung von 1 200 € vereinbart.
Mit welchem Guthaben kann am Ende des 3. Jahres gerechnet werden?

b. Wie viel Prozent Gewinn wird insgesamt erzielt?

P 3. Ein Guthaben von 4 200 € wächst in 3 Jahren mit Zinseszinsen auf 4 589,45 € an.

a. Welcher Jahreszinssatz wurde vereinbart?

b. Wie viel € Zinsen werden nach zwei weiteren Jahren insgesamt erreicht sein?

c. Nach wie viel Jahren werden erstmals über 50% Gewinn erzielt?

P 4. Für einen Betrag von 3 800 € liegen zwei Sparangebote vor.

Angebot A   im 1. Jahr: 4,75%
im 2. Jahr: 5,00%
im 3. Jahr: 5,25%

Angebot B   Zinssatz: 5% p.a.
+
Prämie auf Einzahlungsbetrag
2% für das 2. Sparjahr
3% für das 3. Sparjahr
am Ende der Laufzeit

a. Berechne die Erträge von beiden Angeboten.

b. Wie viel Prozent mehr Gewinn erzielt man mit dem vorteilhaften Angebot?

P 5. Auf einem Sparkonto stehen zu Beginn eines Jahres 3 785,40 €.

a. Das Guthaben wird mit einem jährlichen Zinssatz von 2,5% verzinst. Wie viel Euro Zinsen bekommt man am Ende des nächsten [des 2. Jahres] Jahres?

b. Wie viel Zinsen bekommt man mehr, wenn bei obigen Bedingungen ein zusätzlicher Sonderzins von $1\frac{3}{8}$% (jährlich) vereinbart wird?

Pflichtbereich Sachrechnen

P 6. a. Welches Sparguthaben bringt es bei den genannten Bedingungen, einschließlich Zinseszinsen, auf einen Guthabenstand von 3 000 €?

b. Wie viel € Zinsen weniger hätte das Sparguthaben gebracht bei gleicher Laufzeit und einer Verzinsung von 1,5% (Sparbuch mit gesetzlicher Kündigungsfrist)?

SPAREN

Zinssatz: 2,75% pro Jahr
bei 4-jähriger Kündigungsfrist

P 7. 8 000 € sollen in 4 Jahren *möglichst* viel Zinsen bringen. Nimm an, der Betrag wird am Jahresanfang eingezahlt. Die Zinsen werden am Ende eines jeden Jahres gutgeschrieben und mit verzinst.

1. Angebot:

gleichbleibender Zinssatz: 5% jährlich

2. Angebot:

4% im 1. Jahr $5\frac{1}{8}$% im 3. Jahr
$4\frac{3}{4}$% im 2. Jahr $6\frac{1}{2}$% im 4. Jahr

a. Wie viel Euro Zinsen werden mit dem 1. Angebot erzielt und wie viel mit dem 2. Angebot?

b. Prüfe durch Berechnung, ob sich bei Anwendung des durchschnittlichen Zinssatzes beim 2. Angebot der gleiche Zinsertrag ergibt?

P 8. Ein Sparkonto (Zinssatz: 2% pro Jahr) hat zum Jahresbeginn einen Guthabenstand von 2 450 €. Nach $2\frac{1}{2}$ Monaten werden 750 € eingezahlt; nach weiteren 5 Monaten werden 500 € abgehoben.
Berechne den Guthabenstand am Jahresende nach Gutschrift der Zinsen.

Preise vergleichen

P 9. a. Nach Ablauf der Einführungsfrist wird der Preis (ohne MWSt.) um 12,5% erhöht.
Wie viel Euro kostet dann ein Band einschließlich MWSt.?

b. 3 Jahre nach Einführung ist das Lexikon nicht mehr aktuell, und der neue Verkaufspreis wird um 30% gesenkt.
Wie viel Euro kostet dann das 5-bändige Lexikon auf (volle) Euro gerundet?

Einführungspreis 79,90 € je Band incl. 7% Mehrwertsteuer

Pflichtbereich Sachrechnen

10. Das Auslaufmodell eines Mountain Bikes kostet nach 15% Preissenkung und 3% Barzahlungsrabatt 425,50 € (einschließlich 16% Mehrwertsteuer).

  a. Berechne den alten Preis ohne Mehrwertsteuer.

  b. Wie hoch ist der Mehrwertsteueranteil in Euro? Welcher Preisnachlass in Euro wird insgesamt gewährt?

P 11. a. Wie viel Prozent ist das Sonderangebot günstiger als der unverbindliche Verkaufspreis?

  b. Auf wie viel Prozent steigt der Preis beim Leasing im Vergleich zum unverbindlichen Verkaufspreis?
  Wie viel Prozent teurer ist der Computer beim Leasing gegenüber dem Sonderangebot?

12. Um wie viel Prozent ist der Barzahlungspreis günstiger als der Ratenzahlungspreis?

13. Ein Fernseher zum Preis von 1975 € zuzüglich 16% MWSt. kann auch gemietet werden.
Um wie viel Prozent sind nach 4 Jahren die gesamten Mietkosten höher als der Kaufpreis des Fernsehers?

Lohn und Gehalt

14. Bei einer Tariferhöhung wird eine monatliche Vergütung für das 1. Ausbildungsjahr von 562,50 € auf 573,75 € angehoben.

  a. Berechne die prozentuale Tariferhöhung.

  b. Die anderen Vergütungen (592,25 € im 2. Ausbildungsjahr, 635,70 € im 3. Jahr) werden mit dem gleichen Prozentsatz angehoben.
  Berechne die neuen Ausbildungsvergütungen.

Pflichtbereich Sachrechnen

P 15. Für einen Ausbildungsplatz rechnet ein Betrieb mit folgenden Kosten. Welche Kosten entstehen bei einer $3\frac{1}{2}$-jährigen Ausbildungszeit? Runde auf Tausend Euro.

Ausbildungsvergütung (monatlich)

im 1. Jahr: 721 €
im 2. Jahr: 774 €
im 3. Jahr: 858 €
im 4. Jahr: 912 €

Zusatzkosten (bezogen auf die Vergütung) 67,8 %

P 16. Ein Meister bekommt nach Abzug aller Steuern und Versicherungsbeiträge monatlich 1 885,59 € ausgezahlt.
- Lohnsteuer: 632,58 €
- Kirchensteuer: 8 % der Lohnsteuer
- Sozialversicherungsbeiträge: 20,1 % des Bruttogehaltes.

Berechne das Bruttomonatsgehalt. Wie viel Prozent machen die Abzüge am Bruttogehalt aus?

P 17. Die Abzüge vom Bruttogehalt haben sich geändert

		Vor 5 Jahren	heute
Bruttomonatsgehalt		2 130,00 €	3 195,00 €
Abzüge	Lohnsteuer	352,92 €	632,58 €
	Sozialversicherungsbeiträge	379,14 €	613,44 €

Wie viel Prozent vom Bruttogehalt betragen die Abzüge insgesamt
(1) vor 5 Jahren,   (2) heute?

Umwelt und Gemeinschaft

P 18. a. Stelle die prozentualen Anteile am Wasserverbrauch in einem Kreisdiagramm dar.

b. Mit Spareinrichtungen für Toilettenspülung lässt sich diese Wassermenge halbieren. Auf wie viel Prozent des jetzigen Gesamtwasserverbrauchs kann man dadurch den Verbrauch senken?

P 19. a. In den letzten Jahren hat die landwirtschaftliche Nutzfläche von 1,753 Millionen Hektar um 1,8 % abgenommen. Wie viel Hektar sind es jetzt?

b. 70 % der nicht mehr landwirtschaftlich genutzten Fläche sind aufgeforstet worden. Wie viel Hektar sind das?

c. Die Waldflächen haben insgesamt um 1,6 % auf 1,346 Millionen Hektar zugenommen. Wie viel Hektar waren es vorher?

Pflichtbereich Sachrechnen

20. Die Tabelle zeigt die Zunahme der Erholungsflächen (wie Freizeitparks, Sportplätze, Grünanlagen und andere) im Zeitraum von 8 Jahren

	1995	1999	2002
Erholungsflächen in (Hektar) ha	16 243	18 411	21 365
davon: Grünanlagen in ha	6 618	7 769	10 197

a. Berechne anhand der Tabelle,
– um wie viel Prozent die Erholungsflächen seit 1999 zugenommen haben,
– auf wie viel Prozent die Erholungsflächen im Vergleich zu 1995 gestiegen sind.

b. Wie viel Prozent Grünanlagen gab es 1999 weniger als 2002?
Wie viel Prozent der Erholungsflächen von 2002 sind Grünanlagen?

21. Flächengrößen der Kontinente und Ozeane (in Millionen km²):

Amerika	Europa	Afrika	Asien	Australien	Antarktis
42	10	30	44	9	14
Atlantischer Ozean		**Indischer Ozean**		**Pazifischer Ozean**	
108		75		180	

a. Wie viel Prozent der Erdoberfläche nehmen alle Kontinente zusammen ein?
Und wie viel Prozent alle Ozeane zusammen?

b. Stelle die Gesamtfläche der Kontinente und die Gesamtfläche der Ozeane in einem Kreisdiagramm dar.

22. Die Tabelle enthält Angaben aus einer Schulstatistik.

	Anzahl der Schülerinnen und Schüler	Anteil in Prozent
Gesamtzahl		
davon in Grundschulen	412 759	
Hauptschulen	185 125	
Realschulen	176 413	16,2 %
Gymnasien		21,6 %
in anderen Schulen		

a. Übertrage die Tabelle in dein Heft und ergänze die fehlenden Angaben. Runde gegebenenfalls die Schülerzahlen.

b. Stelle die Verteilung der Schülerzahlen auf die einzelnen Schulformen in einem Kreisdiagramm dar.

23. Die Einwohnerzahl einer Kreisstadt sank in den Jahren 1995–2000 um 5,5 %. Durch die Erschließung neuer Wohngebiete stieg die Einwohnerzahl in den folgenden zwei Jahren um 2,5 % auf 23 500 Einwohner an.

a. Wie hat sich die Einwohnerzahl insgesamt prozentual verändert?
b. Wie viele Einwohner hatte die Kreisstadt im Jahr 1995?

Anhang: Formelsammlung

Prozentrechnung, Zinsrechnung, Zinseszinsrechnung

Grundschema der Prozentrechnung

p% bedeutet dasselbe wie $\frac{p}{100}$.

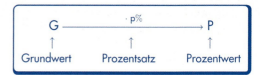

Die Grundaufgaben der Prozentrechnung

Berechnung des Prozentwertes: $P = \frac{G \cdot p}{100}$

Berechnung des Grundwertes: $G = \frac{P \cdot 100}{p}$

Berechnung des Prozentsatzes: $p = \frac{P \cdot 100}{G}$; $p\% = \frac{p}{100} = \frac{P}{G}$

Grundschema der Zinsrechnung

Die Grundaufgaben der Zinsrechnung

Berechnung der Zinsen: $Z = \frac{K \cdot i \cdot p}{100}$ („Kip"-Regel)

Berechnung des Kapitals: $K = \frac{Z \cdot 100}{i \cdot p}$

Berechnung des Zinssatzes: $p = \frac{Z \cdot 100}{K \cdot i}$

Berechnung der Zeit: $i = \frac{Z \cdot 100}{K \cdot p}$

Grundschema der Zinsrechnung

Die Zinsen werden am Ende eines jeden Jahres dem Kapital hinzugefügt und dann weiter mitverzinst. Das Kapital K_n nach n Jahren berechnet man wie folgt:

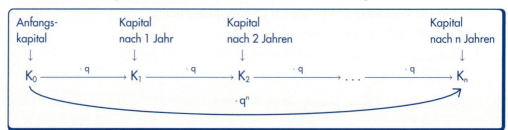

Bei einem Zinsatz von p% ist der Zinsfaktor $q = 1 + \frac{p}{100}$.

Kapital nach n Jahren: $K_n = K_0 \cdot q^n = K_0 \cdot \left(1 + \frac{p}{100}\right)^n$

Termumformungen und Gleichungen

Multiplikation und Division von Summen

$a(b+c) = ab + ac$ $\qquad\qquad (a+b)(c+d) = ac + ad + bc + bd$
$a(b-c) = ab - ac$ $\qquad\qquad (a+b)(c-d) = ac - ad + bc - bd$
$(b+c) : a = b : a + c : a \quad (a \neq 0)$ $\qquad (a-b)(c+d) = ac + ad - bc - bd$
$(b-c) : a = b : a - c : a \quad (a \neq 0)$ $\qquad (a-b)(c-d) = ac - ad - bc + bd$

Binomische Formeln

$(a+b)^2 = a^2 + 2ab + b^2 \qquad (a-b)^2 = a^2 - 2ab + b^2 \qquad (a+b)(a-b) = a^2 - b^2$

Vorzeichenregeln

$-(-a) = a$ $\qquad\qquad -(a+b) = -a - b$ $\qquad\qquad -(a \cdot b) = (-a) \cdot b = a \cdot (-b)$
$a - b = a + (-b)$ $\qquad -(a-b) = -a + b$ $\qquad\qquad -a = (-1) \cdot a$

Bruchrechenregeln

$\dfrac{a}{b} = a : b \quad (b \neq 0)$

Erweitern und Kürzen: $\qquad \dfrac{a}{b} = \dfrac{a \cdot k}{b \cdot k} \qquad \dfrac{a}{b} = \dfrac{a : k}{b : k} \quad (k \neq 0;\ b \neq 0)$

Addieren und Subtrahieren: $\qquad \dfrac{a}{c} + \dfrac{b}{c} = \dfrac{a+b}{c} \qquad \dfrac{a}{c} - \dfrac{b}{c} = \dfrac{a-b}{c} \quad (c \neq 0)$

Multiplizieren und Dividieren: $\qquad \dfrac{a}{b} \cdot \dfrac{c}{d} = \dfrac{a \cdot c}{b \cdot d} \qquad \dfrac{a}{b} : \dfrac{c}{d} = \dfrac{a}{b} \cdot \dfrac{d}{c} \quad (c \neq 0;\ b \neq 0;\ d \neq 0)$

Potenzen

$a^n = \underbrace{a \cdot a \cdot \ldots \cdot a}_{n\ \text{Faktoren}} \qquad a^1 = a \qquad a^0 = 1 \qquad a^{-n} = \dfrac{1}{a^n} \quad (a \neq 0)$

a heißt **Basis**, **n** heißt **Hochzahl** *(Exponent)*.

Potenzgesetze

P1: $\quad a^n \cdot a^m = a^{n+m}$ $\qquad$ **P2:** $\quad a^n \cdot b^n = (a \cdot b)^n$ $\qquad$ **P3:** $\quad (a^n)^m = a^{n \cdot m}$
P1*: $\quad a^n : a^m = a^{n-m}$ $\qquad$ **P2*:** $\quad a^n : b^n = (a : b)^n$

Quadratische Gleichungen

Die quadratische Gleichung $x^2 + px + q = 0$ (Normalform) besitzt
– zwei Lösungen, falls die Diskriminante positiv ist, d.h. $\left(\dfrac{p}{2}\right)^2 - q > 0$;
– eine Lösung, falls die Diskriminante null ist, d.h. $\left(\dfrac{p}{2}\right)^2 - q = 0$;
– keine Lösung, falls die Diskriminante negativ ist, d.h. $\left(\dfrac{p}{2}\right)^2 - q < 0$.

Falls die Gleichung Lösungen besitzt, erhält man diese mithilfe der *Lösungsformel*:

$x_1 = -\dfrac{p}{2} + \sqrt{\left(\dfrac{p}{2}\right)^2 - q}; \quad x_2 = -\dfrac{p}{2} - \sqrt{\left(\dfrac{p}{2}\right)^2 - q}$

Satz des Vieta

x_1 und x_2 sind genau dann Lösungen der quadratischen Gleichung $x^2 + px + q = 0$, wenn gilt:

$x_1 + x_2 = -p$ und $x_1 \cdot x_2 = q$.

Eigenschaften geometrischer Figuren
Besondere Dreiecke

Gleichschenkliges Dreieck

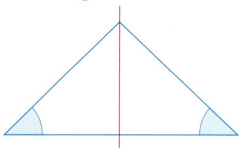

Mindestens 2 gleich lange Seiten (Schenkel)
Mindestens 2 gleich große Winkel (Basiswinkel)
Mindestens 1 Symmetrieachse

Gleichseitiges Dreieck

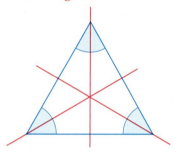

3 gleich lange Seiten
3 gleich große Winkel
3 Symmetrieachsen

Besondere Punkte und Linien am Dreieck

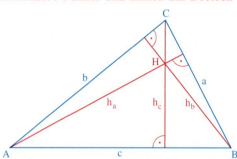

Die drei **Höhen** eines Dreiecks schneiden sich in einem Punkt H.

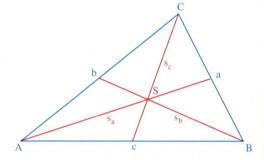

Die drei **Seitenhalbierenden** eines Dreiecks schneiden sich in einem Punkt S. Dieser Punkt ist der Schwerpunkt des Dreiecks. Er teilt die Seitenhalbierenden im Verhältnis 2:1.

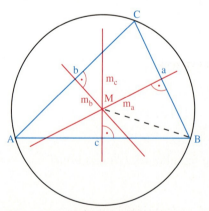

Die drei **Mittelsenkrechten** eines Dreiecks schneiden sich in einem Punkt M.
Dieser Punkt ist der Mittelpunkt des **Umkreises**.

Die drei **Winkelhalbierenden** eines Dreiecks schneiden sich in einem Punkt W.
Dieser Punkt ist der Mittelpunkt des **Inkreises**.

Besondere Vierecke

Quadrat

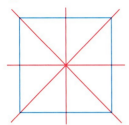

4 gleich lange Seiten
Gegenseiten parallel zueinander
4 gleich große Winkel
gleich lange Diagonalen
Diagonalen halbieren sich
Diagonalen senkrecht zueinander
4 Symmetrieachsen
punktsymmetrisch zum Schnittpunkt der Diagonalen

Rechteck

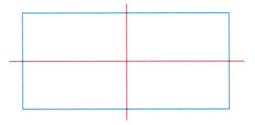

Gegenseiten gleich lang
Gegenseiten parallel zueinander
4 gleich große Winkel
gleich lange Diagonalen
Diagonalen halbieren sich
2 Symmetrieachsen
punktsymmetrisch zum Schnittpunkt der Diagonalen

Raute

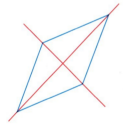

4 gleich lange Seiten
Gegenseiten parallel zueinander
gleich große Gegenwinkel
Diagonalen halbieren sich
Diagonalen senkrecht zueinander
2 Symmetrieachsen
punktsymmetrisch zum Schnittpunkt der Diagonalen

Parallelogramm

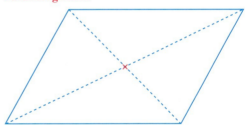

gleich lange Gegenseiten
Gegenseiten parallel zueinander
gleich große Gegenwinkel
Diagonalen halbieren sich
punktsymmetrisch zum Schnittpunkt der Diagonalen

Gleichschenkliges Trapez

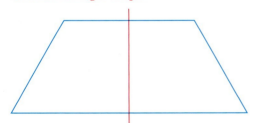

1 Paar gleich lange Gegenseiten
1 Paar zueinander parallele Gegenseiten
2 Paar gleich große Winkel
1 Symmetrieachse

Drachenviereck

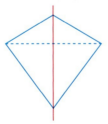

2 Paar gleich lange Nachbarseiten
1 Paar gleich große Winkel
Diagonalen senkrecht zueinander
1 Diagonale wird halbiert
1 Symmetrieachse

Winkelsätze

Winkel an Geradenkreuzungen

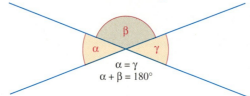

Scheitelwinkel sind gleich groß.
Nebenwinkel ergänzen sich zu 180°.

Winkel an geschnittenen Parallelen

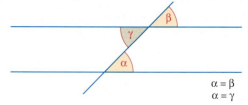

Stufenwinkel sind gleich groß.
Wechselwinkel sind gleich groß.

Innenwinkel im Dreieck

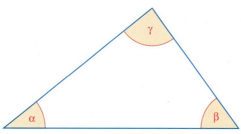

Die Summe der Innenwinkel eines Dreiecks beträgt 180°.
$\alpha + \beta + \gamma = 180°$

Innenwinkel im Viereck

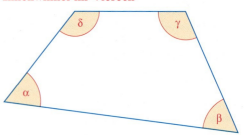

Die Summe der Innenwinkel eines Vierecks beträgt 360°.
$\alpha + \beta + \gamma + \delta = 360°$

Thalessatz

Wenn der Punkt C eines Dreiecks ABC auf einem Halbkreis über der Strecke $\overline{AB}$ liegt, dann ist das Dreieck rechtwinklig mit γ als rechtem Winkel.

Umkehrung: Wenn ABC ein rechtwinkliges Dreieck mit $\gamma = 90°$ ist, dann liegt C auf einem Halbkreis über der Strecke $\overline{AB}$.

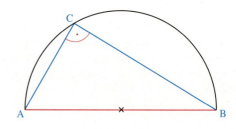

Umfangswinkelsatz

Zwei zu einer Kreissehne $\overline{AB}$ gehörende Umfangswinkel
– sind gleich groß, wenn ihre Scheitel auf derselben Seite der Sehne $\overline{AB}$ liegen;
– ergeben zusammen 180°, wenn ihre Scheitel auf verschiedenen Seiten der Sehne $\overline{AB}$ liegen.

Jeder Umfangswinkel einer Kreissehne $\overline{AB}$, dessen Scheitel auf derselben Seite der Sehne liegt wie der Kreismittelpunkt, ist halb so groß wie der zugehörige Mittelpunktswinkel:
$\gamma = \frac{1}{2}\varepsilon$

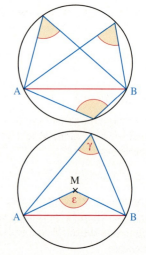

Strahlensätze – Satzgruppe des Pythagoras

Strahlensätze

Werden zwei Halbgeraden a und b mit gemeinsamem Anfangspunkt Z von zwei zueinander parallelen Geraden g und h geschnitten, so gilt:

1. Strahlensatz: $\dfrac{\overline{ZA_1}}{\overline{ZA_2}} = \dfrac{\overline{ZB_1}}{\overline{ZB_2}}$ und $\dfrac{\overline{ZA_1}}{\overline{A_1A_2}} = \dfrac{\overline{ZB_1}}{\overline{B_1B_2}}$

2. Strahlensatz: $\dfrac{\overline{ZA_1}}{\overline{ZA_2}} = \dfrac{\overline{A_1B_1}}{\overline{A_2B_2}}$ und $\dfrac{\overline{ZB_1}}{\overline{ZB_2}} = \dfrac{\overline{A_1B_1}}{\overline{A_2B_2}}$

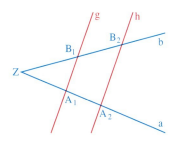

Satz des Pythagoras

In jedem *rechtwinkligen Dreieck* ist der Flächeninhalt des Hypotenusenquadrates gleich der Summe der Flächeninhalte der beiden Kathetenquadrate.

$c^2 = a^2 + b^2$

a: Länge der einen Kathete
b: Länge der anderen Kathete
c: Länge der Hypotenuse

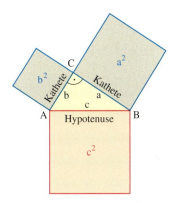

Kathetensatz des Euklid

In jedem *rechtwinkligen Dreieck* ist das Quadrat über einer Kathete flächeninhaltsgleich zu dem Rechteck aus der Hypotenuse und dem zur Kathete gehörenden Hypotenusenabschnitt.

$a^2 = c \cdot p$
$b^2 = c \cdot q$

p: Länge des Hypotenusenabschnitts zu a
q: Länge des Hypotenusenabschnitts zu b

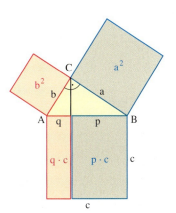

Höhensatz des Euklid

In jedem *rechtwinkligen Dreieck* ist das Höhenquadrat flächeninhaltsgleich zu dem Rechteck aus den beiden Hypotenusenabschnitten.

$h^2 = p \cdot q$

h: Dreieckshöhe zur Hypotenuse
p: Länge des einen Hypotenusenabschnitts
q: Länge des anderen Hypotenusenabschnitts

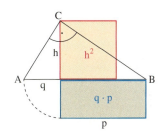

Berechnungen an ebenen Figuren

Dreieck

$$A = \frac{g \cdot h}{2}$$
$$A = \frac{c \cdot h_c}{2} = \frac{a \cdot h_a}{2} = \frac{b \cdot h_b}{2}$$
$$u = a + b + c$$

Gleichseitiges Dreieck

$$h = \frac{a}{2}\sqrt{3}$$
$$A = \frac{a^2}{4}\sqrt{3}$$
$$u = 3a$$

Quadrat

$$A = a \cdot a = a^2$$
$$u = 4a$$
$$d = a\sqrt{2}$$

Rechteck

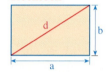

$$A = a \cdot b$$
$$u = 2a + 2b$$
$$d = \sqrt{a^2 + b^2}$$

Raute

$$A = \frac{e \cdot f}{2}$$
$$u = 4a$$

e, f: Länge der Diagonalen

Parallelogramm

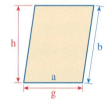

$$A = g \cdot h$$
$$u = 2a + 2b$$

Trapez

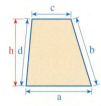

$$A = \frac{a + c}{2} \cdot h$$
$$u = a + b + c + d$$

Drachenviereck

$$A = \frac{e \cdot f}{2}$$
$$u = 2a + 2b$$

e, f: Länge der Diagonalen

Kreis

$$A = \pi \cdot r^2$$
$$A = \pi \cdot \frac{d^2}{4}$$
$$u = 2\pi \cdot r$$
$$u = \pi \cdot d$$

Kreisring

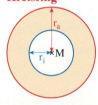

$$A = \pi \cdot r_a^2 - \pi \cdot r_i^2$$
$$= \pi \cdot (r_a^2 - r_i^2)$$

Kreisausschnitt

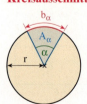

$$b_\alpha = u \cdot \frac{\alpha}{360°} = 2\pi r \cdot \frac{\alpha}{360°}$$
$$A_\alpha = \pi \cdot r^2 \cdot \frac{\alpha}{360°} = \frac{b_\alpha \cdot r}{2}$$

Kreisabschnitt

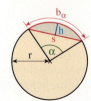

$$A = \frac{1}{2}b_\alpha \cdot r - \frac{1}{2}s(r - h)$$

s: Länge der Kreissehne;
h: Höhe des Kreisabschnitts

Berechnungen an Körpern

Würfel

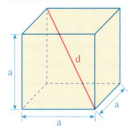 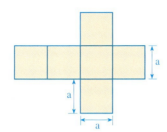

$V = a^3$
$O = 6 \cdot a^2$
$d = a\sqrt{3}$

d: Länge der Raumdiagonalen

Quader

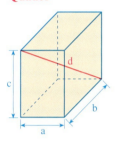 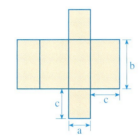

$V = a \cdot b \cdot c$
$O = 2 \cdot (ab + bc + ca)$
$ = 2ab + 2bc + 2ca$
$d = \sqrt{a^2 + b^2 + c^2}$

d: Länge der Raumdiagonalen

Prisma

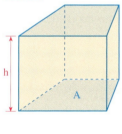

$V = A \cdot h$
$M = u \cdot h$
$O = 2 \cdot A + M = 2 \cdot A + u \cdot h$

Sonderfälle des Prismas:

(1) Die Grundfläche ist ein Quadrat:
$V = a^2 \cdot h$
$O = 2a^2 + 4a \cdot h$

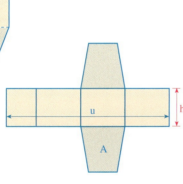

(2) Die Grundfläche ist ein gleichseitiges Dreieck:
$V = \tfrac{1}{4} a^2 \sqrt{3} \cdot h$
$O = \tfrac{1}{2} a^2 \sqrt{3} + 3a \cdot h$

Zylinder

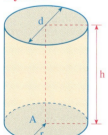 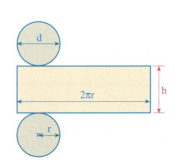

$V = A \cdot h = \pi r^2 \cdot h = \dfrac{\pi d^2}{4} \cdot h$
$M = 2\pi r \cdot h = \pi d \cdot h$
$O = 2 \cdot A + M = 2\pi r^2 + 2\pi r \cdot h$
$ = 2 \cdot \dfrac{\pi d^2}{4} + \pi d \cdot h$

Pyramide

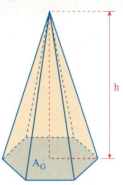
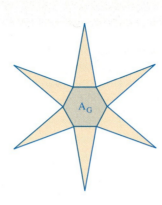

$V = \frac{1}{3} \cdot A \cdot h$

$O = A + M$

Quadratische Pyramide (Grundfläche ist ein Quadrat mit der Seitenlänge a):

$V = \frac{1}{3} \cdot a^2 \cdot h$

$M = 4 \cdot \frac{a \cdot h_s}{2} = 2\,a\,h_s$

$O = a^2 + 2\,a\,h_s$

$h_s = \sqrt{h^2 + \left(\frac{a}{2}\right)^2}$

h_s: Höhe einer Seitenfläche

Kegel

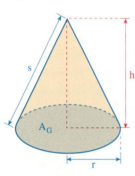
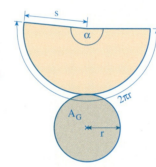

$V = \frac{1}{3} \cdot A \cdot h = \frac{1}{3} \cdot \pi r^2 \cdot h = \frac{\pi d^2}{12} \cdot h$

$M = \pi r s$

$O = A + M = \pi r^2 + \pi r s$

$ = \frac{\pi d^2}{4} + \frac{\pi d}{2} \cdot s$

$s = \sqrt{h^2 + r^2} \qquad \alpha = \frac{360° \cdot r}{s}$

s: Länge einer Mantellinie

α: Mittelpunktswinkel des Mantels

Pyramidenstumpf und Kegelstumpf

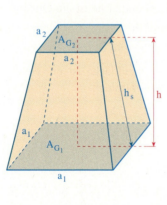
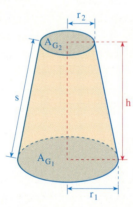

$V = \frac{1}{3} h \left(A_1 + \sqrt{A_1 \cdot A_2} + A_2 \right)$

Quadratischer Pyramidenstumpf:

$V = \frac{1}{3} h \left(a_1^2 + a_1 \cdot a_2 + a_2^2 \right)$

$O = a_1^2 + a_2^2 + 4 \cdot \frac{a_1 + a_2}{2} \cdot h_s$

Kegelstumpf:

$V = \frac{1}{3} \pi h \left(r_1^2 + r_1 \cdot r_2 + r_2^2 \right)$

$M = \pi s (r_1 + r_2)$

$O = \pi r_1^2 + \pi r_2^2 + \pi s (r_1 + r_2)$

$s = \sqrt{h^2 + (r_1 - r_2)^2}$

s: Länge einer Mantellinie

Kugel

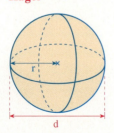

$V = \frac{4}{3} \pi r^3 = \frac{\pi d^3}{6}$

$O = 4 \pi r^2 = \pi d^2$

Trigonometrie

Sinus, Kosinus, Tangens am rechtwinkligen Dreieck

Für spitze Winkel (im rechtwinkligen Dreieck) gilt:

$$\sin \alpha = \frac{\text{Länge der Gegenkathete zu } \alpha}{\text{Länge der Hypotenuse}} = \frac{a}{c}$$

$$\cos \alpha = \frac{\text{Länge der Ankathete zu } \alpha}{\text{Länge der Hypotenuse}} = \frac{b}{c}$$

$$\tan \alpha = \frac{\text{Länge der Gegenkathete zu } \alpha}{\text{Länge der Ankathete zu } \alpha} = \frac{a}{b}$$

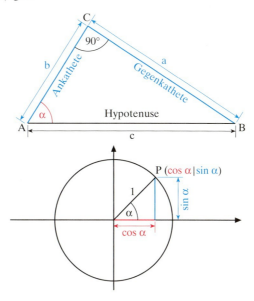

Sinus und Kosinus am Einheitskreis

Es ist P ein Punkt des Einheitskreises (Radius 1 LE). α ist die Größe des Winkels, den der Schenkel $\overline{OP}$ mit der Rechtsachse bildet.
Dann gilt:
$\sin \alpha =$ 2. Koordinate von P
$\cos \alpha =$ 1. Koordinate von P

Für stumpfe Winkel α gilt:
$\sin(180° - \alpha) = \sin \alpha$
$\cos(180° - \alpha) = -\cos \alpha$
$\tan(180° - \alpha) = -\tan \alpha$

Beziehungen zwischen Sinus, Kosinus, Tangens

$\sin \alpha = \cos(90° - \alpha)$ $(\sin \alpha)^2 + (\cos \alpha)^2 = 1$

$\cos \alpha = \sin(90° - \alpha)$ $\tan \alpha = \frac{\sin \alpha}{\cos \alpha}$

Besondere Werte

	0°	30°	45°	60°	90°
sin	0	$\frac{1}{2}$	$\frac{1}{2}\sqrt{2}$	$\frac{1}{2}\sqrt{3}$	1
cos	1	$\frac{1}{2}\sqrt{3}$	$\frac{1}{2}\sqrt{2}$	$\frac{1}{2}$	0
tan	0	$\frac{1}{3}\sqrt{3}$	1	$\sqrt{3}$	–

Flächeninhalt des Dreiecks

$A = \frac{1}{2} a b \cdot \sin \gamma$
$A = \frac{1}{2} b c \cdot \sin \alpha$
$A = \frac{1}{2} a c \cdot \sin \beta$

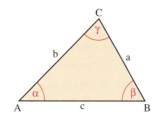

Lösungen der Aufgaben zur Vorbereitung auf die Abschlussprüfung

Algebra – Pflichtbereich
Lineare Funktionen

Seite 175

P 1. a. $y = -0{,}5x + 4$ c. $y = \frac{3}{4}x + \frac{1}{4}$
      b. $y = -x + 5$ d. $y = -0{,}5x + 4$

P 2. a. $y = 0{,}5x + 4$ c. $y = -2{,}4x + 1$
      b. $y = -1{,}5x - 2$ d. $y = 1{,}2x - 1$

P 3. a. $b = 3$ b. $b = -1$ c. $b = 0$ d. $b = 6$

P 4. a. $y = 2x$ c. $y = 0{,}8x - 1{,}4$
      b. $y = -3x + 4$ d. $y = 0{,}5x - 2$

P 5. a. $T(0|4{,}5)$; $N(1{,}5|0)$ c. $T(0|1)$; $N\left(-\frac{5}{12}\big|0\right)$
      b. $T\left(0\big|\frac{1}{3}\right)$ $N\left(\frac{1}{3}\big|0\right)$ d. $T(0|-2)$; $N(-0{,}5|0)$

P 6. a. $S(4|4)$ b. $S(2|-4)$ c. $S(3|-1)$ d. $S(1|1)$

P 7. a. $A = 12{,}5\ \text{FE}$ b. $A = 16\ \text{FE}$ c. $A = 6{,}25\ \text{FE}$ d. $A = 18\ \text{FE}$

Lineare Gleichungssysteme mit zwei Variablen

Seite 175

P 8. a. $L = \{(2|3)\}$ b. $L = \{(2|3)\}$ c. $L = \{(4|-3)\}$

P 9. a. $L = \{(5|4)\}$ b. $L = \{(1|1)\}$ c. $L = \{(3|-2)\}$

Seite 176

P 10. a. $L = \{(1|8)\}$ b. $L = \{(8|5)\}$ c. $L = \{(5|6)\}$

P 11. a. $L = \{(4|13\frac{2}{3})\}$ b. $L = \{(-\frac{3}{4}|\frac{1}{2})\}$ c. $L = \{(x|y)\,|\,3x - 9y = 20\}$

P 12. a. $L = \{(-5|-8)\}$ b. $L = \{(2|3)\}$ c. $L = \{(3|5)\}$

Quadratische Gleichungen

Seite 176

P 13. a. $L = \{1;\ 0{,}44\}$ b. $L = \{6\}$ P 14. a. $L = \{2,4\}$ b. $L = \{\ \}$

P 15. a. $L = \{-3{,}75;\ 1{,}2\}$ b. $L = \{-1,4\}$ P 16. a. $L = \{\sqrt{10};\ -\sqrt{10}\}$ b. $L = \{-\frac{9}{7};\ 2\}$

P 17. a. $L = \{-2;\ 9\}$ b. $L = \{0;\ 2\}$

Quadratische Funktionen

P 18. **a.** 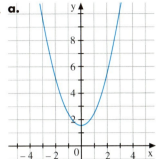 **b.** 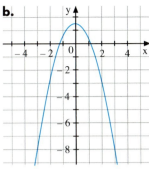 **c.** 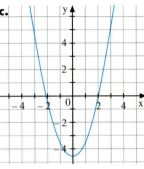   Seite 176

Keine Schnittpunkte $S_1(-1,2 | 0)$ $S_1(-2,1 | 0)$
mit der 1. Achse $S_1(1,2 | 0)$ $S_1(2,1 | 0)$

P 19. **a.** 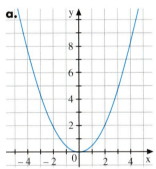 **b.** 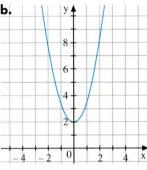 **c.**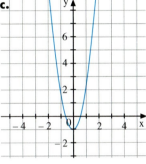

P 20. **a.** $N_1(-2,4 | 0)$ $N_2(0,4 | 0)$ **b.** $N_1(1 | 0)$ $N_2(5 | 0)$ **c.** $N_1(-1,4 | 0)$ $N_2(2,4 | 0)$
  $y = (x+1)^2 - 2$ $y = (x-3)^2 - 4$ $y = \left(x - \frac{1}{2}\right)^2 - \frac{7}{2}$
  $y = x^2 + 2x + 1 - 2$ $y = x^2 - 6x + 9 - 4$ $y = x^2 - x + \frac{1}{4} - \frac{7}{2}$
  $y = x^2 + 2x - 1$ $y = x^2 - 6x + 5$ $y = x^2 - x - \frac{13}{4}$

a. 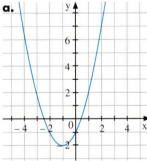 **b.** 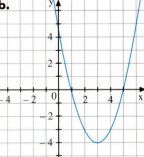 **c.**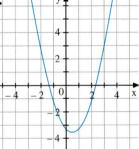

P 21. **a.** $P_1(-4 | 8)$ $P_2(0 | 8)$
  b. $P_1(-2 | 24)$ $P_2(5 | 3)$ oder $P_2(1 | 3)$
  c. $P_1(3 | 31)$ $P_2(0 | 4)$ oder $P_2(-6 | 4)$

Seite 177

P 22. a. 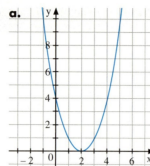 b. 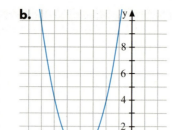 c.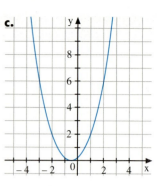

P 23. p = −4   S(2 | 2)   P 24. q = −1   S(−3 | −10)   P 25. p = 24   S(−12 | −72)

P 26. a. 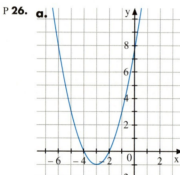 b. 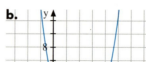 c.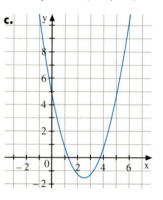

P 27. a. Scheitelpunkt S(5 | −30)
Schnittpunkte mit den Koordinatenachsen: $N_1(10{,}5 | 0)$, $N_2(−0{,}5 | 0)$, $N_3(0 | 5)$
   b. Scheitelpunkt S(−3 | −1)
Schnittpunkte mit den Koordinatenachsen: $N_1(−2 | 0)$, $N_2(−4 | 0)$, $N_3(0 | 8)$
   c. Scheitelpunkt S(1,2 | −2,25)
Schnittpunkte mit den Koordinatenachsen: $N_1(2{,}7 | 0)$, $N_2(−0{,}3 | 0)$, $N_3(0 | −0{,}81)$

P 28. T(0 | −8) $N_1(5{,}5 | 0)$ $N_2(−1{,}5 | 0)$ A = 28 FE

P 29. Z(2 | 7)   Entfernung: 7,3 LE

P 30. $P_1(2 | 1)$ $P_2(−2 | 1)$ y = 1

P 31. Q(−2 | 1) $S_1(−3 | 0)$ $S_2(0 | −3)$ u = 10,1 LE

P 32. $P_1(1 | 7)$ $P_2(−4 | 2)$

P 33. $P_1(0 | 3)$ $P_2(−3 | 0)$

P 34. $P_1(0 | 1)$ $P_2(4 | 9)$ S(1 | 0)   u = 19,8 LE

Bruchgleichungen

Seite 178

P 35. a. $D = \mathbb{R} \setminus \{-\frac{5}{3}; \frac{3}{5}\}$ L = {7}   b. $D = \mathbb{R} \setminus \{-\frac{5}{3}; 0\}$ L = {1}

P 36. a. $D = \mathbb{R} \setminus \{0; 2\}$ L = { }   b. $D = \mathbb{R} \setminus \{-1; 0\}$ L = {1}

P 37. a. $D = \mathbb{R} \setminus \{-7; 5\}$ L = {7}   b. $D = \mathbb{R} \setminus \{-1; 5\}$ L = {0,5; 3}

P 38. a. $D = \mathbb{R} \setminus \{2\}$ L = {3}   b. $D = \mathbb{R} \setminus \{5\}$ L = {7}

P 39. a. $D = \mathbb{R} \setminus \{-1; 1\}$ L = { }   b. $D = \mathbb{R} \setminus \{2; -2\}$ $L = \{\frac{1}{2}; 5\}$

Algebra – Wahlbereich

Seite 179

W **2.1** $y = x^2 - 4x + 3$
Scheitelpunkt ist $S(2|-1)$
Symmetrieachse ist $x = 2$

2.2 $D = \mathbb{R} \setminus \{-4; 4\}$; $L = \{5\}$

2.3 g_1: $y = -0{,}5x + 1$, g_2: $y = 2x + 6$, $A = 5$ FE

W **3.1** $N_1(0{,}1|0)$, $N_2(-1{,}5|0)$, $S(-0{,}7|-0{,}64)$

3.2 $x = 12$, $y = 9$

3.3 $S(-3{,}5|-3{,}25)$, $A(-4{,}5|-2{,}25)$, $B(-1|3)$

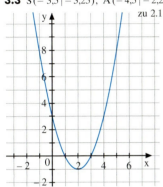
zu 2.1

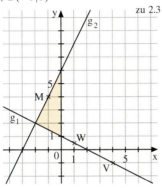
zu 2.3

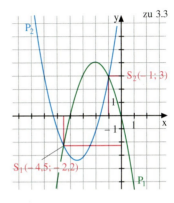
zu 3.3

W **4.1** P_1: $d = 1$, $c = 0$, $y = x^2 - 2x + 1$
2. Möglichkeit: $d = 3$, $c = 0$, $y = x^2 + 6x + 9$
P_2: $d = 0$, $c = 3$, $y = x^2 + 3$

4.2 $D = \mathbb{R} \setminus \{-1{,}5; 1{,}5\}$; $L = \{-2\}$

4.3 Die Grundseite des ursprünglichen Dreiecks ist 9 cm lang, die zugehörige Höhe 7 cm.

W **5.1** $p = 5$; $q = 2{,}25$; $S(-2{,}5|-4)$

5.2 $x = -5$, $y = -8$

5.3 $r = 60$ cm

W **6.1** Schnittpunkte: $N_1(0|1)$ und $N_2(5|6)$
Entfernungen: $\overline{N_1 S} = \sqrt{20} = 2 \cdot \sqrt{5}$
$\overline{N_2 S} = \sqrt{90} = 3 \cdot \sqrt{10}$

6.2 $D = \mathbb{R} \setminus \{-3; 3\}$; $L = \{-3{,}125\}$

6.3 $S_1(2{,}5|-3{,}25)$, $S_2(-1|2)$
g_2: $y = -1{,}5x + 2{,}5$
$a = 2{,}1$ LE

W **7.1** $D = \mathbb{R} \setminus \{3\}$; $L = \{\ \}$

7.2 $S_1(-2|-3)$, $S_2(1{,}5|-1)$, $\overline{S_1 S_2} = 4{,}03$ LE

7.3 a. $A = \frac{3}{2} a^2 \sqrt{3}$

b. Für $a = 4{,}5$ cm ist $A \approx 52{,}6$ cm²

a in cm	1	2	3	4	5	6
A in cm²	2,6	10,4	23,4	41,6	65,0	93,5

W **8.1** $x = \frac{236}{9}$, $y = -\frac{19}{9}$

8.2 Die Gerade $y = -4$ berührt die Parabeln $y = (x-2)^2 - 4$ und $y = (x+4)^2 - 4$.
Die Gerade $x = 1$ ist Symmetrieachse der Parabel $y = (x-1)^2 + 1$.

Seite 180

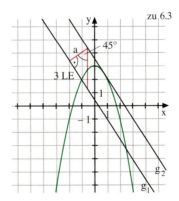
zu 6.3

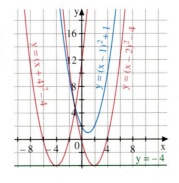

Seite 181

W **9.1** Die Schnittpunkte $S_1(2|2)$ und $S_2(0|6)$ sind gleichzeitig die Scheitelpunkte der Parabeln.

9.2 $D = \mathbb{R}\setminus\{-1; 1\}$;
$L = \{-1 + \sqrt{6}; -1 - \sqrt{6}\}$

9.3 Beispiel: $A(2|5)$, $B(0|1)$
g: $y = 2x + 1$
$S_1(1|3)$; $S_2(-3|-5)$

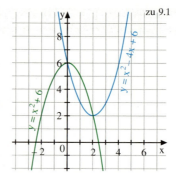

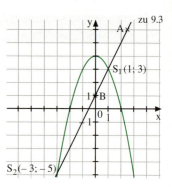

W **10.1** $x = \frac{25}{18}$, $y = \frac{5}{18}$

10.2 $p = 6$, $q = 13{,}5$, $S(-3|4{,}5)$
$\overline{OS} \approx 5{,}4$

10.3 $D = \mathbb{R}\setminus\{-\frac{7}{6}; \frac{2}{7}\}$; $L = \{-2\sqrt{5}; 2\sqrt{5}\}$

W **11.1** $D = \mathbb{R}\setminus\{0\}$; $L = \{-13; 1\}$

11.2 Schnittpunkte: $S_1(-2{,}71|7{,}34)$, $S_2(2{,}21|4{,}88)$

Seite 182

W **12.1** $D = \mathbb{R}\setminus\{-3\}$; $L = \{2\}$

12.2 Scheitelpunkt: $S(0{,}5|3{,}5)$
Schnittpunkte mit der Geraden: $P_1(-1{,}5|7{,}5)$, $P_2(1{,}5|4{,}5)$,
$\overline{P_1 P_2} = 4{,}24$ LE

W **13.1** $x = 4\frac{1}{3}$, $y = -2\frac{1}{3}$

13.2 $y = x^2 - 4x + 0{,}5$ mit $S(2|-3{,}5)$
Scheitelform: $y = (x-2)^2 - 3{,}5$

W **14.1** $D = \mathbb{R}\setminus\{-3; 5\}$; $L = \{-3{,}5; 2\}$

14.2 $y = 6{,}75 - 0{,}75 x^2$

W **15.1** $x = 13{,}125$, $y = 1{,}875$

15.2 a. $S(-3{,}5|-3{,}5)$, $N_1(-1{,}6|0)$, $N_2(-5{,}4|0)$
b. $y = (x+3{,}5)^2 - 1$, also um 2,5 Einheiten verschoben.

15.3 a. Bei 9 km, **b.** 4,60 €

Seite 183

W **16.1** $y = (x+2{,}5)^2 - 1 = x^2 + 5x + 5{,}25$, $N_1(-1{,}5|0)$, $N_2(-3{,}5|0)$

16.2 $D = \mathbb{R}\setminus\{0; -2; 2\}$, $L = \left\{\frac{-8+2\sqrt{2}}{7}; \frac{-8-2\sqrt{2}}{7}\right\}$

W **17.1** $x = 428$, $y = 792$

17.2 a. $y = \frac{1}{2}x^2 - 2{,}5$

x	1	2	3
y	−2	−0,5	2

b. $S(5|-2{,}5)$
und $y = \frac{1}{2}[(x-5)^2 - 5] = \frac{1}{2}x^2 - 5x + 10$
c. $T(2{,}5|0{,}625)$

W **18.1** Funktionsgleichungen: $y = \frac{1}{2}x + 2$ und $y = -4x + 2$
Schnittpunkt: $S(0|2)$

18.2 a. $\overline{B'C'} = 4{,}6$ LE; $\overline{C'D'} = 3{,}1$ LE; $\overline{A'D'} = 3{,}6$ LE; $\overline{A'B'} = 3{,}4$ LE
b. $A'(-2|1)$ $B'(0{,}8|-1)$
c. Sie sind Bildstrecke und Urbildstrecke einer zentrischen Streckung.

W **19.1** AB: $y = 2x - 3$; DC: $y = 2x + 4{,}5$; CB: $y = -\frac{1}{2}x + 9{,}5$;
DA: $y = -\frac{1}{2}x + 2$; $D(-1|2{,}5)$

19.2 $y = (x - 3{,}75)^2 + 5{,}4375$ $S(3{,}75|5{,}4375)$
Abstand des Scheitels von A: 4,77 (LE)

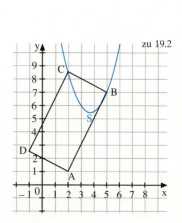

Trigonometrie – Pflichtbereich

P **1.** ∢CAE = 18,78°   P **2.** u = 27,24 cm   P **3.** $h_c = 0{,}86$ m, $A = 1{,}94$ m²   **Seite 184/185**

P **4.** $\alpha = 108{,}5°$; $\beta = \delta = 93{,}2°$; $\gamma = 65{,}2°$ P **5.** A = 76,65 cm²   P **6.** $\tan\alpha = \dfrac{h}{\frac{a}{2}}$, also $\tan 60° = \dfrac{\frac{a}{2}\sqrt{3}}{\frac{a}{2}} = \sqrt{3}$

P **7.** 41,4°   P **8.** Unter einem Winkel von 71,6° bzw. 108,4°.   P **9.** $\overline{AD} = \overline{BC} = 26{,}82$ cm; $\overline{AB} = \overline{CD} = 9{,}18$ cm

P **10.** $\overline{ABCD} = 2a(\sqrt{3}+1)$ P **11.** h = 12,1 cm   P **12.** $\alpha = 18{,}43°$

P **13.** $\overline{AC} = b = 18{,}55$ cm, $\overline{AB} = c = 33{,}33$ cm, $\beta = 32°$, $\gamma = 72°$ P **14.** ∢BAC = 53,2°, u = 34,32 cm

P **15.** $h_c = 5{,}24$ cm, a = 6,74 cm, $\beta = 51{,}1°$, $\gamma = 77{,}4°$ P **16.** Steigungswinkel 2,3° Höhenunterschied 48 m.   P **17.** 47,5°

Trigonometrie – Wahlbereich

W **2.1** u ≈ 30,8 cm   **2.2** $u = 4e\sqrt{3}$ **Seite 186**

W **3.1** $\alpha = 50{,}62°$, $\beta = 71{,}43°$, $\gamma = 108{,}57°$, $\delta = 129{,}38°$; A = 25,53 cm²   **3.2** $A = \dfrac{h^2}{2\sin\alpha\,\cos\alpha}$

W **4.1** $\overline{AD} = 4{,}16$ cm, $\overline{BC} = 1{,}21$ cm   **Seite 187**

W **5.1** A = 11,45 m²   **5.2** $V = 6e^3\,(23 + 6\cdot\tan 20°)$

W **6.** $\overline{BC} = 2{,}89$ cm   W **7.** $u = e(3+\sqrt{3})$

Stereometrie – Pflichtbereich

Körperberechnungen

P **1. a.** O = 942,5 cm²   **b.** V = 1052 cm³   P **2.** r = 3,85 cm   P **3.** h = 20,3 cm, s = 21,8 cm   **Seite 188**

P **4.** d = h = 9,0 cm   P **5.** p% = 15%   P **6.** s = 7,4 cm

P **7. a.** V = 308 cm³   **b.** M = 297 cm²   P **8. a.** $\gamma = 55{,}7°$ **b.** $\alpha = 71{,}8°$ **c.** $\beta = 55{,}2°$ P **9.** V = 1337 cm³

P **10. a.** s = 5,0 cm   **b.** h = 5,7 cm   P **11. a.** s = 3,2 cm   **b.** h = 5,5 cm   P **12.** 74,5°   **Seite 189**

P **13.** $h_E = 7{,}0$ cm   P **14.** $V_{Pyr} : V_{Pyrst} = 1 : 7$

P **15. a.** $\beta = 68{,}2°$ **b.** $\alpha = 66{,}4°$ **c.** $\gamma = 68{,}7°$ **d.** O = 73,9 cm²; V = 50,4 cm³

Berechnungen an zusammengesetzten Körpern

P **16.** V = 431 cm³   P **17. a.** 6322 mm²   **b.** 23 200 mm²   **Seite 190**

P **18.** r = 18 mm   P **19.** h = 24 cm   P **20.** p% = 16,7%

Stereometrie – Wahlbereich

Seite 192 W **2.1** $h = 49{,}9$ cm $\alpha = 78{,}4°$ **2.2 a.** $V = \frac{39\,e^3}{2}\sqrt{2}$ **b.** $h = e\sqrt{3}$

Seite 193 W **3.1** Kies: $37{,}4$ dm³   Erde: $148{,}6$ dm³ **3.2** $V = \frac{49\,k^3}{3}\sqrt{3}$ $k = 1$ dm

W **4.1** $O = 32$ cm² $\beta = 77{,}8°$ **4.2** $V = \frac{193}{125}\pi\,e^3$ $\alpha = 78{,}2°$

W **5.1** $d_2 = 5{,}2$ m **5.2** $V = a^3\pi\left(17 + 4\sqrt{3}\right)$

W **6.1** $r_3 = 3{,}0$ cm $O = 200{,}1$ cm² **6.2** $h = 3 \cdot \tan\varepsilon$

Seite 194 W **7.1** $d_2 = 8{,}4$ dm $V_{Ke} = 310{,}2$ dm³ **7.2** $O = 36\pi\,e^2$ $V = 24\pi\,e^3$

W **8.1** $a_2 = 6$ cm $h = 2{,}8$ cm $h_E = 8{,}5$ cm **8.2** $h = 2e$ $V = 26\,e^3$ $e = 2{,}5$ cm

W **9.1** $h_2 = 4{,}6$ cm $\gamma = 77{,}8°$ **9.2** $d_2 = e$ $\alpha = 63{,}4°$

Seite 195 W **10.1** $M = 286{,}7$ cm² **10.2** $S = 8e\left(2 + \sqrt{6}\right)$ $\gamma = 48{,}2°$

W **11.1** $h = 5{,}7$ cm **11.2** $s = 7{,}0$ cm; $\alpha = 93{,}4°$

W **12.1 a.** $a_2 = 3{,}16$ cm **b.** $M = 58{,}7$ cm² **12.2 a.** $A = 39{,}1$ cm² **b.** $O = 136{,}2$ cm² **c.** $\alpha = 65{,}7°$

Seite 196 W **13.1** $O = 197{,}6$ cm² **13.2** $O = 79{,}9$ cm²; $h = 4{,}0$ cm

W **14.1** $V = 15{,}2$ cm³ **14.2** Die Höhe muss zwischen 44 cm und 87,7 cm liegen.

W **15.2** $O = 1920$ cm² **15.3 a.** z.B. $h = 20$ cm **b.** – **c.** $h = 50{,}7$ cm

Sachrechnen

Sparen

Seite 197

P **1. a.** $8557{,}96\ € : 1{,}04 : 1{,}0375 : 1{,}035 = 7663{,}17\ €$
b. $8557{,}96\ € \cdot 1{,}0425 \cdot 1{,}045 \cdot 1{,}0475 = 9766\ €$
$\frac{9766\ € - 7663{,}17\ €}{7663{,}17\ €} = 0{,}2744\ldots$, also 27,4 %

P **2. a.** 1. Jahr: $1200\ € \cdot 1{,}02 = 1224\ €$
2. Jahr: $(1224\ € + 1200\ € \cdot 1{,}03) \cdot 1{,}02 = 2509{,}20\ €$
3. Jahr: $(2509{,}20\ € + 1200\ € \cdot 1{,}05) \cdot 1{,}02 = 3844{,}58\ €$
b. $\frac{3844{,}58\ €}{3600\ €} = 1{,}06793\ldots$, also 6,8 %
c. nach 14 Jahren

P **3. a.** $4200\ € \cdot \left(1 + \frac{p}{100}\right)^3 = 4589{,}45\ €$
$1 + \frac{p}{100} = \sqrt[3]{\frac{4589{,}45\ €}{4200\ €}}$ $\frac{p}{100} = 0{,}03$, also 3 %
b. $4200\ € \cdot 1{,}03^5 = 4868{,}95\ €$, also 668,95 € Zinsen

P **4. a.** $3800\ € \cdot 1{,}0475 \cdot 1{,}05 \cdot 1{,}0525 = 4398{,}95\ €$
$3800\ € \cdot 1{,}05^3 + 3800\ € \cdot (0{,}02 + 0{,}03) = 4588{,}98\ €$
b. $\frac{4588{,}98\ €}{4398{,}95\ €} = 1{,}04319\ldots$, also 4,3 % mehr

P **5. a.** $3785{,}40\ € \cdot 1{,}025^2 = 3977{,}04\ €$, also 191,64 € Zinsen
b. $3785{,}40\ € \cdot 1{,}03875^2 = 4084{,}45\ €$, also 299,05 € Zinsen, also 107,41 € mehr

Seite 198

P **6. a.** $3000\ € : 1{,}0275^4 = 2691{,}50\ €$ **b.** $2691{,}50\ € \cdot 1{,}015^4 = 2856{,}66\ €$; 143,34 € weniger

P **7. a.** $8000\ € \cdot 1{,}05^4 = 9724{,}05\ €$, also 1724,05 € Zinsen
$8000\ € \cdot 1{,}04 \cdot 1{,}0475 \cdot 1{,}05125 \cdot 1{,}065 = 9757{,}37\ €$, also 1757,37 € Zinsen
b. $(4 + 4{,}75 + 5{,}125 + 6{,}5) : 4 = 5{,}093$
$8000\ € \cdot 1{,}05093^4 = 9758{,}56\ €$
Zinsdifferenz: 1,19 €

P **8.** $2450{,}00\ € + 750{,}00\ € = 3200{,}00\ €$
$3200{,}00\ € - 500{,}00\ € = 2700{,}00\ €$
Zinsen:
$2450\ € \cdot 0{,}02 \cdot \frac{2{,}5}{12} = 12{,}25\ €$ $3200\ € \cdot 0{,}02 \cdot \frac{5}{12} = 26{,}67\ €$
$2700\ € \cdot 0{,}02 \cdot \frac{4{,}5}{12} = 20{,}25\ €$

$2700\ € + 12{,}25\ € + 26{,}67\ € + 20{,}25\ € = 2759{,}17\ €$

Preise vergleichen

P 9. a. 79,90 € : 1,07 = 74,67 €
74,67 € · 1,125 = 84,00 €
84,00 € · 1,07 = 89,88 €, also 89,88 €
b. 5 · 89,88 € · 0,7 = 315 €

P 10. a. 425,50 € : 1,16 : 0,97 : 0,85 = 444,89 €
b. 425,50 € − 366,81 € = 58,69 € (MwSt)
444,89 € − 366,81 € = 78,08 €
(Preisnachlass insgesamt)

Seite 198/199

11. a. $\frac{2\,995\,€}{3\,250\,€} = 0{,}9215\ldots$, also 7,8%
b. Leasing: 98 € · 36 + 850 € = 4 378 €
$\frac{4\,378\,€}{3\,250\,€} = 1{,}34707\ldots$, also 34,7%

$\frac{4\,378\,€}{2\,995\,€} = 1{,}46176\ldots$, also 46,2%

P 12. Bar: 724 € · 0,97 = 702,28 €
Rate: 16 · 47 € + 54,50 € = 806,50 €
$\frac{702{,}28\,€}{806{,}50\,€} = 0{,}87077\ldots$, also ca. 13%

P 13. Kaufpreis: 1975 € · 1,16 = 2291 €   Mietkosten: 2291 € · 0,035 · 48 = 3 848,88 €
$\frac{3\,848{,}88\,€}{2\,291\,€} = 1{,}68$, also 68%

Lohn und Gehalt

P 14. a. $\frac{573{,}75\,€}{562{,}50\,€} = 1{,}02\ldots$, also 2%
b. 592,25 € · 1,02 = 604,10 €   635,70 € · 1,02 = 648,41 €

Seite 199

P 15. Ausbildungsvergütung: 33 708 €
Zusatzkosten: 22 854,02 €
Gesamtkosten: 56 562,02 € ≈ 57 000 €

Seite 200

P 16. 1 885,59 € + 632,58 € · 1,08 + x · 0,201 = x   x ≈ 3 214,99 € (Bruttogehalt)
3 214,99 € − 1 885,59 € = 1 329,40 € (Abzüge), also 41,35% vom Bruttogehalt

P 17. (1) (vor 5 Jahren) $\frac{352{,}92\,€ + 379{,}14\,€}{2\,130\,€} = 0{,}3436\ldots ≈ 34{,}4\%$
(2) (heute) $\frac{632{,}58\,€ + 613{,}44\,€}{3\,195\,€} = 0{,}3899\ldots ≈ 39{,}0\%$

Umwelt und Gemeinschaft

P 18. a. Gesamtverbrauch: 146 l
A) 2,1% ≙ 7,4° B) 36,3% ≙ 130,7° C) 32,2% ≙ 115,9° D) 18,5% ≙ 66,6° E) 11,0% ≙ 39,5°
b. auf 83,9%

P 19. a. 1 753 000 ha · 0,982 = 1 721 446 ha (≈ 1,721 Millionen ha)
b. (1 753 000 ha − 1 721 446 ha) · 0,7 = 22 087,8 ha (≈ 22 088 ha)
c. 1 346 000 ha : 1,016 = 1 324 803,2 ha (≈ 1,325 Millionen ha)

P 20. a. $\frac{21\,365\,ha}{18\,411\,ha} = 1{,}16044$, also 16% (mehr) $\frac{21\,365\,ha}{16\,243\,ha} = 1{,}31533$, also (auf) 131,5%
b. $\frac{7\,769\,ha}{10\,197\,ha} = 0{,}76189$, also 23,8% (weniger) $\frac{10\,197\,ha}{21\,365\,ha} = 0{,}4772$, also 47,7% (Anteil)

Seite 201

P 21. a. Kontinente: (42 + 10 + 30 + 44 + 9 + 14) Mill. km² = 149 Millionen km²
Ozeane: (108 + 180 + 75) Mill. km² = 363 Mllionen km²
Zusammen: 512 Millionen km²   Kontinente: 29,1%   Ozeane: 70,9%
b. Kontinente: 104,8°   Ozeane: 255,2°

P 22. Gesamtschülerzahl: 1 088 969   Gymnasien: 235 217 Schüler
Grundschulen: 37,9%   andere Schulen: 79 455 Schüler oder 7,3%
Hauptschulen: 17%

P 23. a. Die Einwohnerzahl ist um ca. 3,14% gesunken.   **b.** 24 261 Einwohner

Lösungen

Bist du fit?

Seite 42

1. –

2. a. $L=\{(-1;-3)\}$ **b.** $L=\{(6{,}25;-1{,}25)\}$ **c.** $L=\{(3;2)\}$ **d.** $L=\{(5;4)\}$ **e.** $L=\{(3;-2)\}$ **f.** $L=\{(2;2)\}$

3. a. Die Normalparabel wird um 3 Einheiten in Richtung der x-Achse nach rechts, dann um -2 Einheiten in Richtung der y-Achse nach unten verschoben. (Nach oben geöffnet, $S(3|-2)$, Symmetrieachse: $x=3$)
  b. Die Normalparabel wird um 2 Einheiten in Richtung der x-Achse nach links verschoben, dann um 4 Einheiten in Richtung der y-Achse nach oben verschoben. (Nach oben geöffnet, $S(-2|4)$, Symmetrieachse: $x=-2$)
  c. Die Normalparabel wird um 1 Einheit in Richtung der x-Achse nach rechts verschoben, dann um -1 Einheit in Richtung der y-Achse nach unten verschoben. (Nach oben geöffnet, $S(1|-1)$, Symmetrieachse: $x=1$)

4. a. $y=(x-1{,}5)^2-0{,}5$; $S(1{,}5|-0{,}5)$; $x_{1,2}=1{,}5\pm\sqrt{0{,}5}$
  b. $y=(x+2)^2+1{,}8$; $S(-2|1{,}8)$; $x_{1,2}=-2\pm\sqrt{1{,}8}$
  c. $y=(x-3)^2-1$; $S(3|-1)$; $x_1=2$, $x_2=4$

5. a. (1) Nullstellen: $x=-4$, $x=2$. (2) $S(-1|-9)$, die Parabel ist nach oben geöffnet.
  (3) $P_1(0|-8)$ liegt auf der y-Achse, $P_2(-2|-8)$ hat die gleiche 2. Koordinate.
  (4) Der Funktionswert 4 wird an den Stellen $-1-\sqrt{13}$ ($\approx -4{,}6$) und $-1+\sqrt{13}$ ($\approx -2{,}6$) angenommen. Zwischen $-1-\sqrt{13}$ und $-1+\sqrt{13}$ sind die Funktionswerte kleiner als 4.
  b. (1) Nullstelle: $x=2{,}5$. (2) $S(2{,}5|0)$, die Parabel ist nach oben geöffnet.
  (3) $P_1(0|6{,}25)$ liegt auf der y-Achse, $P_2(5|6{,}25)$ hat die gleiche 2. Koordinate.
  (4) Der Funktionswert 4 wird an den Stellen 0,5 und 4,5 angenommen. Für $0{,}5 < x < 4{,}5$ sind die Funktionswerte kleiner als 4. Alle Funktionswerte sind kleiner als 4.
  c. (1) Nullstellen: $x=2$, $x=8$. (2) $S(5|-9)$, die Parabel ist nach oben geöffnet.
  (3) $P_1(0|16)$ liegt auf der y-Achse, $P_2(10|16)$ hat die gleiche 2. Koordinate.
  (4) Der Funktionswert 4 wird bei $x=5-\sqrt{13}$ ($\approx 1{,}4$) und bei $x=5+\sqrt{13}$ ($\approx 8{,}6$) angenommen, dazwischen sind die Funktionswerte kleiner als 4.
  d. (1) keine (2) $S(0|3)$, die Parabel ist nach oben geöffnet.
  (3) S, kein weiterer Punkt.
  (4) Der Funktionswert 4 wird an den Stellen -1 und 1 angenommen, für $-1 < x < 1$ sind die Funktionswerte kleiner als 4.

6. a. (1) 3 und -3, (2) an keiner Stelle, (3) 0, (4) 1 und -1
  b. (1) an keiner Stelle, (2) $\pm\sqrt{8{,}6}$, (3) und (4) an keiner Stelle
  c. (1) $\pm\sqrt{6}$, (2) an keiner Stelle, (3) $\pm\sqrt{3}$, (4) $\pm\sqrt{\frac{10}{3}}$
  d. (1) $-3\pm\sqrt{3}$, (2) an keiner Stelle, (3) -3, (4) $-3\pm\sqrt{\frac{1}{3}}$
  e. (1) $2\pm\sqrt{2}$, (2), (3) und (4) an keiner Stelle

7. $S_1(0|-3)$; $S_2(-4|-7)$; 5,6 LE

8. a. $L=\{-5;12\}$ **b.** $L=\{\}$ **c.** $L=\{-4\frac{1}{2};\frac{2}{3}\}$

Seite 43

9. a. $L=\{-11;-1\}$ **d.** $L=\{-0{,}25;0{,}5\}$ **g.** $L=\{-3;6\}$
  b. $L=\{-6;4\}$ **e.** $L=\{-2;2\}$ **h.** $L=\{4;5\}$
  c. $L=\{4\}$ **f.** $L=\{4\frac{1}{3};-1\frac{2}{3}\}$ **i.** $L=\{0{,}3;2{,}7\}$

10. a. $L=\{-2;3\}$ **b.** $L=\{3;5\}$ **c.** $L=\{-4;2\}$ **d.** $L=\{2{,}5;14\}$

11. Grundseite: 12 cm; Höhe: 8 cm. **12. a.** 15 cm; 20 cm **b.** 24 cm; 36 cm

13. Das kleine grüne Quadrat hat die Seitenlänge 0,9 cm, das große 4,1 cm.

14. a. -7 und 2 [-2 und 7] **b.** -7 und 1 [-3; es gibt keine solche reelle Zahl] **c.** -4 und 10 [-2 und 20]

15. a. $c\approx 7{,}39$ cm **b.** $c\approx 12{,}06$ cm **c.** $c\approx 6{,}12$ cm **d.** $c\approx 6{,}65$ cm

16. $a\approx 7{,}42$ cm **17.** Die Seiten der Grundfläche sind 6 cm und 8 cm lang.

18. a. $\mathbb{D}=\mathbb{R}\backslash\{0\}$; $L=\{0{,}5;1\}$ **d.** $\mathbb{D}=\mathbb{R}\backslash\{0\}$; $L=\{\frac{11}{6};2\}$
  b. $\mathbb{D}=\mathbb{R}\backslash\{3\}$; $L=\{-\frac{7}{2};1\}$ **e.** $\mathbb{D}=\mathbb{R}\backslash\{-3;3\}$; $L=\{2;7\}$
  c. $\mathbb{D}=\mathbb{R}\backslash\{2;3{,}5\}$; $L=\{\frac{11}{7};5\}$ **f.** $\mathbb{D}=\mathbb{R}\backslash\{-2;2\}$; $L=\{-3;1\}$

Lösungen

Seite 99

1. a. $\alpha = 76°$; $c \approx 7,2$ cm; $b \approx 1,7$ cm; $u \approx 15,9$ cm; $A \approx 5,95$ cm^2
   b. $\gamma = 46°$; $b \approx 6,3$ cm; $c \approx 4,6$ cm; $u \approx 15,3$ cm; $A \approx 10,12$ cm^2
   c. $\beta = 32°$; $b \approx 98,04$ m; $c \approx 156,89$ m; $u \approx 439,93$ m; $A \approx 7690,75$ m^2
   d. $\alpha = 56°$; $a \approx 33,99$ m; $b \approx 22,93$ m; $u \approx 97,92$ m; $A \approx 389,70$ m^2
   e. $\alpha = 47°$; $c \approx 123,2$ cm; $a \approx 90,1$ cm; $u \approx 297,3$ cm; $A \approx 3784,2$ cm^2
   f. $\alpha = 39°$; $b \approx 10,0$ cm; $a \approx 6,3$ cm; $u \approx 24,1$ cm; $A \approx 24,57$ cm^2

2. a. $b = 14$ cm; $\gamma = 74,8°$; $\alpha = \beta \approx 52,6°$; $h_c \approx 11,1$ cm; $A \approx 94,56$ cm^2
   b. $\alpha = \beta = 27°$; $a = b \approx 84,17$ m; $h_c \approx 38,21$ m; $A \approx 2866,08$ m^2
   c. $\gamma = 26°$; $\beta = 77°$; $a = b \approx 51,12$ m; $h_c \approx 49,81$ m; $A \approx 572,84$ m^2
   d. $\alpha = \beta = 62,5°$; $b = 67$ m; $c \approx 61,87$ m; $h_c \approx 59,43$ m; $A \approx 1838,59$ m^2
   e. $\beta = 17°$; $\gamma = 146°$; $b = 104,7$ cm; $c \approx 200,3$ cm; $h_c \approx 30,6$ cm; $A \approx 3064,96$ cm^2
   f. $\beta = 36°$; $\gamma = 108°$; $a = b \approx 42,53$ m; $c \approx 68,82$ m; $A \approx 860,24$ m^2

3. a. $\alpha_1 \approx 26,0°$; $\alpha_2 \approx 154,0°$ **b.** $\alpha_1 \approx 9,0°$; $\alpha_2 \approx 171,0°$ **c.** $\alpha \approx 170,0°$ **d.** $\alpha \approx 36,0°$
   $\alpha_1 \approx 15,0°$; $\alpha_2 \approx 165,0°$ $\alpha_1 \approx 80,0°$; $\alpha_2 \approx 100,0°$ $\alpha \approx 48,0°$ $\alpha \approx 98,0°$

4. a. $c \approx 5,0$ cm; $\alpha \approx 66,0°$; $\beta \approx 47,0°$ **e.** $a \approx 4,959$ km; $\beta \approx 104,2°$; $\gamma \approx 39,4°$
   b. $\alpha \approx 32,4°$; $\beta \approx 94,1°$; $b \approx 11,2$ cm   **f.** $\alpha \approx 42,6°$; $\beta \approx 8,4°$; $b \approx 1,2$ cm
   c. $\alpha = 78,9°$; $b \approx 3,9$ cm; $c \approx 3,2$ cm   **g.** $\beta \approx 42,3°$; $\alpha \approx 109,5°$; $a \approx 11,8$ cm
   d. $\gamma = 74,4°$; $a \approx 3,850$ km; $b \approx 4,822$ km   **h.** $\gamma \approx 57,8°$; $\alpha \approx 72,1°$; $\beta \approx 50,1°$

5. a. Der Neigungswinkel α beträgt $\approx 31,0°$.   **b.** Der Dachraum ist etwa 3,61 m hoch.

6. Die Säule ist $\approx 9,03$ m hoch.   **7.** Für die Dachneigungen gilt $\alpha \approx 58,3°$ und $\beta \approx 31,7°$.

8. Der Höhenunterschied darf maximal 0,8 m betragen.   **9.** Die Deichsohle ist $\approx 32,96$ m lang.

10. Der Berg erhebt sich $\approx 233,75$ m über die Talsohle.

Seite 129

1. a. $V = 816$ cm^3; $O \approx 576,67$ cm^2 **b.** $V \approx 6387,7$ cm^3; $O \approx 2274,11$ cm^2

2. a. $V \approx 8246,7$ cm^3 **b.** $V \approx 2279962,7$ cm^3 **c.** $V \approx 929,0$ dm^3 **d.** $V \approx 43828,251$ m^3 **e.** $V \approx 16613,4$ cm^3
   $O \approx 2501,3$ cm^2 $O \approx 473033,8$ cm^2 $O \approx 1915,7$ dm^2 $O \approx 7739,286$ m^2 $O \approx 3969,3$ cm^2

3. a. $r \approx 13,86$ cm   **b.** $r \approx 1,255$ m

4.

	Kantenlänge a in cm	Körperhöhe h in cm	Höhe h_a einer Seitenfläche in cm	Größe M der Mantelfläche in cm^2	Größe O der Oberfläche in cm^2	Volumen V in cm^3
a.	7,40	12,30	12,84	190,10	244,86	224,52
b.	5,90	9,24	9,70	114,46	149,27	107,21
c.	20,44	15,30	18,40	752,19	1169,99	2131,19
d.	8,18	6,41	7,60	124,30	191,17	142,81
e.	3,35	6,70	6,91	46,31	57,55	25,10
f.	9,40	10,23	11,26	211,64	300,00	301,29
g.	14,80	6,20	9,66	285,84	504,88	453,00

5.

	Radius r in cm	Höhe h in cm	Länge s_a einer Mantellinie in cm	Größe M der Mantelfläche in cm^2	Größe O der Oberfläche in cm^2	Volumen V in cm^3
a.	6,20	19,40	20,37	396,70	517,46	780,93
b.	4,80	4,96	6,90	104,05	146,43	119,60
c.	12,21	13,90	18,50	709,53	1177,76	2169,43
d.	4,52	7,55	8,80	124,90	189,02	161,41
e.	4,53	4,30	6,25	88,90	153,38	20,40
f.	8,40	11,62	14,34	378,33	600,00	858,44
g.	12,40	2,14	12,58	490,21	973,26	345,00

6. a. 16 755,161 m^3 **b.** 1090 (aufgerundet, genau: 1 089,08545)

7. a. $V = \frac{2}{3}\pi r^3$; $O = \pi r^2 (\sqrt{5} + 1)$ **b.** 1,382 dm [0,627 dm]

Lösungen

Seite 130

8. a. 3 804,6 g   **b.** 105,5 g

9. a. $V \approx 25{,}456 \text{ cm}^3$; $O \approx 62{,}354 \text{ cm}^2$ **b.** $V \approx 397{,}748 \text{ cm}^3$; $O \approx 389{,}711 \text{ cm}^2$

10. $18\,095{,}574 \text{ cm}^3$

11. $V = 196\pi e \text{ cm}^3$; $M = 19\pi \cdot \sqrt{16 e^4 + 9}$

12. 5,255 cm (e ist eine Längeneinheit)

13. 40,3 %   **14.** $\frac{1}{3}\pi \cdot 36 e^3$

Seite 143

1. $a_2 = 57$ cm   **2.** $V_{\text{Restkörper}} = 191 \text{ cm}^3$; $d = 40$ mm

3. $O = 5278 \text{ cm}^2$

4. a. $d_2 = 4{,}2$ dm; $V = 73{,}1 \text{ dm}^3$ **b.** Gesamtlänge: 28,9 m

5. a. $M = 4 e^2 + \sqrt{17} e^2 = (4 + \sqrt{17}) e^2$

b.

e in (LE)	1	1,5	2	2,5	3	3,5	4
M in (FE)	8,12	18,28	32,5	50,77	73,11	99,51	129,97

$M = 60$ (FE) bei $e \approx 2{,}7$

Seite 170

1. a. 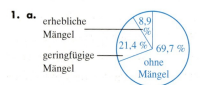   **b.** 815 645

erhebliche Mängel — 8,9 %
geringfügige Mängel — 21,4 %
ohne Mängel — 69,7 %

2. a. 361,56 €   **b.** 1265 € (gerundet)

3. 21,5 %   **4.** 40,48 €   **5.** ca. 52,34 €

6. a. ca. 11,15 %   **b.** ca. 92,04 %   **c.** 1999: ca. 9,35 %   2000: ca. 9,69 %   **d.** –

7. a. 683,06 €   **b.** 17 947 €

8. a. 8 % (gerundet)   **b.** 6 % (gerundet)

Seite 171

9. a. 12,8 %   **b.** 28,6 %

10. Geschäftskosten: 2640 €
Gewinn: 2196 €   } Endpreis 19 529,76 €
MwSt: 2693,76 €

11. 241,07 € (Zinstage: 107)

12. 7600 €   **13. a.** 9 Monate   **b.** 10 Monate

14. 4633,76 €   **15.** 2716,20 €; 18,1 %

16. 16 235,82 €   **17.** 4,7 %

Maßeinheiten und ihre Beziehungen

Längen

Verwandlungszahl 10

10 mm = 1 cm   1 000 m = 1 km
10 cm = 1 dm
10 dm = 1 m

Flächeninhalte

Verwandlungszahl 100

100 mm² = 1 cm²   100 m² = 1 a
100 cm² = 1 dm²   100 a = 1 ha
100 dm² = 1 m²   100 ha = 1 km²

Gewichte

Verwandlungszahl 1 000

1 000 mg = 1 g
1 000 g = 1 kg
1 000 kg = 1 t

Volumina

1 000 mm³ = 1 cm³   1 cm³ = 1 ml   1 000 ml = 1 l
1 000 cm³ = 1 dm³   1 dm³ = 1 l   100 cl = 1 l
1 000 dm³ = 1 m³   100 l = 1 hl

Verwandlungszahl 1 000

Verzeichnis mathematischer Symbole

Mengen

{1, 2, 3}	Menge mit den Elementen 1, 2, 3	$\mathbb{Q}$	Menge der rationalen Zahlen
{ }	leere Menge	$\mathbb{R}$	Menge der reellen Zahlen
$\mathbb{N}_0$ [$\mathbb{N}$]	Menge der natürlichen Zahlen [ohne Null]	$\mathbb{R}^+$	Menge der positiven reellen Zahlen
$\mathbb{Z}$	Menge der ganzen Zahlen	$\mathbb{R}^-$	Menge der negativen reellen Zahlen

Zahlen

$a = b$	a gleich b	$|a|$	Betrag von a
$a \neq b$	a ungleich b	a^n	a hoch n; Potenz aus Grundzahl a und Hochzahl n
$a < b$	a kleiner b		
$a > b$	a größer b	$\sqrt[n]{a}$	n-te Wurzel aus a ($a > 0$)
$a + b$	a plus b; Summe aus a und b	$\sin \alpha$	Sinus α
$a - b$	a minus b; Differenz aus a und b	$\cos \alpha$	Kosinus α
$a \cdot b$	a mal b; Produkt aus a und b	$\tan \alpha$	Tangens α
$a : b$	a durch b; Quotient aus a und b		

Geometrie

$\overline{AB}$	Strecke mit den Endpunkten A und B bzw. Länge der Strecke $\overline{AB}$	$P(x|y)$	Punkt mit den Koordinaten x und y
		ABC	Dreieck mit den Eckpunkten A, B und C
$\overrightarrow{AB}$	Halbgerade mit dem Anfangspunkt A durch den Punkt B	ABCD	Viereck mit den Eckpunkten A, B, C und D
AB	Gerade durch A und B	$\angle PSQ$	Winkel mit dem Scheitel S und den Schenkeln $\overrightarrow{SP}$ und $\overrightarrow{SQ}$
$g \parallel h$	g ist parallel zu h		
$g \perp h$	g ist senkrecht zu h	h_a [h_b; h_c]	Höhe im Dreieck zur Seite a [Seite b; Seite c]

Stichwortverzeichnis

Binomische Formeln 203
Bogenmaß 96, 97
Bruchgleichungen 36

Diskriminante 31
Drehkörper 135
Dreieck 204
– beliebiges 70
– besondere Linien 204
– gleichschenkliges 65, 204
– gleichseitiges 65, 204
– rechtwinkliges 48, 52

Einheitskreis 56
exponentielles Wachstum 186

Flächeninhaltsberechnungen
  mit trigonometrischen
  Mitteln 77, 79
Funktion
– Kosinus 86
– lineare 7, 8
– periodische 90
– quadratische 13, 15, 18
– Sinus 86
– Tangens 93

Gegenkathete 48
Gleichung
– gemischtquadratische 27
– quadratische 22
–, reinquadratische 26
Gleichungssystem 8
– Additionsverfahren 8
– Einsetzungsverfahren 8
–, Gleichsetzungsverfahren 8
Grundwert 148
– erhöhter und verminderter 151

Kegel 108
– Mantelfläche 108
– Mittelpunktswinkel des
  Mantels 108
– Oberfläche 108
– Volumen 117
Kegelstumpf 114
– Mantelfläche 114
– Oberfläche 114
– Volumen 126
Kosinus 53, 211
– besondere Werte 86, 211
– Beziehungen 56, 87, 88
Kosinusfunktion 86
Kugel 131

lineare Funktion 7, 8
Lösungen quadratischer
  Gleichungen
– grafische 23
– rechnerische 26, 28, 31
Lösungsformel 31, 203

Näherungswert 55
Normalform 18
Normalparabel 13
Nullstelle 34

Oktaeder 122

periodische Funktion 90
Potenzen 203
Prisma 131
Prozentrechnung 147
– Grundaufgaben 147, 202
Prozentsatz 148
Prozentwert 148
Pyramide 105

– Mantelfläche 105
– Oberfläche 105
– Volumen 117
Pyramidenstumpf 112
– Oberfläche 112
– Volumen 126

quadratische Ergänzung 28
quadratische Funktion 13, 15, 18
quadratische Gleichung 22

Rotationskörper 135

Satz des Cavalieri 123
Satz des Pythagoras 49, 207
Scheitelpunktform 18
Sinus 48, 211
– besondere Werte 86, 211
– Beziehungen 56, 87, 88
Sinusfunktion 86
Strahlensätze 115, 207
Symmetrien der Sinus- und
  Kosinuskurve 92

Tangens 53, 211
– besondere Werte 211
– Beziehungen 56
Tangensfunktion 93

Wachstumsfaktor 166
Winkelsätze 206

Zinseszins 162
Zinsfaktor 162
Zinsformel 161
Zinsrechnung 161
– Grundschema 161, 202
Zylinder 131

Bildquellenverzeichnis

Seite 7 mit Genehmigung der Metegra GmbH, Laatzen; Seite 10 (Taxi-Uhr), 11, 59, 61 (Verkehrsschild), 67, 103 (Modelle), 111, 114, 115, 120, 127, 138, 139, 160, 161, 167 Torsten Warmuth, Berlin; Seite 10 (Kies) Imagine – Höffinger, 60 Imagine – Otto, Hamburg; Seite 39 dpa, Frankfurt; Seite 40 Stadt Solingen; Seite 47 Hans Schmocker, Lauterbrunnen; Seite 61 (Theodolit) Mauritius – Palais, 62 Mauritius – Vidler, 102 (Marktplatz), 109 Mauritius – Otto, 103 (Kirche) Mauritius – Pigneter, 105 Mauritius – Rossenbach, 107 Mauritius – Hackenberg, 119 Mauritius – Kugler, 165 Mauritius – Kuchelbauer, Mittenwald; Seite 64 Bavaria – Willi Rauch, Gauting; Seite 84 (Skiläufer) Silvestris, Kastl; Seite 84 (Kontrabass) Bildverlag – Bildwerbung Dr. W. Bahnmüller; Seite 84 (Oszilloskop), 87 Hans Tegen, Hambühren; Seite 102 (Windmühlen), 110 Zefa – Kohlhas, 102 (Pyramide Castillo) Zefa – J. Raga, Hamburg; Seite 113 Miele & Cie., Gütersloh; Seite 140 Erik Bark Superbild; Seite 149 Infineon, Dresden; Seite 169 Zefa – H. Mante, Düsseldorf; Seite 199 Peugeot, Overath – Vilkerath.

Trotz entsprechender Bemühungen ist es uns nicht in allen Fällen gelungen, den Rechtsinhaber ausfindig zu machen. Gegen Nachweis der Rechte zahlt der Verlag für die Abdruckerlaubnis die gesetzlich geschuldete Vergütung.